新型

有机化学试剂制备与应用（二）

XINXING YOUJI HUAXUE SHIJI ZHIBEI YU YINGYONG

楼　鑫◎编著

合肥工业大学出版社

前　言

有机化学试剂的发掘一直是有机合成的重要环节，特别是一些功能性新型试剂的开发，有时对有机合成起着关键的作用。近年来，我国有机化学研究领域的快速发展，推动着新型有机化学试剂的不断开发，相较于有机化学研究论文百舸争流般地发表，目前介绍有机化学试剂的书显得凤毛麟角。清华大学的胡跃飞教授出版了现代有机合成试剂的系列丛书，按照试剂的功能不同单独列了分册，其他作者鲜有著述。本书的出发点，是根据自己有机化学的知识，选择有机合成中各类有一定应用价值的化学试剂，按照两个一对，或几个一组的形式来介绍，在不同的组合系列中，有的是按照功能相同的原则，所谓“神”是而“形”不似；有的按照“形”似而“神”不是进行组合来阐述有机化学上的“差之毫厘，谬以千里”；有的按照类似官能团进行组合，探究类似官能团在有机合成上的“异曲同工”之妙。本书编写的目的，主要是通过一种新的视角和方式来介绍现代的有机合成试剂，即通过有机化学试剂结构的细微转变，其相应的化学性质及其在现代有机合成中的应用起着渐进式的或者跳跃式的变化，这也是古人一直提倡的“格物致知”方法，可帮助相关读者加深对有机化学知识的理解。另外，编者希望本系列试剂丛书的出版起抛砖引玉的作用，通过对功能性化学试剂的结构归纳，总结新型有机化学试剂的构效关系，开发一些类似系列的新型有机化学合成试剂。

本书每组试剂首先介绍试剂的普通物化性质，接着介绍常用的制备方法，而后用化学反应来例证试剂的应用范围，每个反应例子都有具体的化学文献支撑。本书的读者对象主要是高等院校、研究机构和企业的有机合成和制药行业的科研人员。

本书作为第二分册，选录了有机硒试剂，较大篇幅地介绍了有机合成中的应用；也选录了直接或者间接含亚硝基有机化学试剂，介绍了该类化合物如何进行环合反应;也选录一些有用的烯丙基类化合物,介绍了它们的反应及其在有机合成中的应用;也介绍了混合酸酐类化合物,介绍它们的酰化作用及裂解醚的作用,同时还介绍了新型的氧化试剂、重氧化试剂和糖苷化试剂。总而言之,编者希望通过这些新型有机化学试剂的介绍,激发读者对有机化学和有机试剂的兴趣。由于编者的学术水平有限,该书存在着诸多不足之处,如试剂的选录不够完善,试剂的解读不够全面,选择的反应实例有一定片面性,希望广大读者和同行不吝指正。

本书的出版受到安徽省教育厅科研项目(KJ2014A181)的经费支撑,在本书的撰写、编辑工作中感谢滁州学院材料与化工学院学生在画图和文字处理上的帮助,特别要感谢许思兴、胡忠伏、刘安、汪守福、陆兆辉、石红伟、朱祖强和李学俊这些同学的帮忙。

楼　鑫

2017 年 6 月于滁州

目　　录

苯磺酸酐(Benzenesulfonic Anhydride)

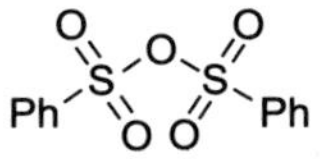

[512-35-6]　$C_{12}H_{10}O_5S_2$　(MW 298.33)

该试剂属于磺酸酐类化合物，是温和的磺化试剂，可进行磺酰化反应，可用于制备磺胺类、砜类、磺酸酯。

物理数据：熔点 65～80℃；88～91℃(从乙醚重结晶后)。

溶解性：溶于乙醚、苯、甲苯；不溶于水。

制备方法：用过量的五氧化二磷混合惰性载体加热苯磺酸可大规模制备苯磺酸酐[1]。以 1∶1 硅藻土和古奇石棉的惰性载体支持五氧化二磷，慢慢加入苯磺酸，首先在室温下反应然后加热到 100℃。由此产生的混合物在 100℃加热 5h，加入 1,2-二氯乙烷，溶液继续回流 10 分钟，冷却后连续过滤，得苯磺酸酐，达 70%的收率。

处理、存储和预防措施：在无水条件下，该试剂可长时间存储在室温下。暴露于空气 2.5 小时后，发生液化。和 90%～95%过氧化氢混合时发生爆炸。

一般反应

芳烃磺酸酐已用于制备一系列取代砜、磺酸酯和磺胺类的前体。在三氯化铝的存在条件下用苯磺酸酐对苯进行傅克反应生成二苯砜收率 99%(反应式 1)[1]。该方法已被证明是比使用苯磺酰氯类试剂的更温和有效的反应[1,2]。

$$(PhSO_2)_2O + PhH \xrightarrow{AlCl_3} PhSO_2Ph \qquad (1)$$

氧化偶氮苯在浓硫酸下发生重排生成对羟基偶氮苯[3]。这种酸催化的瓦拉赫重排[4]用芳烃磺酸酐酯化就可以生成相应对芳烃磺酸氧偶氮苯，收率中等(反应式 2)[5]。

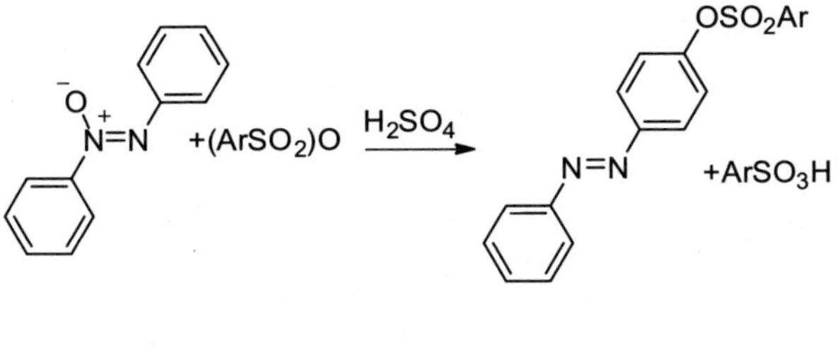

(2)

苯磺酸酐的溶剂化

各种芳烃磺酸酐在含水的丙酮中进行溶剂化,其反应机制显示是 SN2 反应,与类似系统建立的结果一致[6]。

参考文献

1. Lamar,F. J. Am. Chem. Soc. 1952,74,394.
2. Beckurts, O. ; Otto, R. Ber. Dtsch. Chem. Ges. /Chem. Ber. 1878, 11,2066.
3. Wallach, O. ; Belli, L. Ber. Dtsch. Chem. Ges. /Chem. Ber. 1880, 13,525.
4. Shemyakin,M. M. ;Agadzharyan,T. E. ;Maimind,V. I. ;Kundryavtsen, R. V. Izv. Akad. Nauk SSSR,Ser. Khim. 1963,1339.
5. Oae,S. ;Maeda,T. Tetrahedron 1972,28,2127.
6. Christensen,N. H. Acta Chem. Scand. 1966,20,1955.

苯磺酰氯(Benzenesulfonyl Chloride)

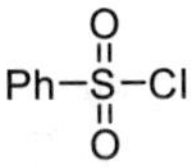

[98-09-9]　$C_6H_5ClO_2S$(MW 176.62)

该试剂属于磺酰卤试剂，用于一系列的磺化反应，用来合成磺胺类药物[5-7]、磺酸酯[8-10]、混合酸酐[13]和砜类化合物[15-17]。

物理数据：熔点为 13～15℃；沸点为 251.5℃ (760mmHg)，113～115℃ (10mmHg)；密度为 1.384g/cm³。

溶解性：溶于 CH_2Cl_2、Et_2O、THF、C_6H_6、MeCN。

制备方法：该产品可以通过苯磺酸钠与五氯化磷或者三氯氧磷[1]反应制备，也可以由苯的氯磺化反应[2]制备，可从市场买到。

提纯：可以通过减压蒸馏纯化产品。

处理、储存和预防措施：苯磺酰氯有刺激性，通过皮肤吸收后有害。苯磺酰氯也易潮解，可以与亲核试剂(如醇)反应释放 HCl 气体，因此苯磺酰氯应与惰性气体一起储存，而且使用时要在通风橱中操作。

鉴定伯胺：Hinsberg 实验

苯磺酰氯常被用于鉴定伯胺。伯胺与苯磺酰氯反应生成能溶于碱性水溶液的苯磺酰胺(包含一个酸性的—NH)；仲胺与苯磺酰氯生成不溶于碱的磺酰胺；三级胺不与苯磺酰氯反应[3]。但是这项实验的有效性还取决于反应速度、反应物浓度、反应温度、溶解度[4]和适当的预防措施。

保护氮原子；磺胺类药物的形成

苯磺酰氯常被用于胺类的保护、吲哚类化合物的保护和其他含氮官能团化合物的保护(反应式 1～3)[5-7]。根据底物也可以选用不同的碱和溶剂。其他的芳香族磺酰氯和脂肪族磺酰氯也可用于保护上述物质(如对甲基苯磺酰氯和甲基磺酰氯)。磺酰胺在碱性或酸性条件下进行裂解。

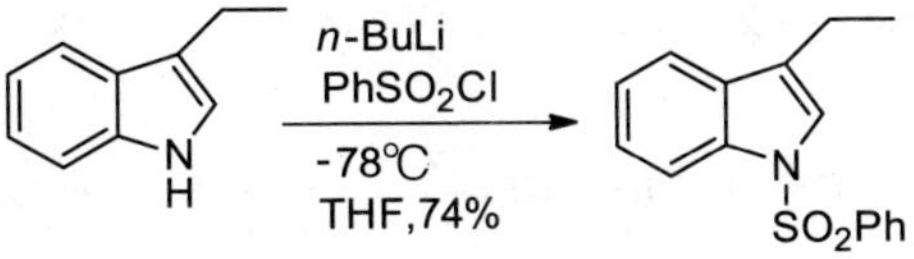

(1)

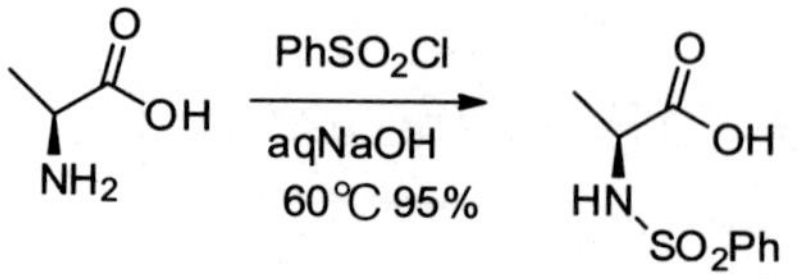
(2)

$$H_2NNHCO_2\text{-}t\text{-}Bu \xrightarrow[\substack{PhSO_2Cl \\ \text{(no yieid)}}]{Et_2O,Py} PhSO_3NHNHCO\text{-}t\text{-}Bu \qquad (3)$$

形成磺酸酯

酚[8]、醇[9]、N -羟基化合物[10]与苯磺酰氯反应可生成邻位取代的磺酸酯，而磺酸酯可以被当作一个很好的离去集团。在叔胺存在下，1，4 -二羟基或 1，5 -二羟基与苯磺酰氯反应生成环醚（反应式 4）[11]。这个过程也可以用于合成环状叔胺[12]。

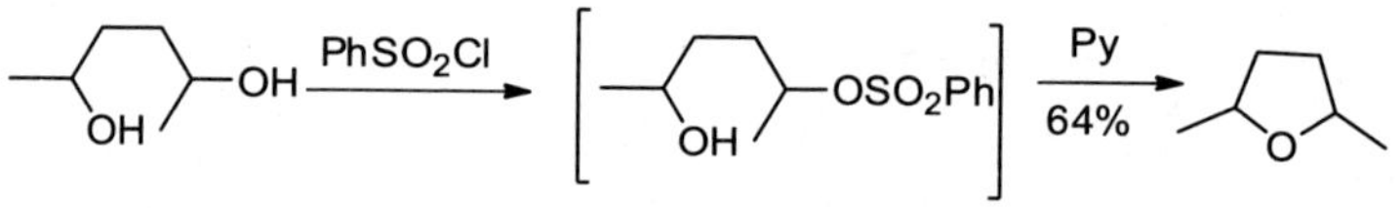
(4)

混合酸酐的形成

苯磺酰氯和羧酸反应能生成混合酸酐[13]。利用生成的混合酸酐可通过内酯的形成和断裂生成烯烃（反应式 5）[14]。或者在 45～50℃时加入苯磺酰氯可以让羟基酸直接转化成烯烃，收率约为 55%～82%。

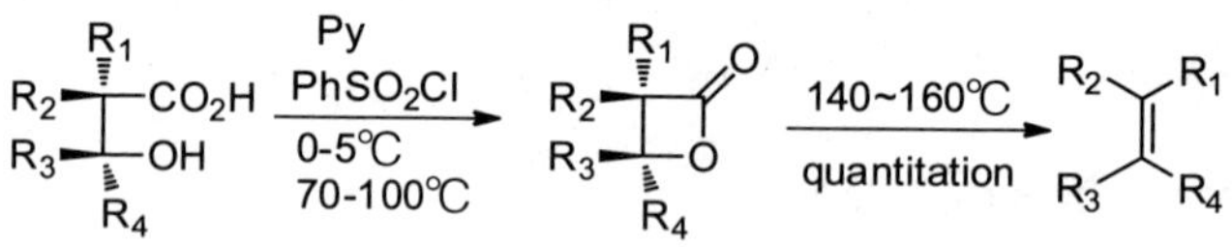
(5)

对不饱和化合物的加成

苯磺酰氯可以在自由基条件下（反应式 6）[15]或者二价铜催化下对烯烃、炔烃进行加成（反应式 7）[16]。苯磺酰氯对三甲基硅烯醇醚$[(CH)_3Si—O—C=C]$加成能得较高收率的酮砜类化合物（反应式 8）[17]。

$$H_2C{=}CHOPh + PhSO_2Cl \xrightarrow[73℃,3h,\ 85\%]{UV.AIBN} PhSO_2CH_2CHClOPh \qquad (6)$$

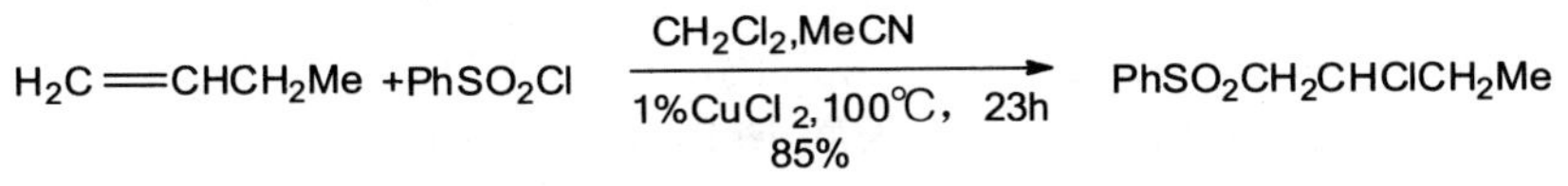

(7)

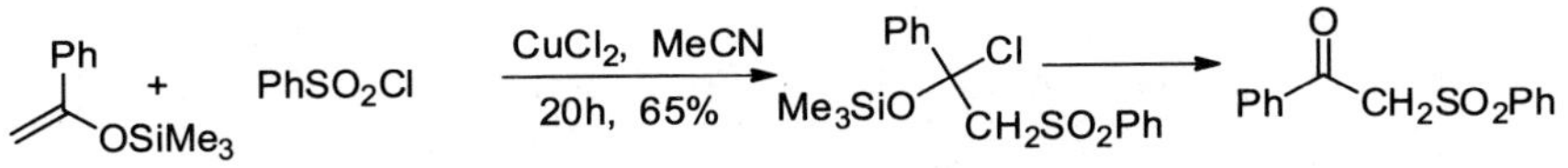

(8)

苯磺酰氯和芳烃的反应

苯磺酰氯在 $AlCl_3$ 存在下能与芳烃反应,生成二芳砜类化合物[18]。

参考文献

1. Adams,R. ;Marvel,C. S. Org. Synth. ,Coll. Vol. 1941,1,84.

2. Clarke,H. T. ;Babcock,G. S. ;Murray,T. F. Org. Synth. ,Coll. Vol. 1941,1,85.

3. Coleman,G. H. ; Nichols,G. ; Marten,T. F. Org. Synth. ,Coll. Vol. 1955,3,159.

4. Gambill,C. R. ;Roberts,T. D. J. Chem. Educ. 1972,49,287

5. Gribble,G. W. ;Saulnier,M. G. ;Sibi,M. P. ;Obaza - Nutaitis,J. A. J. Org. Chem. 1984,49,4518

6. Buckley,T. F. ;Rapoport,H. J. Am. Chem. Soc. 1981,103,6157 - 6263.

7. Gordon,M. S. ;Krause,J. G. ;Linnemanmohr,M. A. ;Parchue,R. P. Synthesis 1980,244.

8. (a)Bazile,Y. ;De Cointet,P. ;Pigerol,C. J. Heterocycl. Chem. 1978,15,859. (b) Shah,J. J. J. Pharm. Sci. 1977,66,435.

9. Herzog,H. L. Org. Synth. ,Coll. Vol. 1963,4,753.

10. (a) Van Verst,M. E. ;Bell,C. L. ;Bauer,L. J. Heterocycl. Chem. 1979,16,1329. (b) Itoh,M. ;Nojima,H. ;Notani,J. ;Hagiwara,D. ;Takai,K. Bull. Chem. Soc. Jpn. 1978,51,3320.

11. Reynolds,D. D. ;Kenyon,W. O. J. Am. Chem. Soc. 1950,72,1593.

12. Reynolds,D. D. ;Kenyon,W. O. J. Am. Chem. Soc. 1950,72,1597.

13. Urbanski,J. ;Manek,M. B. Pol. J. Chem. 1984,58,1227.

14. Adam,W. ;Baeza,J. ;Lui,J. C. J. Am. Chem. Soc. 1972,94,2000

15. Vasil'eva, M. A.; Bychkova, T. I.; Kushnarev, D. F.; Rozova, T. I.; Kalabina, A. V. Zh. Org. Khim. 1977, 13, 283.

16. Asscher, M.; Vofsi, D. J. Chem. Soc 1964, 4962.

17. Yoshiaki, K.; Muria, S.; Sonoda, N.; Tsutsumi, S. Organomet. Chem. Synth. 1972, 1, 455.

18. Jensen, F. R.; Brown, H. C. J. Am. Chem. Soc. 1958, 80, 4038.

苯磺酰溴(Benzenesulfonyl bromide)[1]

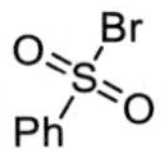

[2297-65-6]　$C_6H_5BrO_2S$　(MW 221.07)

和上述的磺酰氯一样，该试剂属于磺酰卤试剂，可进行磺酰化反应，制备磺胺类[2-4]和砜类化合物[5-8]。

物理数据：熔点 19.5℃，沸点 76～78℃(0.17mmHg)。

溶解度：溶于二氯甲烷、乙醚、四氢呋喃、苯、乙腈。

制备方法：由苯磺酸钠与溴反应，收率 98%[1]。

处理、储存和注意事项：和苯磺酰氯类似，苯磺酰溴同样对皮肤有刺激性，如果被人体吸收对人体有害。苯磺酰溴制备后要及时使用，最好现用现配。反应物对水分十分敏感，而且会和亲核试剂反应，如和醇反应会释放出溴化氢，因此要储存在惰性气体中，并且在通风橱中使用。

用于氮原子的保护，用于合成磺酰胺类化合物

不同于相应的芳基磺酰氯(如苯磺酰氯、对甲基磺酰氯等)，苯磺酰溴在有机合成中的应用少得多。和伯胺[2]和咪唑类(反应式 1)[3]进行反应，可相应地转化为苯磺酰胺，如和吲哚类反应，可在 C-3 位置溴化，同时生成磺酰胺(反应式 2)[4]。

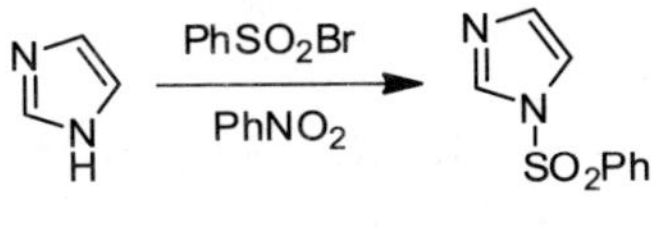

(1)

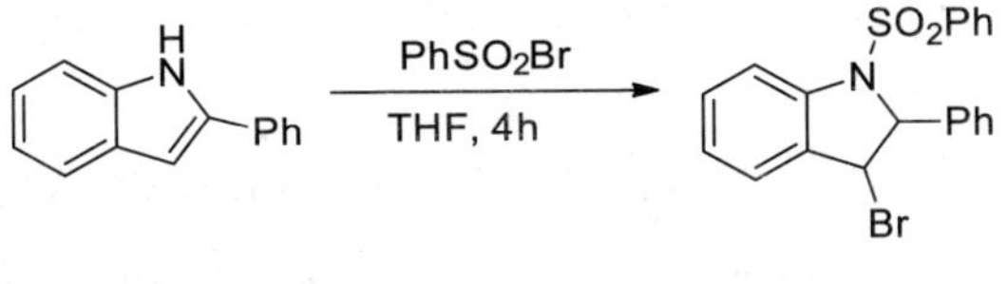

(2)

不饱和化合物的加成反应

苯磺酰溴对烯烃或炔烃进行自由基引发的加成反应。对烯烃加成后生成溴砜，脱去一分子溴化氢后生成乙烯砜类化合物(反应式 3)[5]。

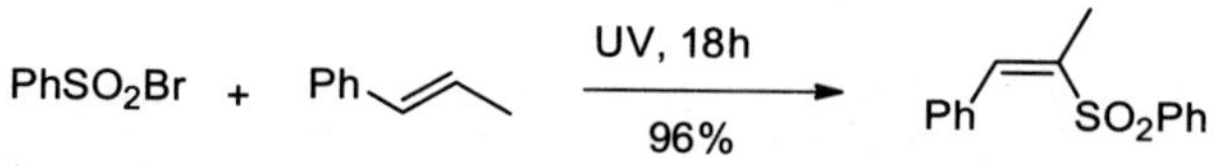

(3)

对乙烯醚和乙烯酯的加成反应具有区域选择性，生成相应的烷氧基、酰氧基砜[6]。对乙炔的加成通过一种自由基反应途径生成烯砜，这类反应通常发生在过氧化合物的自由基引发剂[7]和路易斯酸（如溴化铜）存在条件下（反应式 4）[8]；或者加热条件下（反应式 5）[8-9]。

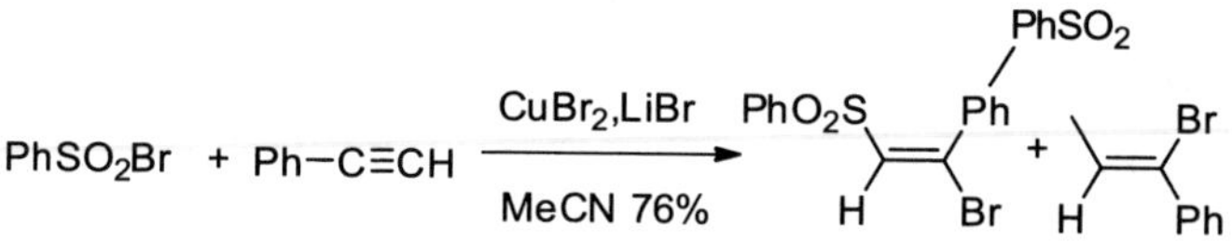

(4)

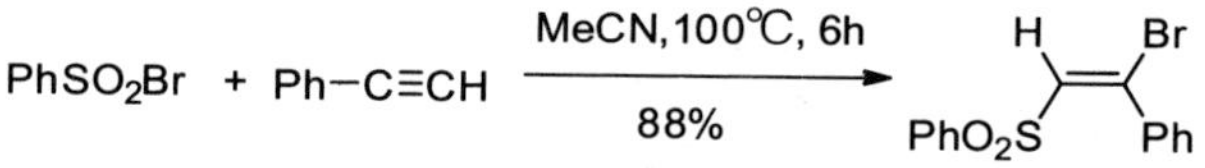

(5)

当和烯炔反应时，通常会生成 1,2 -加成产物和 1,4 -加成产物[10-11]。和三环的自由基加成反应也被观察到[12]。

和芳烃反应

苯磺酰溴很容易与三氟甲磺酰衍生物发生反应，生成混合酸酐（反应式 6）[13]，该酸酐在傅克烷基化的反应的条件下和芳基反应生成芳基苯基砜。

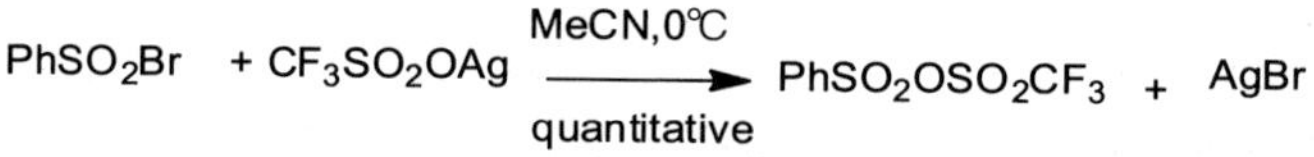

(6)

参考文献

1. Cristol, S. J. ; Harrington, J. K. ; Singer, M. S. J. Am. Chem. Soc. 1966, 88, 1529.

2. Belousova, I. A. ; Savelova, V. A. ; Litvinenko, L. M. ; Matvienko, V. N. Zh. Org. Khim. 1979, 15, 1947.

3. Litvinenko, L. M. ; Zaslavskii, V. G. ; Savelova, V. A. ; Dadali, V. A. ; Simanenko, Y. S. ; Solomoichenko, T. N. Zh. Org. Khim. 1976, 12, 1920.

4. Dalton, L. ; Humphrey, G. L. ; Cooper, M. M. ; Joule, J. A. J. Chem. Soc. , Perkin Trans. 1 1983, 2417.

5. Doomes, E. ; Clarke, U. ; Neitzel, J. J. Org. Chem. 1987, 52, 1540.

6. Kalabina, A. V. ; Vasil'eva, M. A. ; Bychkova, T. I. Zh. Org. Khim.

1979,15,268.

7. Böll, W. Justus Liebigs Ann. Chem. /Liebigs Ann. Chem. 1979, 1665 - 1672.

8. Amiel, Y. J. Org. Chem. 1974, 39, 3867.

9. Pelter, A.; Ward, R. S.; Little, G. M. J. Chem. Soc., Perkin Trans. 1 1990, 2775.

10. Bez Yazychnaya, L. A.; Stadnichuk, M. D. Zh. Obshch. Khim. 1976, 46, 1553.

11. Stadnichuk, M. D.; Kryukova, T. B.; Petrov, A. A. Zh. Obshch. Khim. 1975, 45, 838.

12. Vasin, V. A.; Bolusheva, I. Y.; Chernyaeva, L. A.; Tanaseichuk, B. S.; Surmina, L. S.; Zefirov, N. S. Zh. Org. Khim. 1990, 26, 1501.

13. Effenberger, F.; Huthmacher, K. Ber. Dtsch. Chem. Ges. /Chem. Ber. 1976, 109, 2315.

苯亚硒酸(Benzeneseleninic Acid)

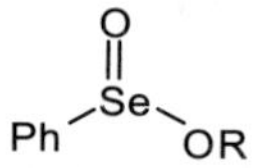

(R＝H)[6996－92－5]　$C_6H_6O_2Se$(MW 189.07)

[R＝Se(O)Ph](anhydride)[17697－12－0]　$C_{12}H_{10}O_3Se_2$　(MW 360.13)

含硒试剂,是一种通用的温和氧化试剂。苯亚硒酸可对多官能团进行氧化[1]。

物理数据:酸熔点 121℃,酸酐熔点 164～165℃。

溶解性:两种化合物溶于氯仿、二氯甲烷、四氢呋喃;酸为两性,溶于低 pH 和高 pH 的水溶液。

供应的形式:这两种化合物都是商业上供应的白色固体。

纯化:酸酐容易水解,所以可能含有大量的酸。它可以通过在 120～130℃下,真空(约 0.1 真空度)加热几小时酸后进行制备。

处理、存储和注意事项:酸长期储存是比较稳定的;酸酐应保存于干燥器中。这两种化合物都是有毒的,可以与还原剂剧烈反应,酸与过氧化氢反应可形成一种爆炸性络合物。该两种化合物都应在通风柜中使用。

苯亚硒酸酐(BSA)是比较常用的试剂,而苯亚硒酸至少在某些情况下可能通过原位生成酸酐。过量的试剂在反应结束后可用碳酸钾或氢氧化钾水溶液洗涤除去。二苯硒通常是副产品,往往需要色谱分离。

醇类和酚类化合物的氧化

苄伯醇与 BSA 在苯、氯苯或 THF 中回流被氧化成相应的醛类化合物,在类似条件下,不同的二级醇被氧化成酮(反应式 1)[2]。原则上,1 摩尔的酸酐可以氧化 3 摩尔的醇,但在实际中,过量的酸酐可以更有效的达到氧化效果。该试剂也可从二苯硒醚、叔丁基过氧化氢反应生成[2c]。这种方法相对温和,对其他一些易被氧化基团如硒化物和硫化物具有兼容性。在更苛刻的条件下,该产品有时进行脱氢(见反应式 1)。

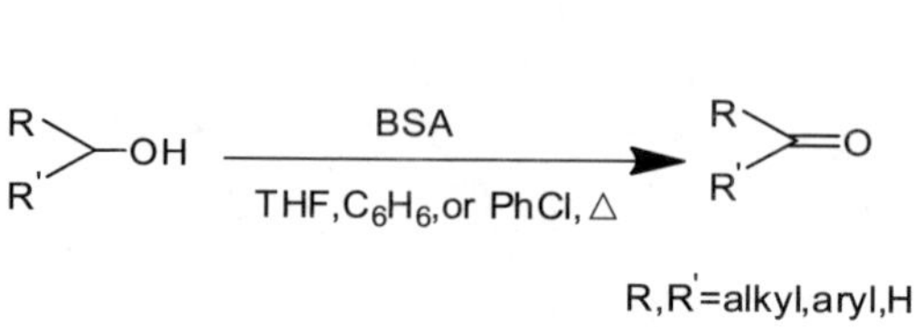

(1)

酚类化合物是典型的该类反应的底物,它可以被酸酐氧化成邻醌,被酸氧化成对醌,往往具有高选择性和高收率(反应式 2)[3]。然而在某些情况下,酚类化合物主要被氧化成羟基烯酮,或耦合的产品(反应式 3)[4]。当在六甲基二硅氮烷的存在下用 BSA 进行反应,通常获得相应的 N-苯硒亚胺化合物,在邻位进行选择性反应(反应式 4)。如对亚胺再进行还原提供了一种对芳香化合物进行胺化的合成路线[5]。

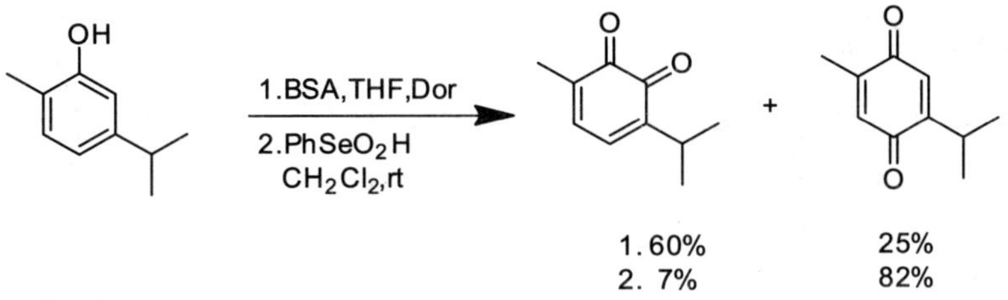

(2)

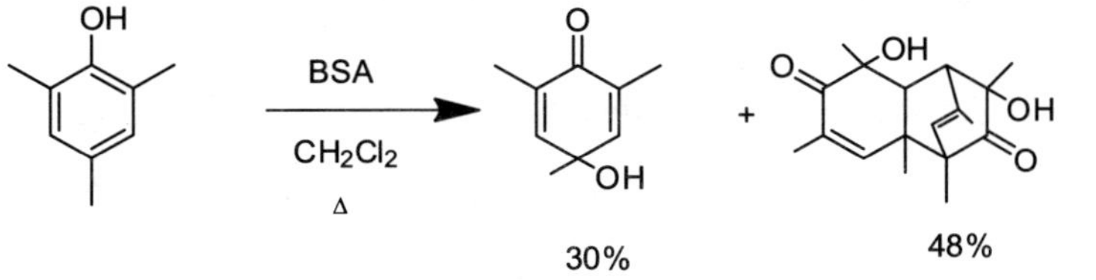

(3)

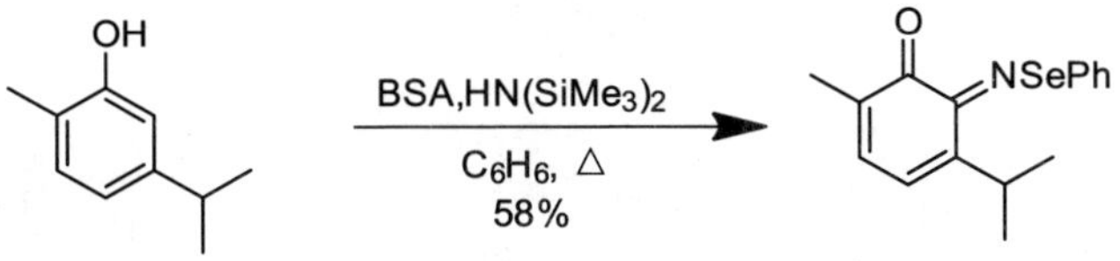

(4)

羰基化合物的脱氢

酮,特别是类固醇或萜类,与酸酐氯苯或二甘醇二甲醚溶液在 95~132℃加热生成烯酮或二烯酮。这种方法可与反应式 1 连用将醇一步直接转化为二烯酮[6]。进一步优化反应使用催化量的酸酐,和一个共用氧化剂如碘酰苯或间-碘苯甲酸即可以一步生成烯酮(反应式 5),但需回收副产物二苯硒[7]。内酰胺[2b]和内酯[8]经历类似的脱氢反应(反应式 6),尽管内酰胺有时会生成酰亚胺[2b]。

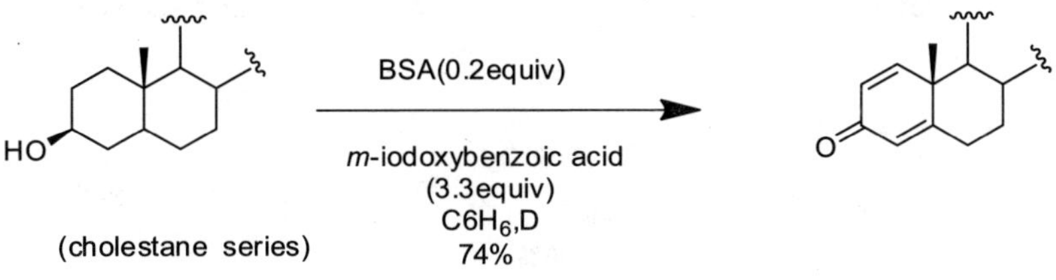

(5)

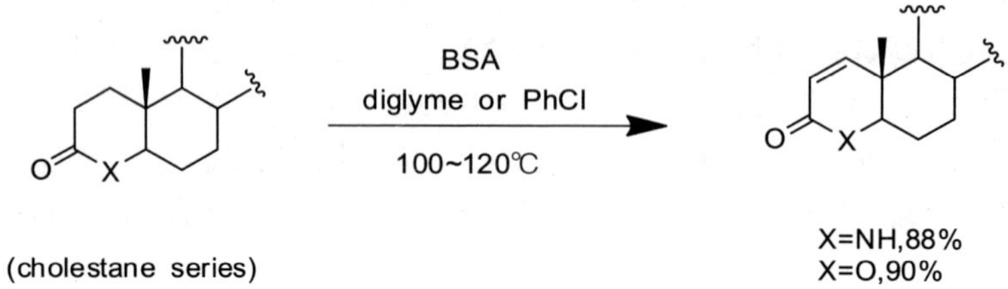
(6)

氧化胺、肼和腙

伯胺在温和条件下被硒酸酐氧化成酮(反应式 7)[9];但仅限于非烯醇化的酮,这些反应收率对于有机合成可接受,其他的反应收率都很低。然而,烯酰胺可被氧化成甲醇酰胺或羟基酮衍生物[10],吲哚啉可被氧化成吲哚[11]。苯亚硒酸或酸酐与肼反应,生成酰亚胺[12],而 1,2 -和 1,1 -二取代肼衍生物在室温或低于室温下可分别被氧化生成偶氮化合物[12-13]、四氮烯[14](反应式 8 和反应式 9)。

$$Ph_2CHNH_2 \xrightarrow[CH_2Cl_2,rt]{BSA} [Ph_2C{=}NH] \xrightarrow{H_2O} \underset{97\%}{Ph_2C{=}O} \tag{7}$$

$$PhNHNHPh \xrightarrow[CH_2Cl_2,rt \; 97\%]{BSA} PhN{=}NPh \tag{8}$$

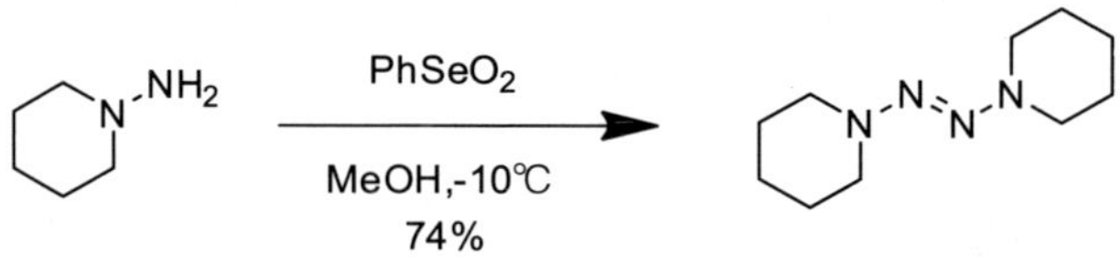
(9)

该反应还可以被用来与 N -苯并唑反应生成亲双烯化合物 N -苯基- 1,2,4 -三唑啉- 3,5 -二酮[15];还可以氧化羟胺生成对亚硝基化合物,在温和的条件下用亚硒酸[15],N -酰肼(肼)和 N -烷基或 N -芳基磺酰肼(酰胺砜)转换成硒酯和硒磺酸酯[16](反应式 10 和反应式 11)。

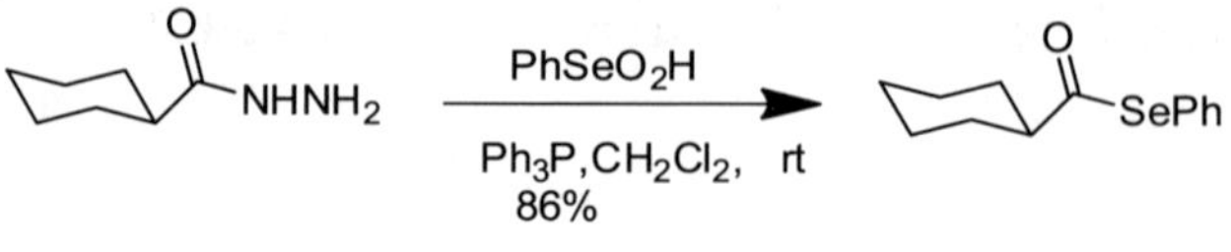
(10)

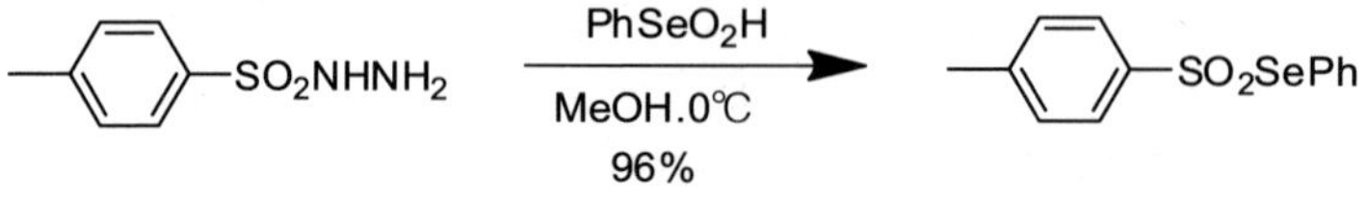
(11)

BSA 是一种可把腙、肟或缩氨基脲转化成酮有用试剂(反应式 12)[13]。苯基、对硝基苯和对甲基苯磺酰基腙在温和的 THF 溶液中非常迅速进行反应,而 2,4-二硝基苯和 N,N-二甲基衍生物反应相对缓慢。同样,和对甲苯磺酰基腙或肟反应生成醛,而对苯基或对硝基腙反应一般不会生成醛,只会产生 N-偶氮酰基副产品。

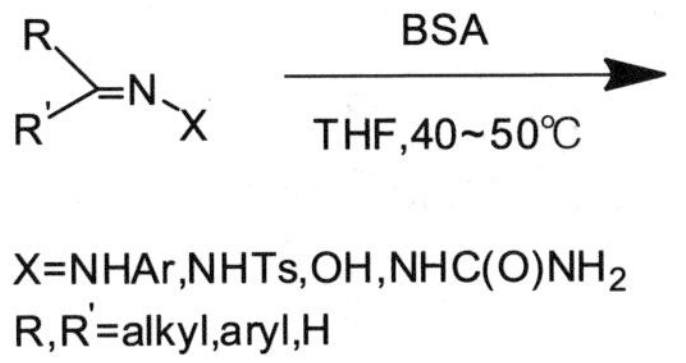

(12)

氧化二硫杂环戊烷和硫代羰基化合物

BSA 也是醛和酮二硫杂环戊烷衍生物的有效脱保护试剂(反应式 13)[17]。这个反应在室温下就可以进行,而且适用于有立体位阻化合物,比传统的水解方法产物更简洁。

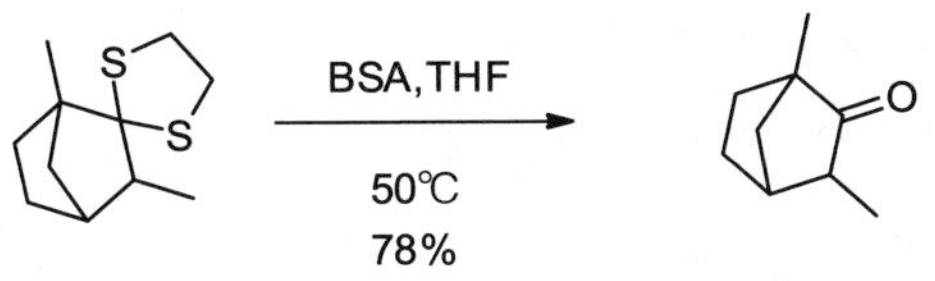

(13)

此外,它在无水条件下使用,当存在其他对水敏感基团就有优势。对二硫杂环戊烷和 1,3-硫杂环的脱保护也可以,但是,一般没有前者有效,而硒缩醛可高收率还原成醛、酮类化合物[18]。也可以用 BSA 在室温下把硫酮、黄原酸酯、硫酯、三硫酯、硫脲和其他硫和硒羰基化合物转化成相应的羰基衍生物(反应式 14)[19],虽然烯醇化硫酮生成更复杂的产品。

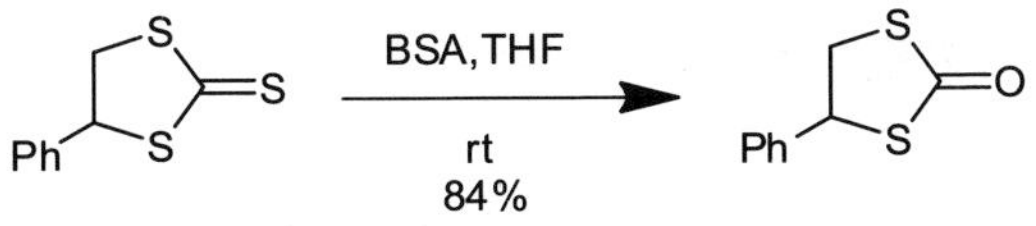

(14)

其他氧化

苄基烃与亚硒酸酐在温和的条件下,或稍高的温度下被氧化成醛并获得良好的收率(反应式 15)[20]。但过度氧化形成羧酸及发生竞争反应如形成苯硒的衍生物往往限制了该方法的实用性。

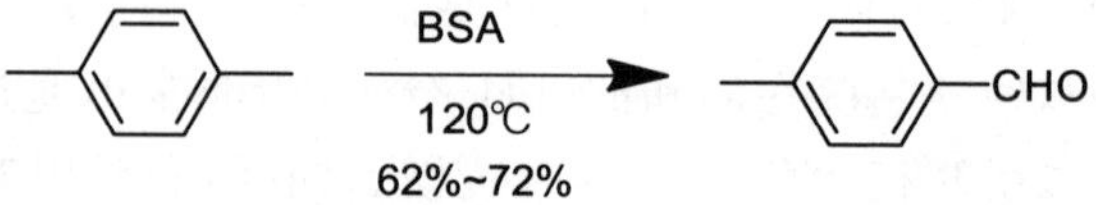

(15)

苯亚硒酸酐与二苯硒的反应产生 Se^{II} 亲电试剂。该混合物可以把烯烃转化苯硒酮或醛[21]:末端烯烃主要生成 1-苯基硒-2-酮异构体(反应式 16),而烯丙醇的醚或酯生成相反的区域异构体(反应式 17)。

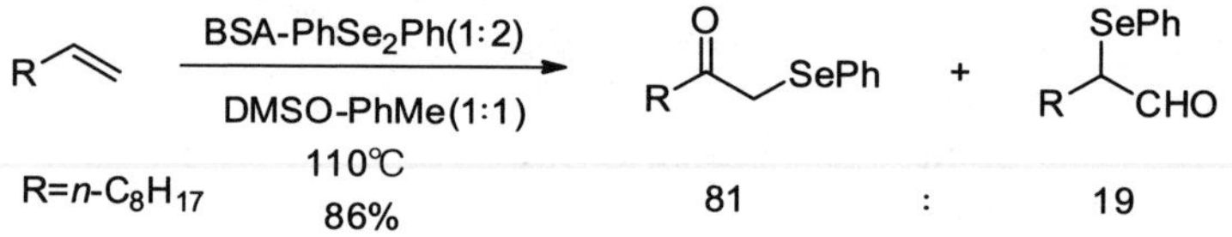

(16)

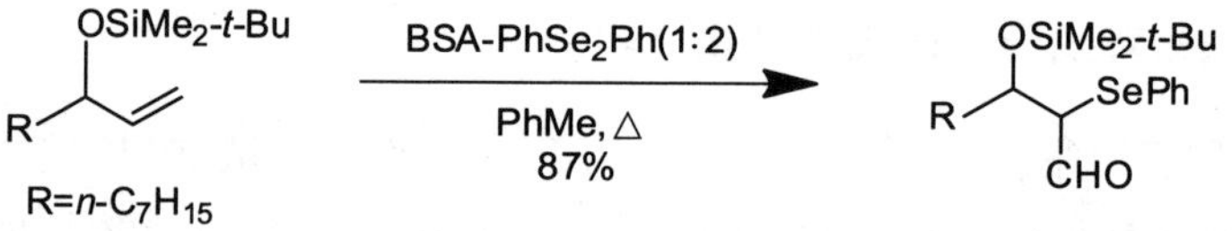

(17)

同样,二苯硒醚和苯亚硒酸的归中反应[22],或用次磷酸对苯亚硒酸进行的还原[23],这两者再与烯烃反应,结果是 PhSeOH 和烯烃发生加成反应,生成羟基硒醚。当这些化合物与 BSA 的甲苯,氯苯溶液进行加热回流,羟基化发生在相邻的环交接位置(反应式 18)[24],然而这些反应速度缓慢,产率适中。

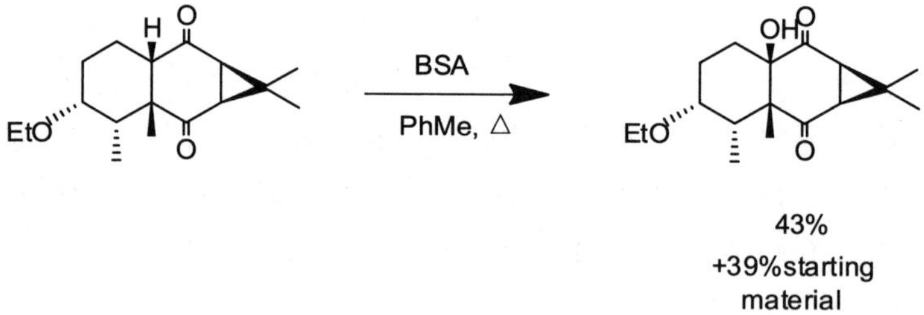

(18)

苯亚硒酸与过氧化氢反应原位生成相应的亚硒过氧酸。生成的过氧酸可把硫化物氧化成砜,把醛氧化成羧酸,烯烃氧化成环氧化物,该试剂还可以用于拜耳-维利格反应(见苯亚硒过氧酸)。

参考文献

1. Ley, S. V. In Organoselenium Chemistry; Liotta, D., Ed.; Wiley: New York, 1987, 163; Chapter 3.

2. (a) Barton, D. H. R.; Brewster, A. G.; Hui, R. A. H. F.; Lester, D. J.; Ley, S. V.; Back, T. G. Chem. Commun./J. Chem. Soc., Chem. Commun.

1978,952. (b) Back, T. G. J. Org. Chem. 1981, 46, 1442. (c) Shimizu, M.; Kuwajima, I. Tetrahedron Lett. 1979, 2801.

3. (a) Barton, D. H. R.; Brewster, A. G.; Ley, S. V.; Read, C. M.; Rosenfeld, M. N. J. Chem. Soc., Perkin Trans. 1 1981, 1473. (b) Barton, D. H. R.; Finet, J. - P.; Thomas, M. Tetrahedron 1988, 44, 6397.

4. Barton, D. H. R.; Ley, S. V.; Magnus, P. D.; Rosenfeld, M. N. J. Chem. Soc., Perkin Trans. 1 1977, 567.

5. (a) Barton, D. H. R.; Brewster, A. G.; Ley, S. V.; Rosenfeld, M. N. Chem. Commun. /J. Chem. Soc., Chem. Commun. 1977, 147. (b) Holker, J. S. E.; O'Brien, E.; Park, B. K. J. Chem. Soc., Perkin Trans. 1 1982, 1915.

6. Barton, D. H. R.; Lester, D. J.; Ley, S. V. J. Chem. Soc., Perkin Trans. 1 1980, 2209.

7. Barton, D. H. R.; Godfrey, C. R. A.; Morzycki, J. W.; Motherwell, W. B.; Ley, S. V. J. Chem. Soc., Perkin Trans. 1 1982, 1947.

8. Barton, D. H. R.; Hui, R. A. H. F.; Ley, S. V.; Williams, D. J. J. Chem. Soc., Perkin Trans. 1 1982, 1919.

9. (a) Czarny, M. R. Chem. Commun. /J. Chem. Soc., Chem. Commun. 1976, 81. (b) Barton, D. H. R.; Lusinchi, X.; Milliet, P. Tetrahedron 1985, 41, 4727.

10. (a) Back, T. G.; Ibrahim, N.; McPhee, D. J. J. Org. Chem. 1982, 47, 3283. (b) Magnus, P.; Ladlow, M.; Cairns, P. M. Tetrahedron Lett. 1987, 28, 3307.

11. Ninomiya, I.; Hashimoto, C.; Kiguchi, T.; Naito, T.; Barton, D. H. R.; Lusinchi, X.; Milliet, P. J. Chem. Soc., Perkin Trans. 1 1990, 703.

12. Back, T. G.; Collins, S.; Kerr, R. G. J. Org. Chem. 1981, 46, 1564.

13. Barton, D. H. R.; Lester, D. J.; Ley, S. V. J. Chem. Soc., Perkin Trans. 1 1980, 1212.

14. Back, T. G.; Kerr, R. G. Can. J. Chem. 1982, 60, 2711.

15. Barton, D. H. R.; Lusinchi, X.; Ramírez, J. S. Tetrahedron Lett. 1983, 24, 2995.

16. Back, T. G.; Collins, S.; Krishna, M. V. Can. J. Chem. 1987, 65, 38.

17. (a) Cussans, N. J.; Ley, S. V.; Barton, D. H. R. J. Chem. Soc., Perkin Trans. 1 1980, 1654. (b) Barton, D. H. R.; Bielska, M. T.; Cardoso, J. M.; Cussans, N. J.; Ley, S. V. J. Chem. Soc., Perkin Trans. 1 1981, 1840.

18. Burton, A. ; Hevesi, L. ; Dumont, W. ; Cravador, A. ; Krief, A. Synthesis 1979, 877.

19. Cussans, N. J. ; Ley, S. V. ; Barton, D. H. R. J. Chem. Soc., Perkin Trans. 1 1980, 1650.

20. Barton, D. H. R. ; Hui, R. A. H. F. ; Ley, S. V. J. Chem. Soc., Perkin Trans. 1 1982, 2179.

21. (a) Shimizu, M. ; Kuwajima, I. Bull. Chem. Soc. Jpn. 1981, 54, 3100. (b) Shimizu, M. ; Takeda, R. ; Kuwajima, I. Bull. Chem. Soc. Jpn. 1981, 54, 3510.

22. (a) Reich, H. J. ; Wollowitz, S. ; Trend, J. E. ; Chow, F. ; Wendelborn, D. F. J. Org. Chem. 1978, 43, 1697. (b) Hori, T. ; Sharpless, K. B. J. Org. Chem. 1978, 43, 1689.

23. Labar, D. ; Krief, A. ; Hevesi, L. Tetrahedron Lett. 1978, 3967.

24. Yamakawa, K. ; Satoh, T. ; Ohba, N. ; Sakaguchi, R. ; Takita, S. ; Tamura, N. Tetrahedron 1981, 37, 473.

苯亚硒酰氯(Benzeneseleninyl Chloride)

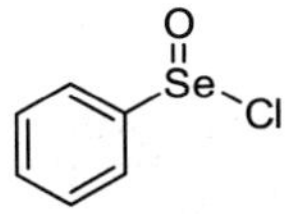

[57204－85－0]　(MW 207.52)　CoH₅Close

该试剂除了和亚硒酸一样作为温和的氧化剂外，还可以对酮和酯引入不饱和基[1]，主要引入双键[2]；可以对胺和醛肟[3]进行氧化；还可以对烯烃和芳香族化合物[4]用三卤化铝[5]进行卤化反应。

物理数据：熔点 75℃。

溶解度：溶于二氯甲烷[1]和四氢呋喃[6]。

制备方法：苯硒氯的二氯甲烷溶液或四氯化碳溶液用臭氧氧化得到苯硒酰氯。

处理、储存和注意事项：苯硒酰氯晶体非常吸容易吸潮，必须注意避免接触空气。但是在二氯甲烷溶液非常稳定，可以在－15℃下存储数周，因为硒化合物具有潜在的毒性，应在通风橱内进行操作。

酮和酯的烯醇化物与苯硒酰氯反应生成苯硒烯类的中间体，当温度升至室温时经过氧化硒消除形成烯酮[1,7]。由于传统的两步硒酰化、氧化过程能够得到更高的收益率和更少的副产品(见苯基溴化硒、苯基氯化硒和二苯联硒化物)，因此苯硒酰氯的使用只是在特殊情况下使用，例如为了避免竞争或优先氧化(反应式 1)[7]。

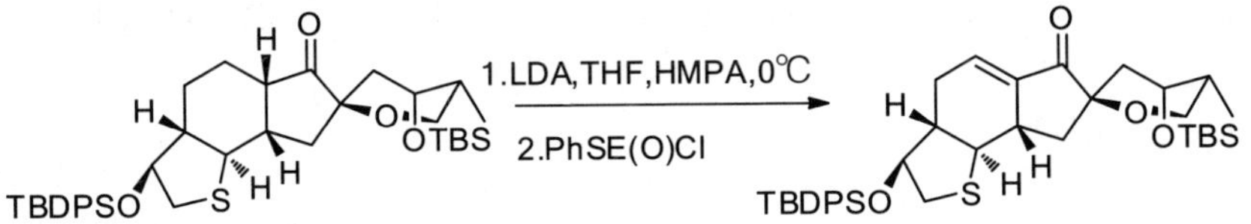

(1)

芳基取代的伯胺可以被氧化成酮和腈，大概是通过一个中间体硒代酰胺过程进行[2]，虽然在室温下醛肟转换为腈的收益率为 71%～96%，使用非常易得的苯硫氯或苯基氯化硒[3]也得到了类似的收率。

用等当量的三氯化铝加入苯硒酰氯的二氯甲烷溶液中时形成络合物，该络合物可以对富电子芳香族化合物，如苯甲醚、二苯醚和 N,N－二甲基苯胺进行氯化，卤化的位置完全在对位[5]。这个络合物也可以对噻吩类化合物[8]进行选择性卤化，或者可以将烯烃转化为乙烯基氯化物(反应式 2)[4,9]。同样，当溴化铝结合苯硒酰氯时，也同样生成一个高效的溴化络合物(反应式 3)[8]。

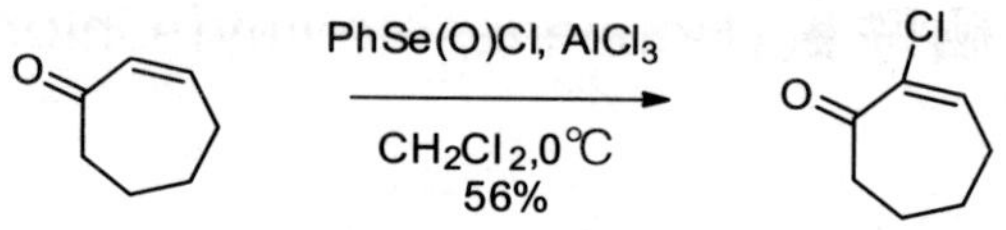

(2)

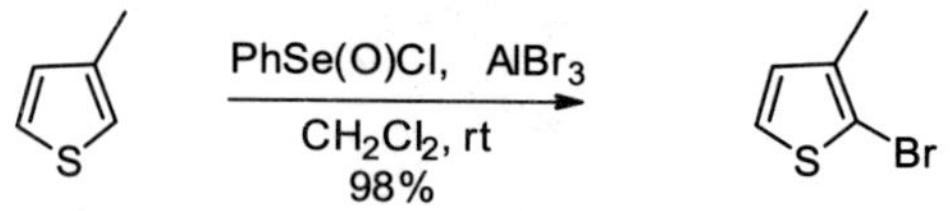

(3)

参考文献

1. Reich, H. J.; Renga, J. M.; Reich, I. L. J. Am. Chem. Soc. 1975, 97, 5434.

2. Czarny, M. R. Synth. Commun. 1976, 6, 285.

3. Sosnovsky, G.; Krogh, J. A. Z. Naturforsch., Tell B 1979, 34B, 511.

4. Kamigata, N.; Satoh, T.; Yoshida, M. Bull. Chem. Soc. Jpn. 1988, 61, 449.

5. Kamigata, N.; Satoh, T.; Yoshida, M.; Matsuyama, H.; Kameyama, M. Bull. Chem. Soc. Jpn. 1988, 61, 2226.

6. Ayrey, G.; Barnard, D.; Woodbridge, D. T. J. Chem. Soc 1962, 2085.

7. Smith, A. B., III, Empfield, J. R.; Rivero, R. A.; Vaccaro, H. A. J. Am. Chem. Soc. 1991, 113, 4037.

8. Kamigata, N.; Satoh, T.; Yoshida, M.; Matsuyama, H.; Kameyama, M. Phosphorus Sulfur/Phosphorus Sulfur Silicon 1990, 53, 29.

9. Kamigata, N.; Satoh, T.; Yoshida, M.; Kobayashi, M. Chem. Lett. 1987, 345.

苯基溴化硒(Benzeneselenenyl bromide)[1]

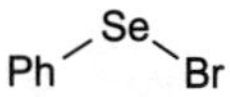

[34837-55-3]　C_6H_5BrSe　(MW 235.97)

苯基溴化硒,作为亲电硒试剂,主要用于烯烃的合成[2-6]。

物理数据:熔点 60～62℃;沸点 134℃(35 毫米汞柱),107～108℃(15 毫米汞柱);升华点 25℃(0.001 毫米汞柱)。

溶解性:溶于正己烷、二氯甲烷、乙醚、四氢呋喃等相似结构的有机溶剂。

供应形式:深红色的晶体;可商购。

制备方法:可以用等摩尔质量的联苯硒和溴反应制备[2,3,7,66]。

纯化:用石油醚重结晶或升华。

处理、储存和注意事项:剧毒,有难闻的气味。

与酮和烯醇的反应

苯硒溴是一种常用的亲电有机硒试剂,与苯硒氯具有相似的反应活性。虽然许多反应可以通过苯硒氯取代,但这两个试剂反应的性质有明显的差异[2]。通过 3-烯醇锂、铜盐中间线可有效地转换成苯硒基酮[3,8]。该反应可有效把饱和酮转化为不饱和酮和烷基化的不饱和酮(反应式 1 和反应式 2)。

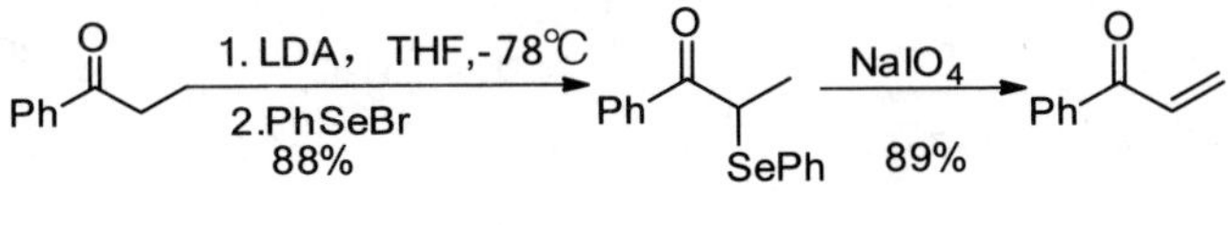

(1)

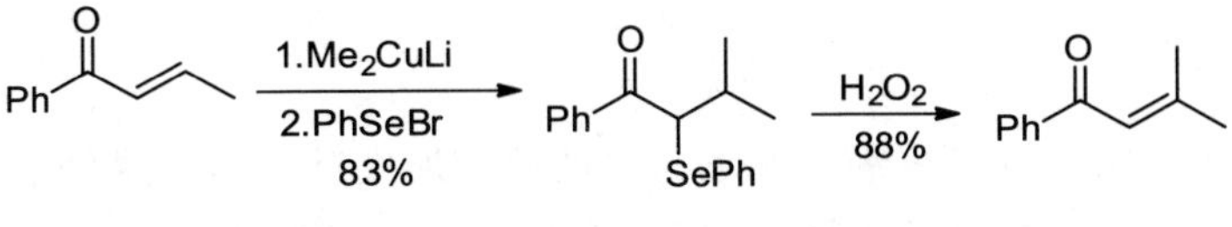

(2)

同样,烯醇乙酸酯在三氟乙酸苯硒酯的作用下转化为不饱和酮,而三氟乙酸苯硒酯[9]可由三氟乙酸银(碘)、苯硒氯或苯硒溴反应来制备(反应式 3)[3,4]。

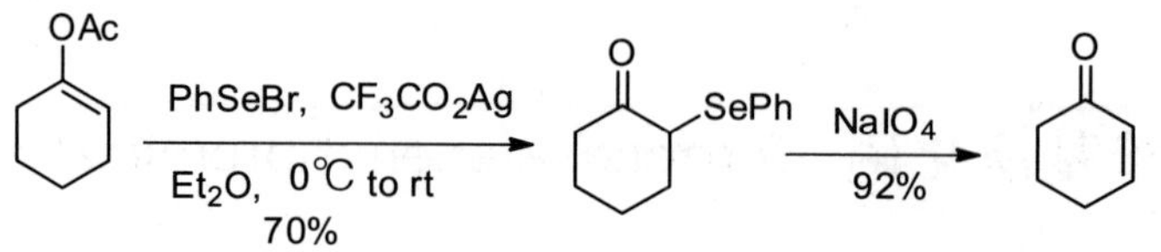

(3)

烯醇硅醚与苯硒溴发生高效率的反应生成苯硒基酮和醛(反应式 4)[10]。

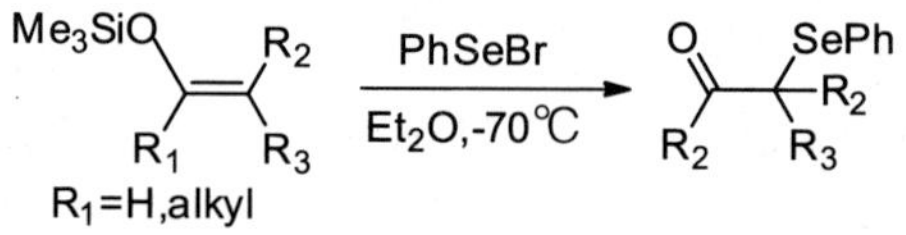

(4)

另一方面,苯硒溴对烯醇醚进行加成形成溴代硒加合物(反应式 5)[11],和苯硒氯不同,苯硒溴通常不与酮和醛反应,形成苯基硒羰基化合物[3]。

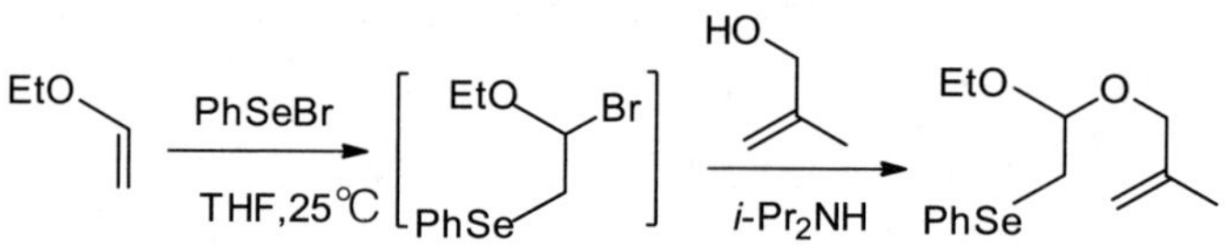

(5)

与碳负离子反应

腈化锂[12]和硝基烷烃[13]与苯硒溴迅速反应生成相应的苯基硒化合物,而后分别被进一步氧化成不饱和腈和硝基烯烃(反应式 6 和反应式 7)。

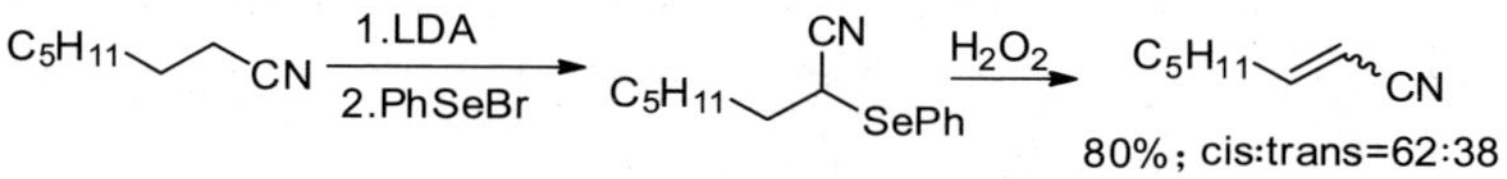

(6)

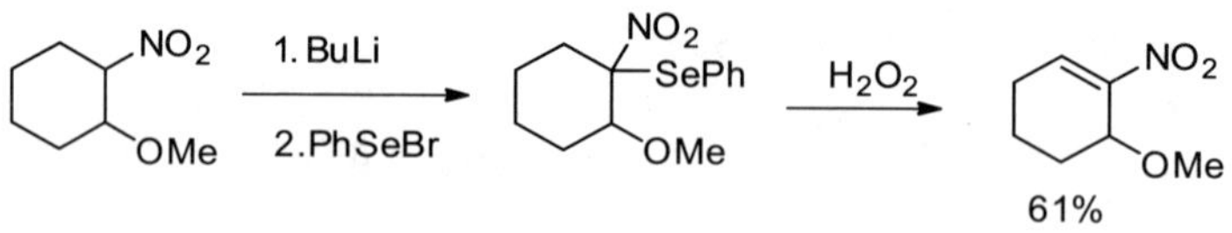

(7)

和烯烃的加成

苯硒溴在非质子有机溶剂条件下与烯烃进行加成反应生成溴代硒加合物[5]。

该加成反应被认为是通过硒鎓离子(含硒的三元环阳离子)进行的,生成的加成物完全是反式的。末端烯烃的选择性加成可以通过改变反应条件来控制(反应式 8)[6]。加成产品可以很容易地转化为乙烯基硒[6]、乙烯基和烯丙基溴[14a]和苯硒基酮[14b]。

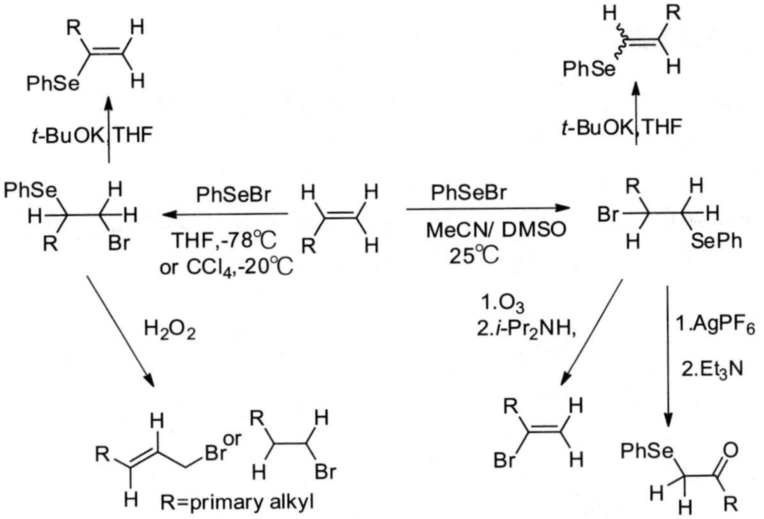

(8)

所以当反应在醇或羧酸进行,可对烯烃加成生成氧化硒产品,反应收率高(反应式 9)[5,15]。

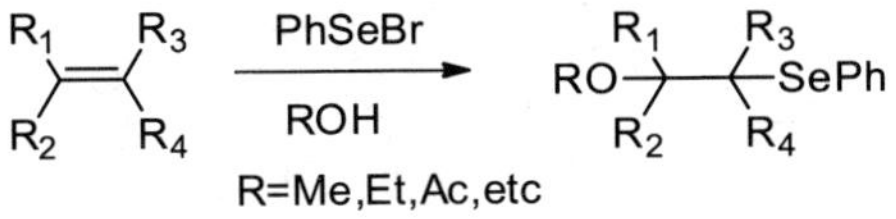

(9)

炔基硒醚的合成

苯硒溴和亚硝酸银生成的苯硒亚硝酸盐与末端炔烃发生亲电取代反应,生成产率较高的炔硒醚(反应式 10)[16]。

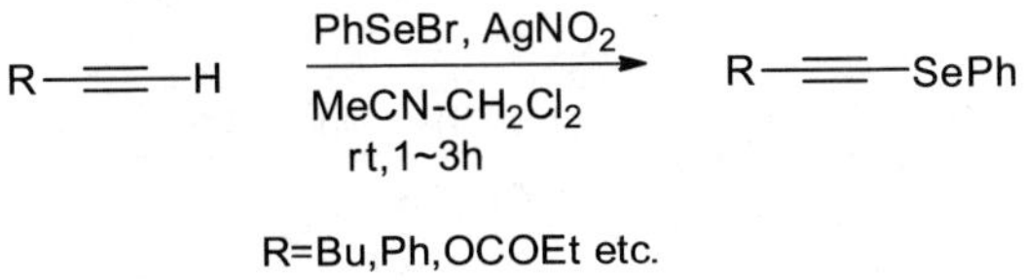

(10)

和酮腙反应

在叔丁基四甲基胍和一分子的强碱存在下,苯硒溴和酮腙反应生成苯基乙烯基醚(反应式 11)[17]。这个反应需要过量的苯硒溴。

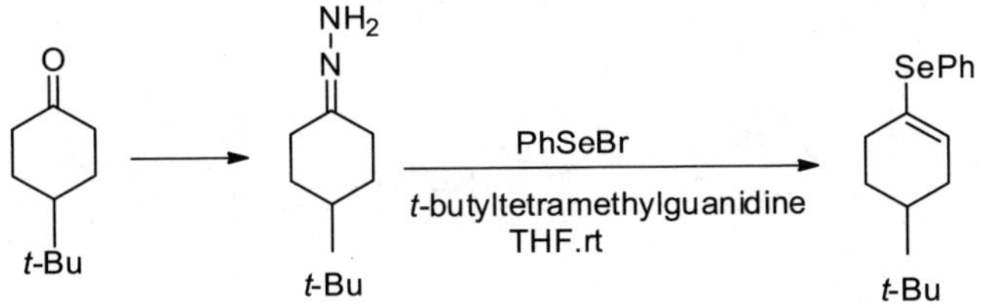

(11)

和酮与醛的反应

与常规的方法相反，酮无须转化为烯醇或烯醇化物，带有吸电子基团苯硒衍生物可以与丙酮直接反应(反应式 12)[18](76%)。在更剧烈的条件下，可以直接发生后续的酰化反应。与环己酮的反应，硒化反应需要较长的反应时间(48h)以及类似的内酰化曾被观察到(59%)。对于环状和开链的 1,3-二酮类化合物，芳硒酰试剂一般加成在 2-位上，用水处理后直接导致破碎产品。

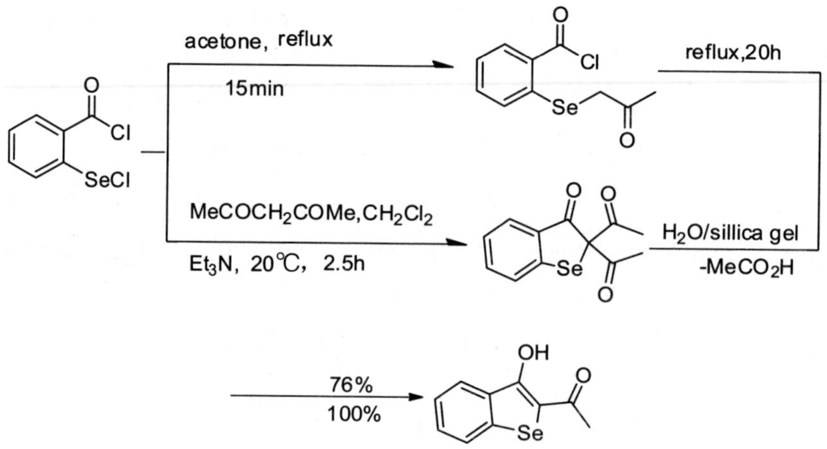

(12)

不像苯硒氯和 O-(氯羰基)苯硒氯，苯硒溴不与醛、酮反应[3]；除了个别例外，如在微量的 S-脯氨酰胺存在下(反应式 13)，异戊醛可以被硒化，反应速度很慢(1天，24%)，与苯硒氯的反应速度快得多(15 小时，75%)，和 N-苯硒邻苯二酰亚胺(NPSP)立即发生反应(5 分钟，96%)。硒化反应没有观察到不对称诱导[19]。

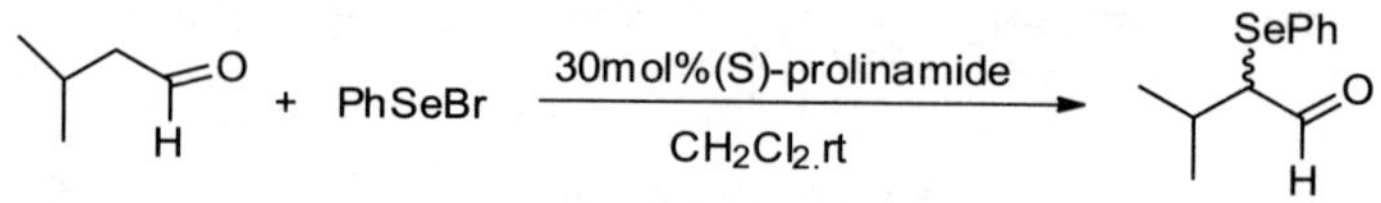

(13)

与不饱和酮反应生成烯醇醚的反应

苯硒溴与不饱和酮反应生成烯醇硅醚衍生物反应，生成苯硒化的不饱和烯酮(反应式 14)[20]。产品的苯硒基团，在氯化铈存在下，允许氘代硼氢化钠进行立体选择性还原。

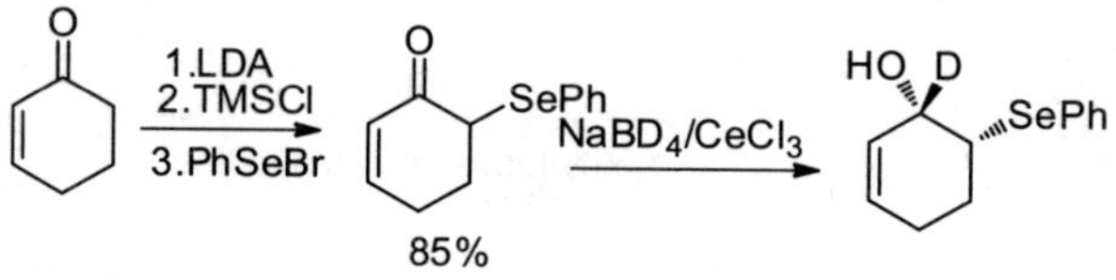

(14)

在形成硒苯基化合物一系列反应中,由于使用过量的苯硒溴,过剩的苯硒溴形成一个非常活泼的中间体硒脲(反应式 15)。

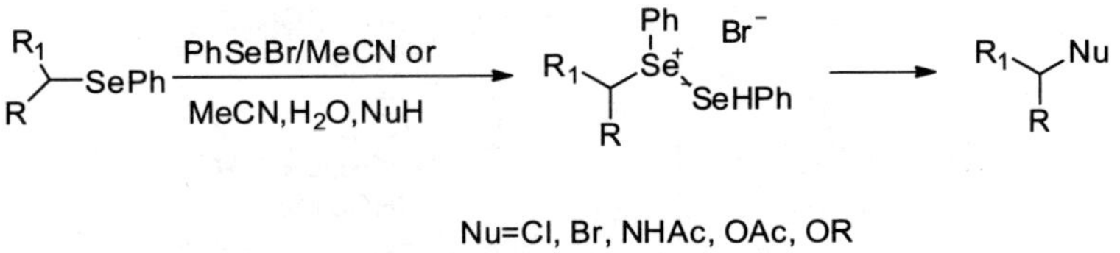

(15)

通过活化苯硒可以很好地进行亲核置换反应[21]。苯硒基团可以通过碘甲烷活化生成甲基硒盐,或通过溴,氯,磺酰氯,N-溴代丁二酰亚胺,N-碘代丁二酰亚胺生成相应的卤代硒。硒衍生物可以经过两个步骤转变成脱硒化合物(反应式 16 和反应式 17)[22,23],或通过使用乙醇菌体发酵一步生成脱硒化合物。

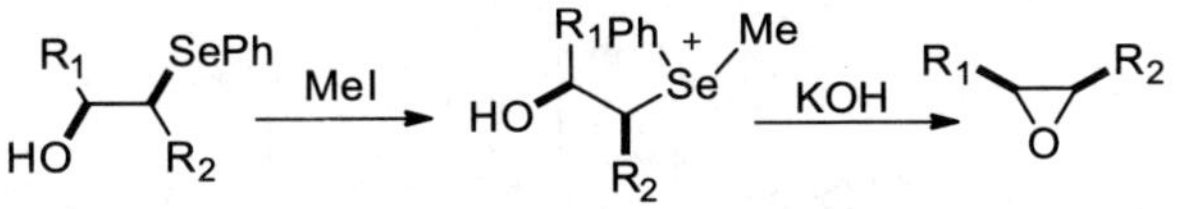

(16)

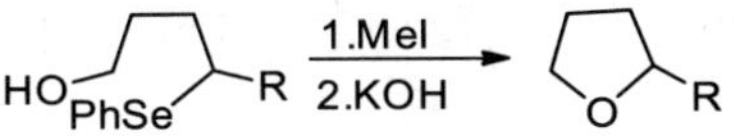

(17)

当硒化物离子位于烯丙基位置时发生消除反应时往往进行重排反应(反应式 18)[24]。

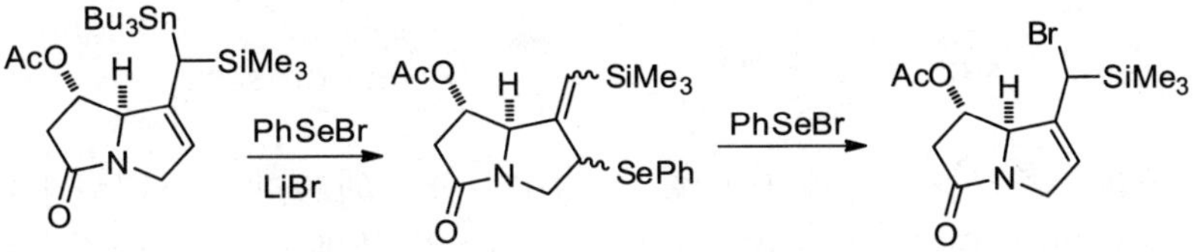

(18)

手性溴化物可通过手性的苯硒底物和溴反应来进行制备(反应式 19)[25]。

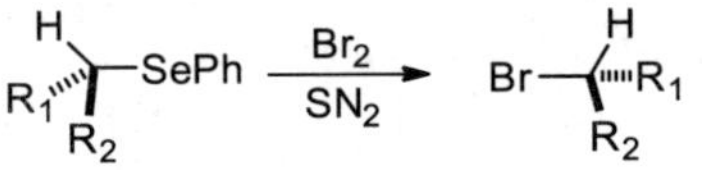

(19)

当在固相中以催化量的苯硒溴、苯硒氯、二苯硒、正苯硒基邻苯二甲酰亚胺和其他硒酰化合物做硒化试剂,过硫酸铵、过硫酸钠、过硫酸钾作为氧化剂时,也观察到脱硒反应[26]。

烷基苯基硒化物氧化后进行的选择性消除,主要取决于硒氧化物的 α 位置的基团(反应式 20),理论研究也证实了这一点[27]。对于烯丙基硒氧化合物,消除反应后直接生成烯丙基醇,其反应历程是通过形成酯类,和一个[2,3]sigma 重排反应和水解反应后得到。

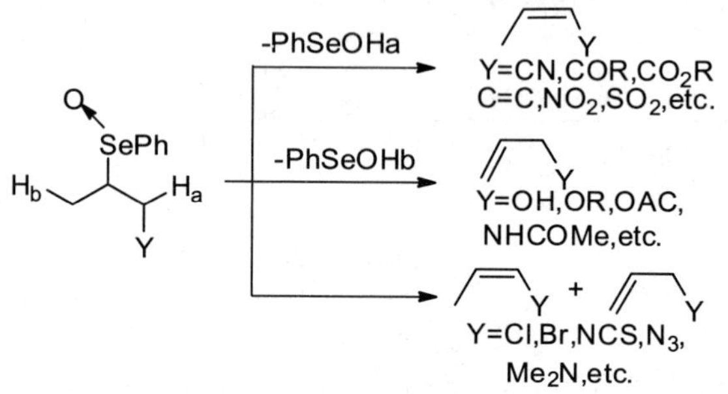

(20)

苯硒集团还可以通过间氯过氧苯甲酸氧化形成苯硒酮化合物进行活化。苯硒酮可以进行亲核取代反应[28]，通过这种方法可以生成羟基环氧化物(反应式 21)，收率可达(65%～78%)。

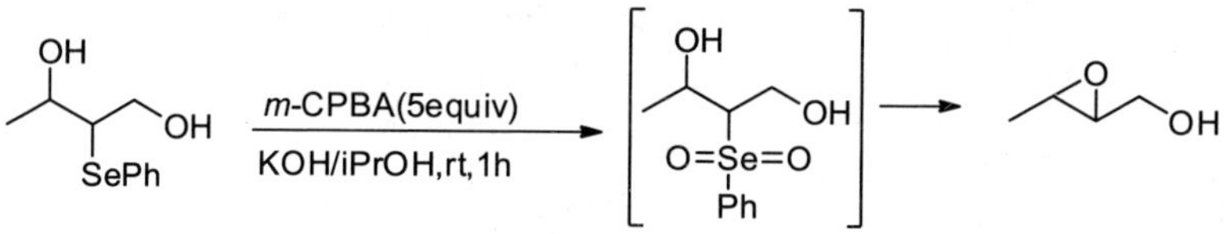

(21)

与烯醇化合物的反应

已被发现溴酮和苯硒溴和碘化钐反应可以转化为苯硒酮[29]，收率达 60%和 70%(反应式 22)，同时可形成烯醇化物。

$$ArCOCH_2Br + PhSeBr \xrightarrow[CH_3CN]{SmI_2SmI_3} ArCOCH_2SePh \quad (22)$$

烯醇酯进行苯硒化可形成苯硒酯，该酯用一分子的碱进行处理后生成稳定的苯硒烯醇化合物(反应式 23)。该烯醇化物可以被定量进行烷基化反应；如用烯丙基溴化物作为亲电试剂，经过消除苯硒基团后可生成不饱和酯[30]。

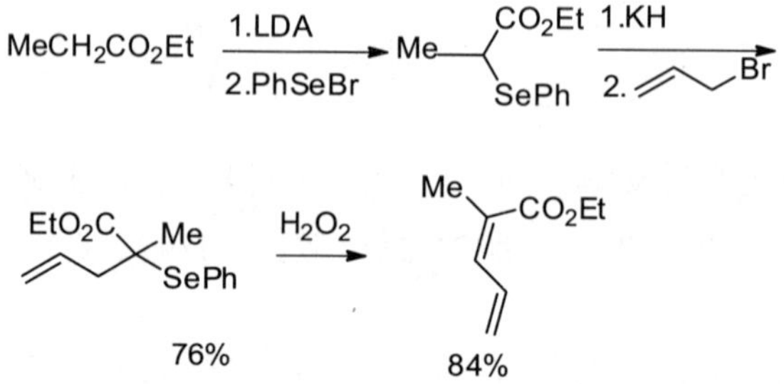

(23)

各种有机金属衍生物与苯硒溴反应生成烷基芳基硒醚，收率高低不一。由一种脂肪醛形成的 N,N-二烃基腙的负离子(反应式 24)[31]，进行苯硒化后形成苯硒基腙或苯硒腈，其生成的产品取决于所用的碱量和苯硒溴的量。

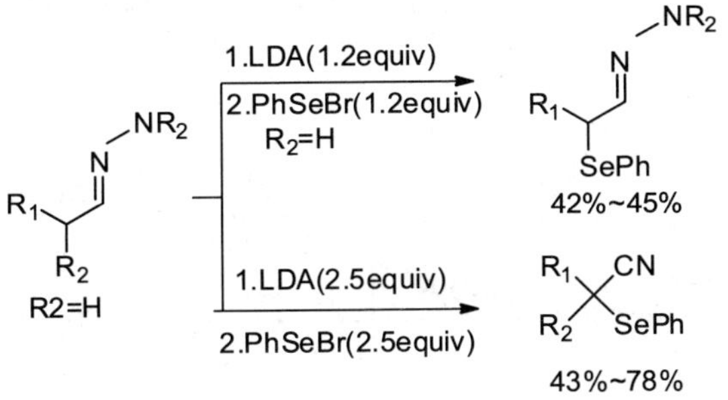

(24)

一个砜酯负离子进行苯硒后生成其相应的苯硒衍生物(反应式25)[32]，氧化后生成2-磺酰基丙烯酸酯。后者与1-硒-2-硅烯烃进行立体选择性反应后生成磺酰基环丙烷，其反应的历程通过一个[2+1]环加成反应和迁移后形成。

(25)

二苯硒基酮的制备可以很容易地从苯硒酮与苯硒溴进行第二次苯硒化反应来制备(反应式26)[33]。同一个反应如用N-苯硒基邻苯二甲酰胺和三乙胺需要两天的时间，而用N-苯硒基吗啡需3～8天时间，假设这两个反应都在室温下进行。当苯硒氯加入类似原料形成的硅烯醇醚就没有形成1,1-二苯硒基酮。

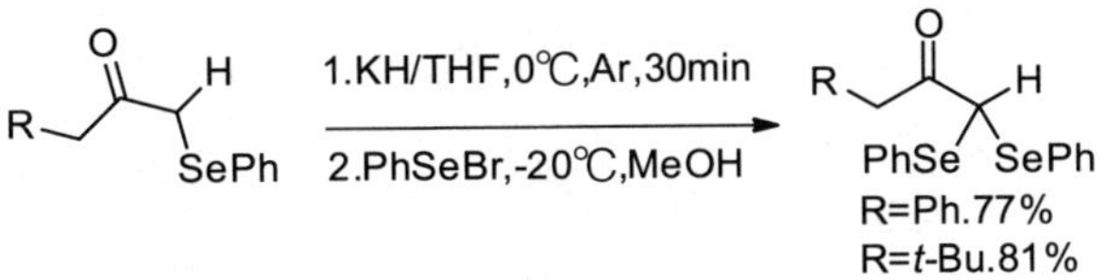

(26)

二苯硒基乙酸乙酯可通过苯硒溴和重氮乙酸乙酯溶液反应来制备。最佳反应条件是在-78℃的四氢呋喃溶液中，苯硒溴加入到重氮酯可获得最佳收率(反应式27)[34]。通过选择合适的溶剂、温度和反应物的添加顺序，可提高单溴苯硒衍生物的产量至89%。如用重氮甲烷，可生成溴苯硒基甲烷。重氮化合物与其他硒亲电试剂的插入反应也被观察到过[35]。

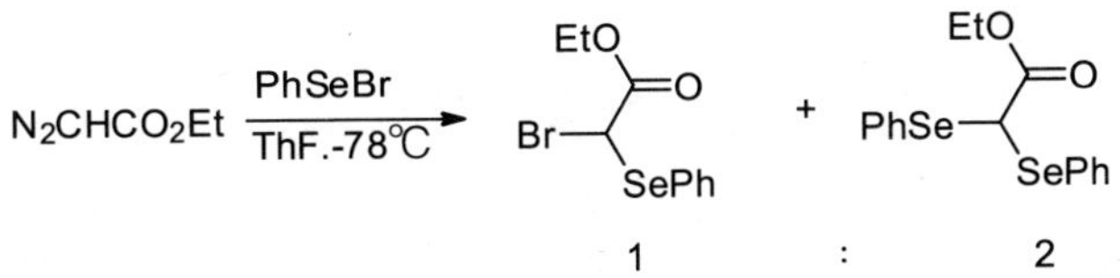

(27)

在各种烯烃和炔烃存在下日光灯光分解 2(-苯硒基)丙二酸甲酯或乙酯可生成加成产品(反应式 28)[36]。这些转化过程中涉及自由基机理,通过苯硒基基团的转移而实现的。

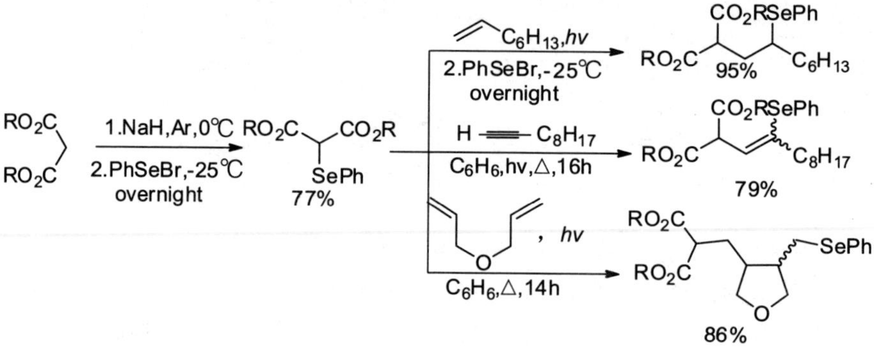

(28)

与芳香族环的碳负离子反应

芳香体系不太常用作硒化反应的底物,因为一者反应需要强碱,二者反应的收率相当低。对萘酚 OMOM 醚用仲丁基锂处理后,然后再加入苯硒溴,可在萘酚骨架引入苯硒基集团,收率中等(反应式 29)[37]。

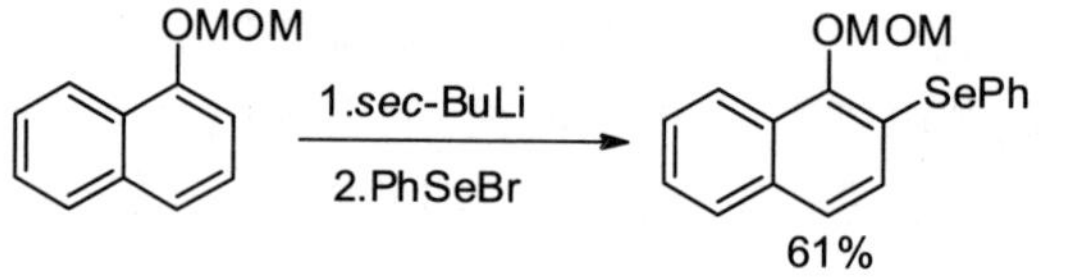

(29)

亲核的哒嗪锂盐与 PhSeBr 反应可生成相应的苯硒基哒嗪硒化物[38]。

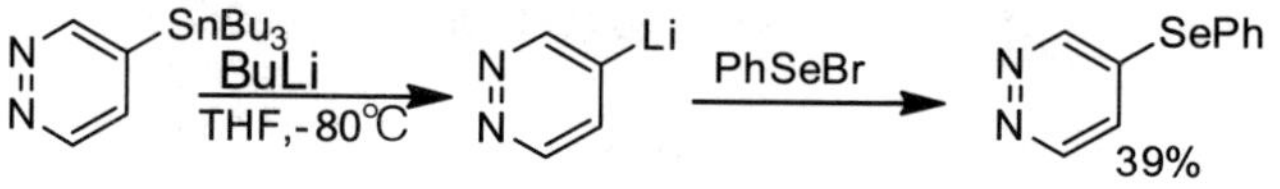

(30)

共轭双烯烃的硝基硒化

在亚硝酸盐和氯化汞存在的条件下,苯硒溴或苯硒氯可对(1-烯基)三烃基硅烷可进行区域选择性的硝基硒化反应[39],硝烷基苯硒化物用过氧化氢氧化后,再诱导产生顺式 2-硝基烃基苯硒化物的消除产品(反应式 31)。

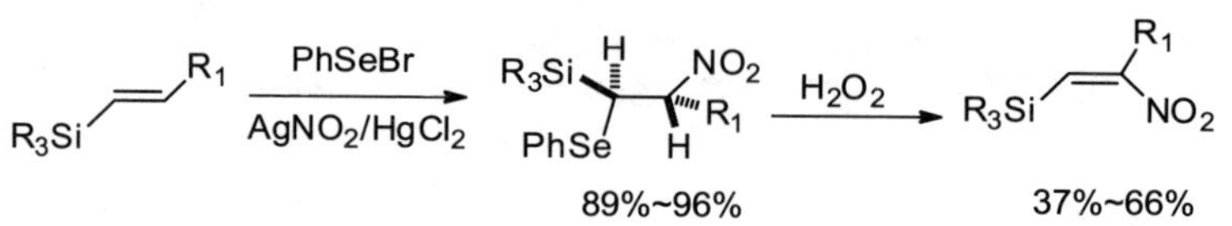

(31)

用类似方法，硝基和硒基团可以立体选择性地引入到环状和开链的共轭二烯烃的 1,2 -位置[40]（反应式 32）。

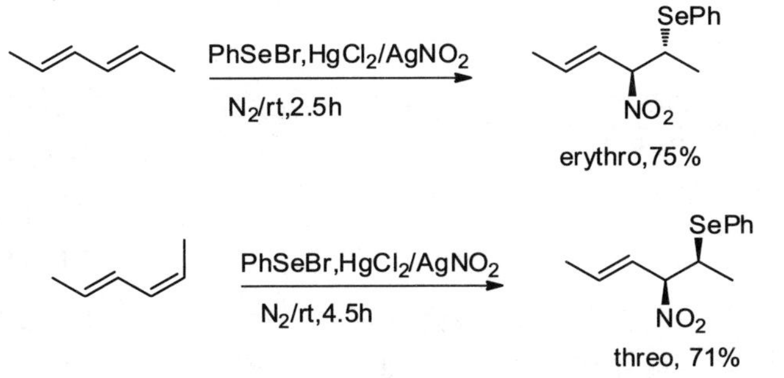

（32）

与炔烃的反应

苯硒氯、苯硒溴和其他硒类试剂在不同溶剂中如 AcOEt、AcOH、$CHCl_3$ 和 DMF，对乙炔进行亲电加成反应，结果表明，加合物的立体化学总是 E 式（反应式 33）[41]。形成反式加成产物，其反应历程是通过形成一个硒三元环中间离子。

（33）

苯硒溴对炔烃的加成可生成多官能化的烯烃（反应式 34 至反应式 38）[42-46]，该烯烃可进行进一步转化。例如，苯硒溴对取代炔烃进行高度立体选择性加成，可生成溴乙烯基酮硫化物缩醛（反应式 38）[46]，该化合物和其他炔烃进一步反应生成炔基烯炔化合物。

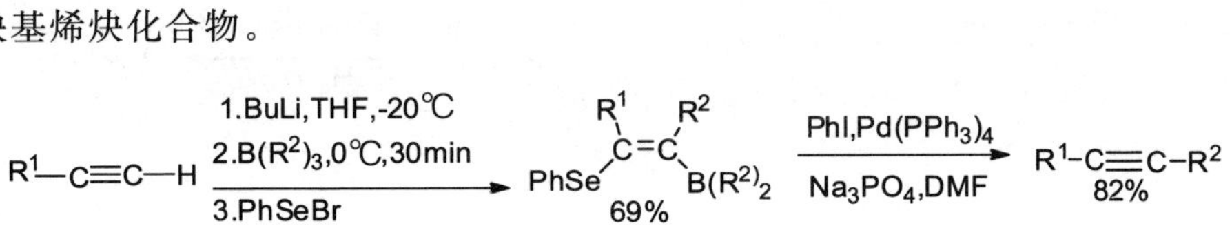

（34）

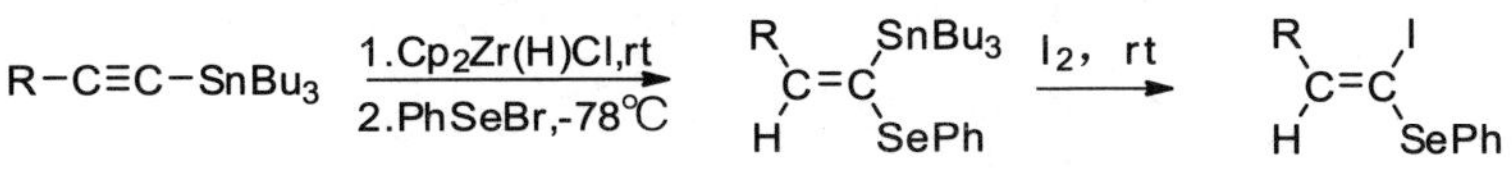

（35）

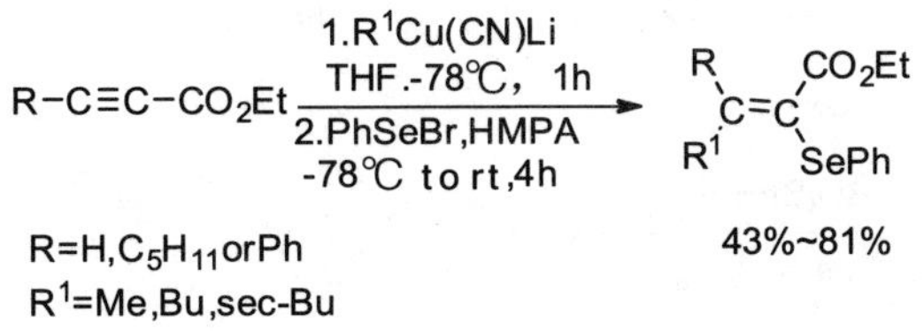

（36）

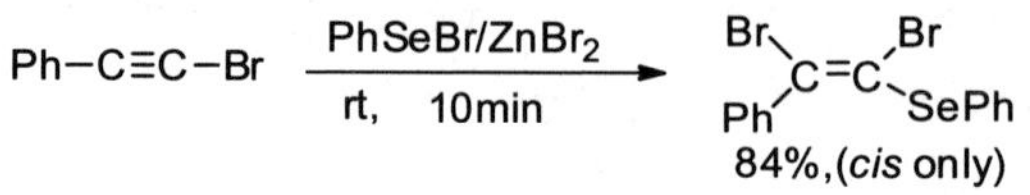

(37)

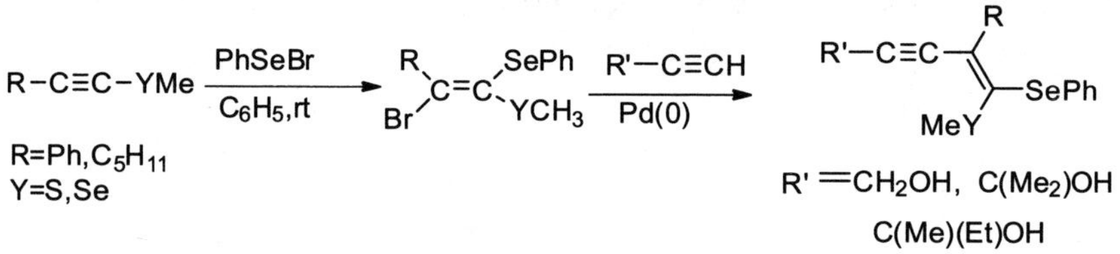

(38)

在碘化铜代替硝酸银催化下，炔烃在温和条件下形成炔硒(反应式 10)[16]，该反应可以包容许多官能团包括卤素、双键、羟基、氨基或酯基[47]，如用苯硒氯收率会降低。苯硒溴可与一个不活泼的二取代炔烃进行硒环化反应(反应式 39)[48]。使用对硝基苯硫氯作为亲电试剂，其环化收率会更高。

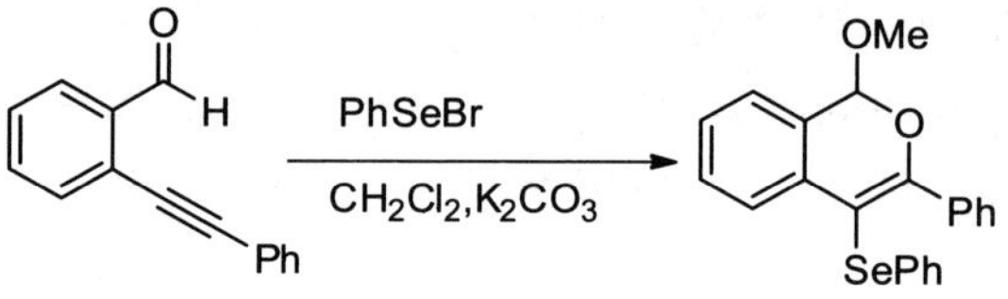

(39)

合成硒代酯

硒代酯可通过苯硒氯[49]或苯硒溴[50]来制备，并且作为酰基自由基的前体，其中间体对环状烯烃进行加成反应(反应式 40 和反应式 41)[51-53]。

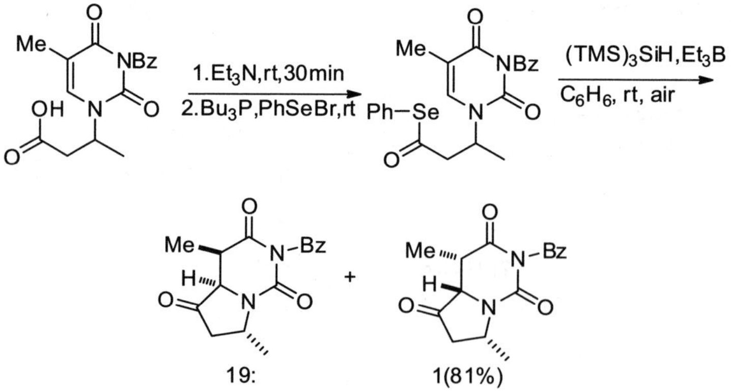

(40)

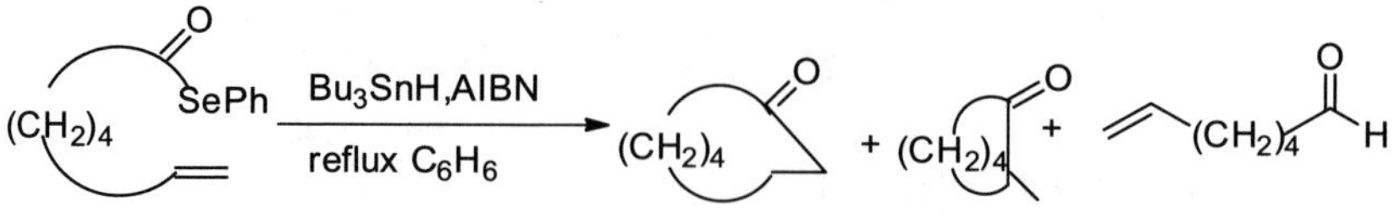

(41)

与过渡金属试剂反应

苯硒溴和有机金属锆环化合物进行反应，也和硅烷基取代的烯基锆络合物反应生成(烷烃二烯基)苯硒化合物(反应式 42)[54]。硅烷基炔烃经锆氢化反应，随后与苯硒溴反应得苯硒烯烃(反应式 43)[55]。当一个稳定的集团，苯基或硅烷基团，放置在苯硒基相连碳的位置，反应结果最为理想。产生的 1 -硅基- 1 -苯硒基烯烃是一偕阳离子和阴离子的合成子。

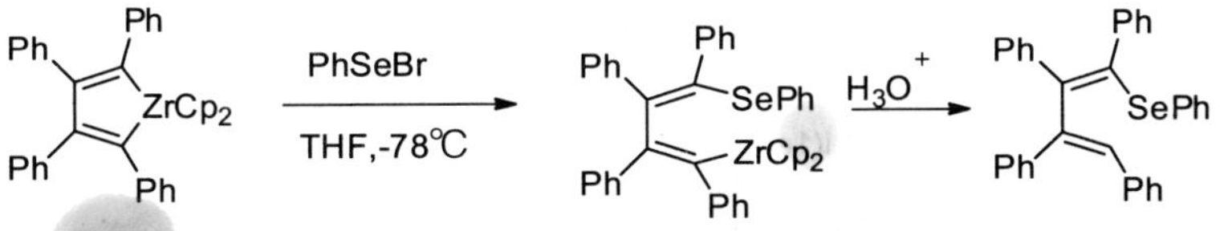

(42)

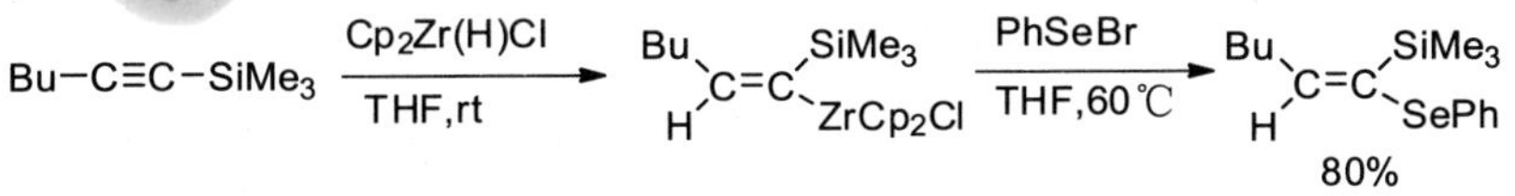

(43)

对配位化合物的加成

苯硒溴可以对平面铂配合物进行加成反应，收率良好(反应式 44)[56]。溴和苯硒基分别氧化加成到配合物的反式位置形成一八面体。根据烃基配体的配合物的性质，可能会经历一个还原消除形成新的铂配合物和有机硒化合物。

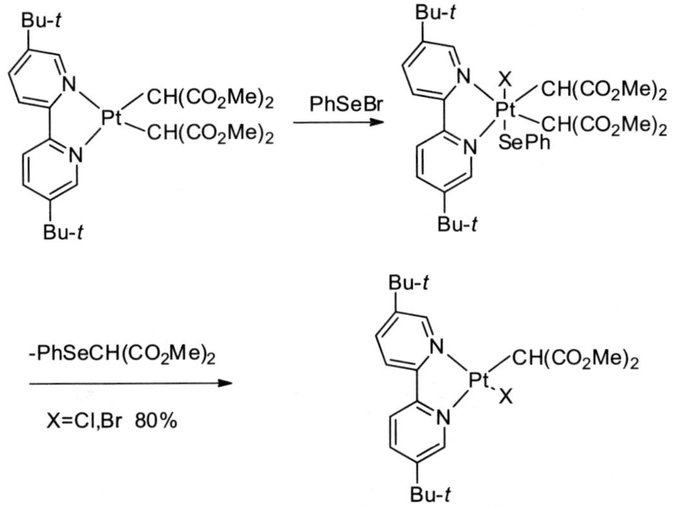

(44)

与膦叶立德和磷炔烃反应

磷叶立德与苯硒溴发生烷基化反应生成烃基苯硒基盐(反应式 45)[57]。特别地,和[环烷基(苯硒基)甲基]三苯基膦盐进行的反应具有很好的合成价值。氧化消除苯硒基生成相应的(环烷甲基)三苯基盐,该化合物进一步可以转化成共轭二烯,联烯和其他有趣的烯烃(反应式 46)。

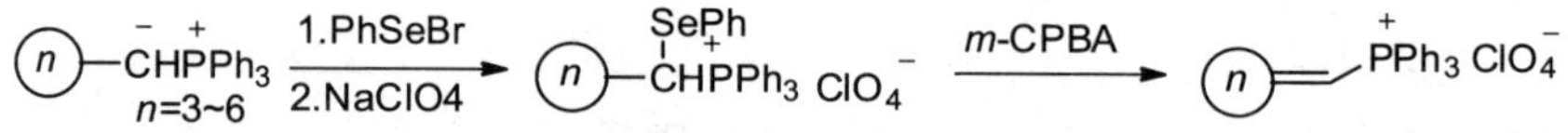

(45)

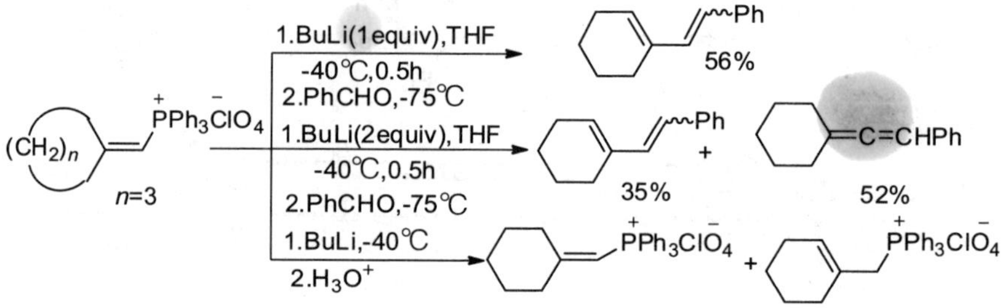

(46)

苯硒溴和 2mol 亚烷基三苯基磷烷进行叶立德反应生成硒磷叶立德[58,59],该试剂可以用于 Wittig 反应(反应式 47 及反应式 48)[59]。

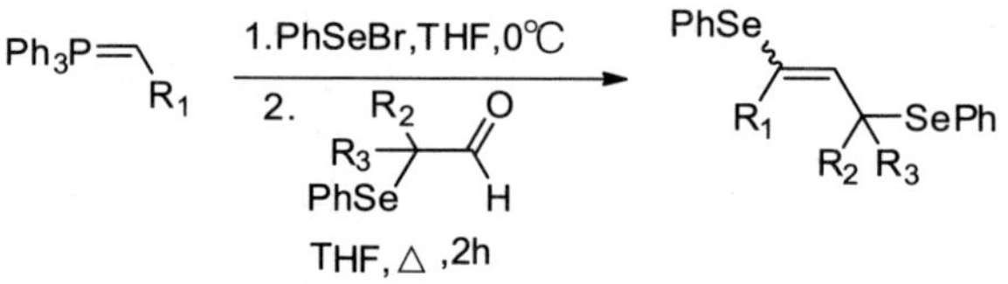

(47)

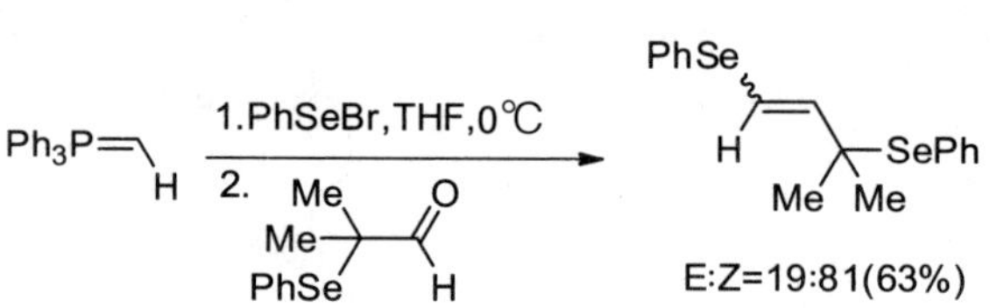

(48)

磷酸酯的阴离子与苯硒溴反应生成(苯硒基)磷酸酯(反应式 49)[60],该化合物可以被用来合成三个吸电子基团的烯烃。

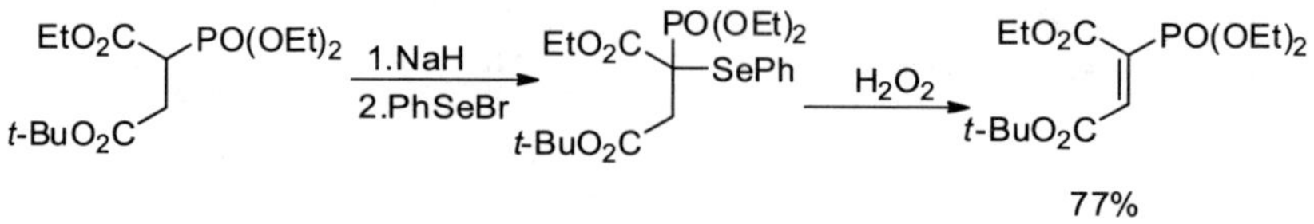

(49)

苯硒基磷脂的阴离子也可以进行 Wittig - Horner 反应,和脂族和芳族醛反应,收率为65%～89%(反应式50),当反应的碱用钠盐时,如六甲基二硅叠氮化钠和氢化钠时,反应结果最为理想[61]。

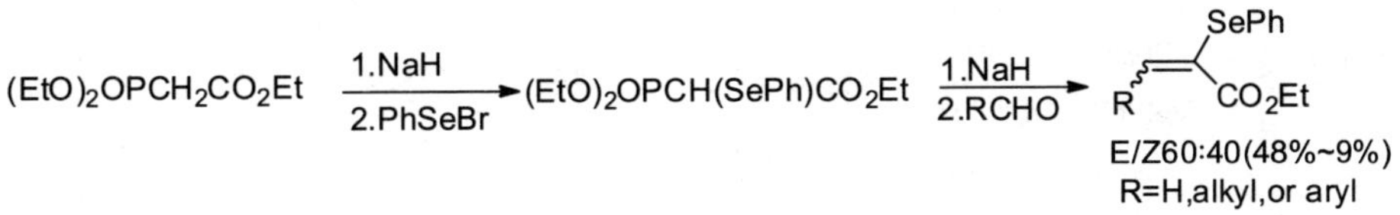

(50)

在这些反应中,一般生成E式异构体。如需生成Z式异构体时,需采用另一合成途径,即微波辐射下用(苯硒基)亚甲基磷烷和醛反应(反应式51)[61]。

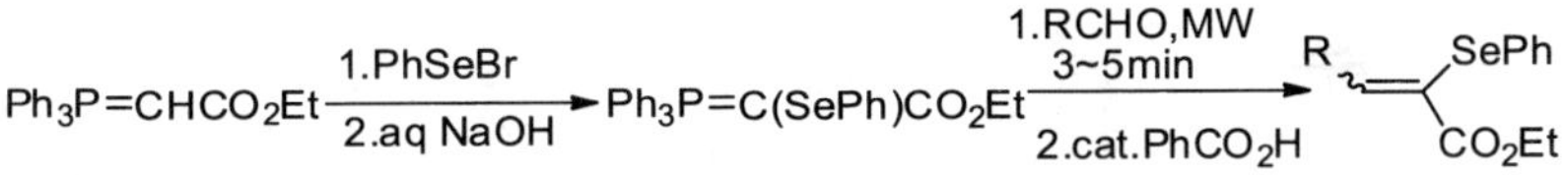

(51)

当磷酸烷基酯与三当量的二异丙胺锂、二当量的溴化苯硒反应时可生成1,1-双(苯硒基)甲基膦酸二乙酯负离子,如在醛(芳香族或脂肪族)存在下可产生缩醛硒(反应式52)[62]。当磷酸酯阴离子与酮(脂肪族或芳香族)反应,可观察苯硒基转移到酮的α位置。

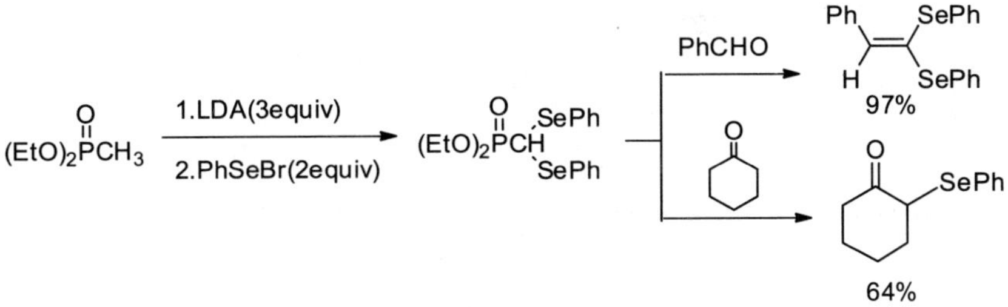

(52)

苯硒溴或苯硒氯和磷酸炔烃反应(反应式53)[63]可立体,区域选择性生成磷酸硒烯烃。

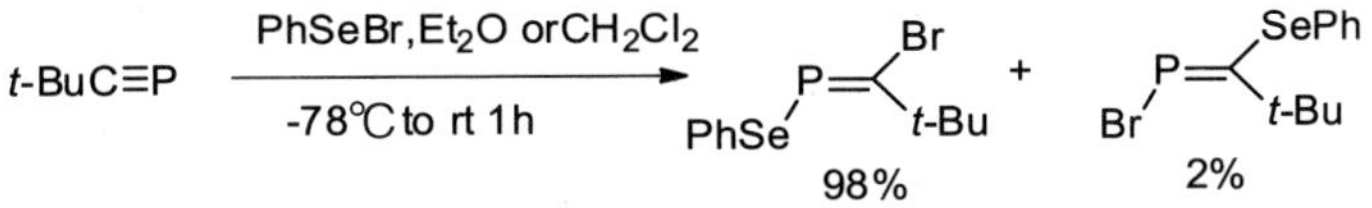

(53)

对烯烃加成:硒功能化环化反应

烯烃含氧取代基(丙烯酰氧基或芳氧基)在烯丙基或高烯丙基位置表现出明显

的反马氏加成反应(反应式 54 和 55)[28,64]。但是如果用三氟化硼乙醚络合物催化可生成超过 90%的马氏产品[64]。

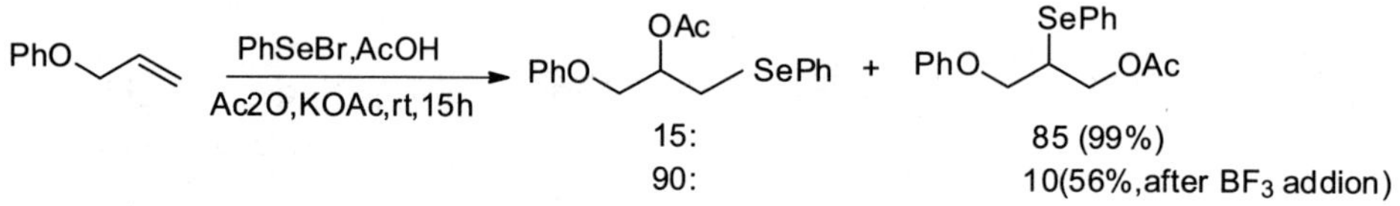

(54)

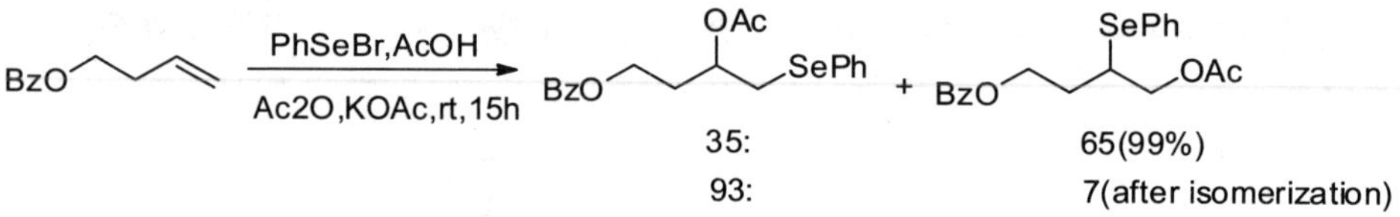

(55)

此外,在 2,6 -二叔丁基吡啶(DTBP)和甲醇存在下,苯硒溴对直链的烯丙基醇、醚、酯的加成可生成高区域选择性和立体选择性的产品(反应式 56)[65],且收率良好(70%~90%)。在没有 2,6 -二叔丁基吡啶存在的情况下,反应的选择性相对不如前者,且产量减少。

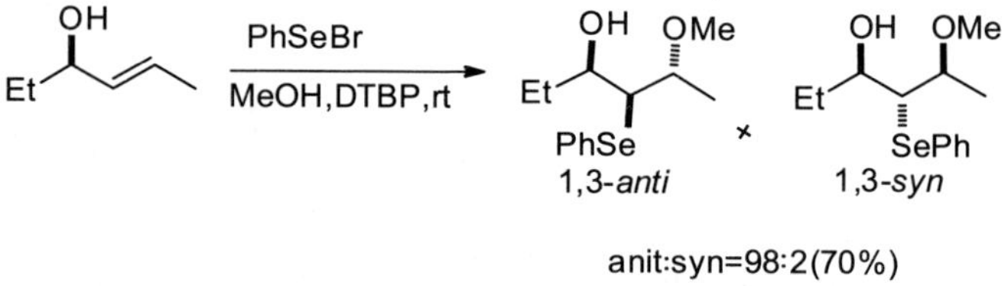

(56)

在二异丙胺存在下,烯丙基醇、乙基乙烯基醚和苯硒溴反应可制备苯硒基缩醛混合物(反应式 57)[66]。氧化消除苯硒基生成乙烯基烯丙基醚,后者经过酯 Claisen 重排可生成不饱和酯。

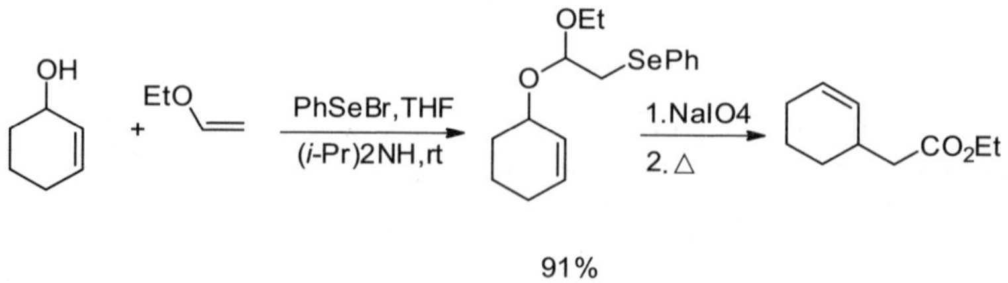

(57)

在苯硒溴作用下,保护的烯胺可被迅速区域和立体选择性的生成氮杂核苷(反应式 58)[67]。

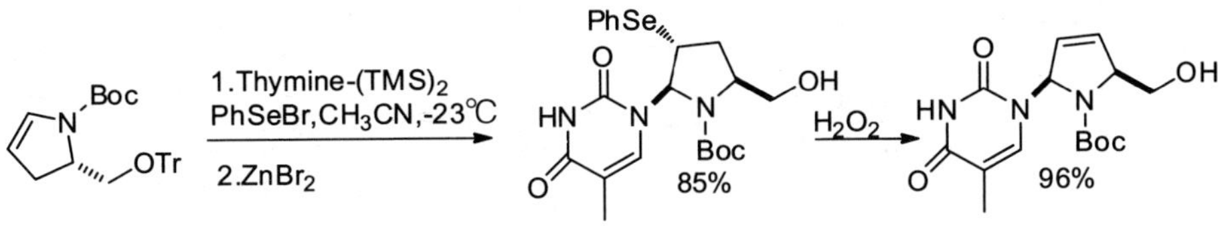

(58)

苯硒溴非常容易对联烯的一个双键进行加成反应。该加成产物在受热或在酸性介质中容易进行重排(反应式 59)[68,69]。

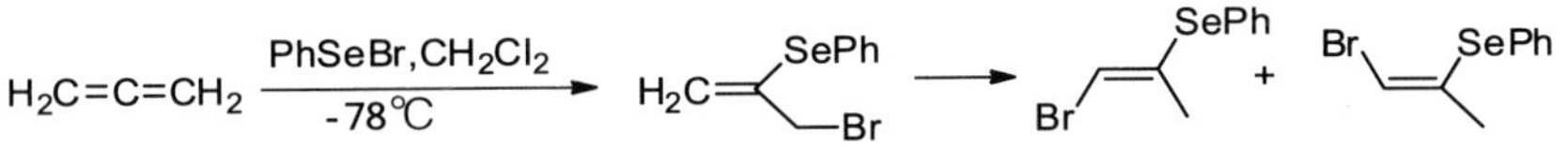

(59)

苯硒基卤化物诱导带有亲核基团的烯烃或炔烃进行环合反应(反应式 60);这个反应在过去的十年里已经被广泛应用,大多数的例子应用该反应生成五元环和六元杂环化合物,但也被用来生成四元环和七元环。

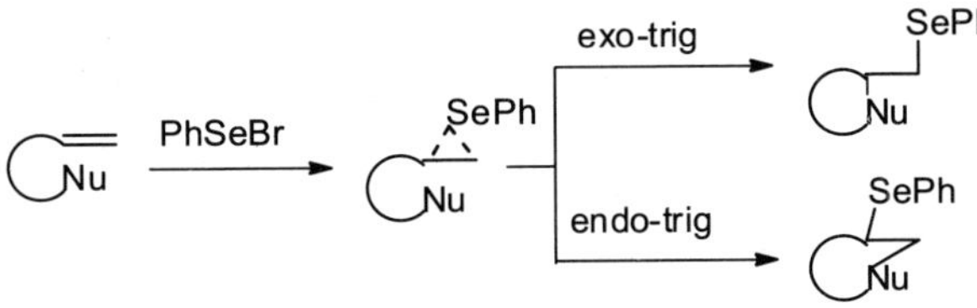

(60)

有一文献综述详细地报道了有关硒环化反应的各方面[70];其他综述采用苯硒溴和其他新型苯硒基试剂生成内酯硒[71,72]和环酰胺[73]的例子也有报道。4 -烯醇进行的苯硒醚化反应生成五元环和六元环的混合物。该加成反应的区域选择性和产量取决于反应物的结构特征和反应条件。通常情况下,双键上较多的取代基和相邻的甲醇基团会降低反应的收率。此外,在反应体系中加入吡啶(Py)会提高环化反应的产率,甚至可以用叔醇和三取代烯烃在室温下,马上定量地进行反应(反应式 61 和反应式 62)[74]。当 $NaHCO_3$ 或三乙胺代替吡啶没有提高反应收率。在某些情况下,当反应体系中不含吡啶时,高度取代的烯烃不进行环化反应。苯硒氯和苯硒溴在等量的吡啶存在下,反应效果是一样的。

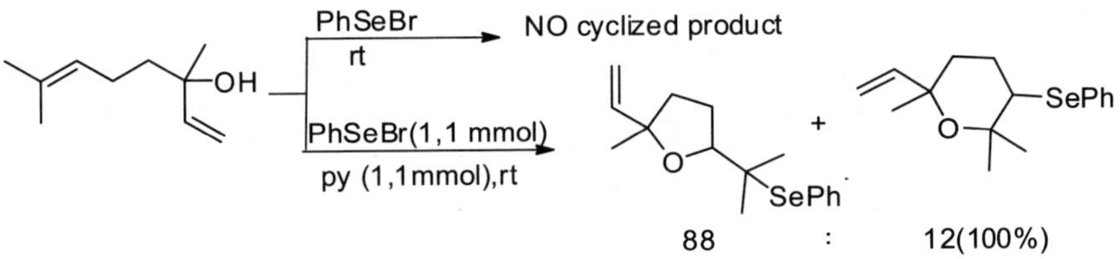

(61)

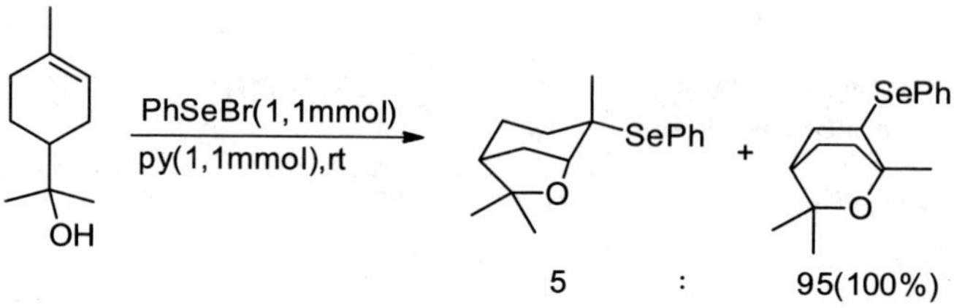

(62)

5-链烯醇进行环化反应生成6-外环三环加合物(反应式63)[75]。相应的不饱和醇苄醚同样可发生这些苯硒基醚反应。

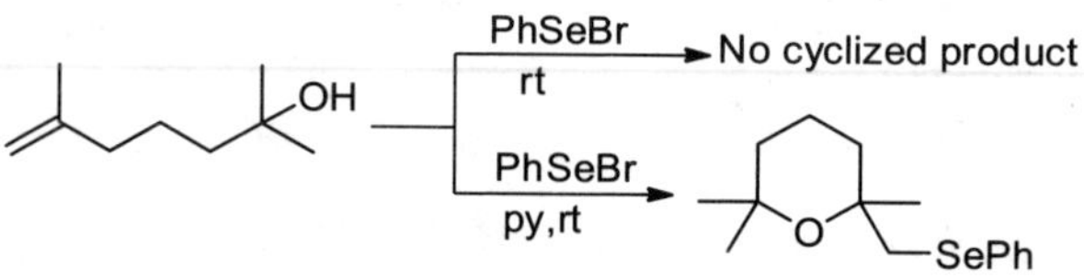

(63)

一个有趣的研究表明,当使用苯硒氯或苯硒溴和一对非对映异构体的直链4-烯醇进行硒醚化反应时,其区域选择性高度依赖于反应中的烯烃的几何结构(反应式64和反应式65)[76]。在不同的温度下进行反应时,得到的产物组成也会发生变化。硒酰剂对产品的结构产生的影响比较明显。例如,当Z-构型的链烯醇和苯硒氯在−78℃进行反应时,苏式和赤式比例为2∶98,而使用苯硒溴时其比例为67∶33。

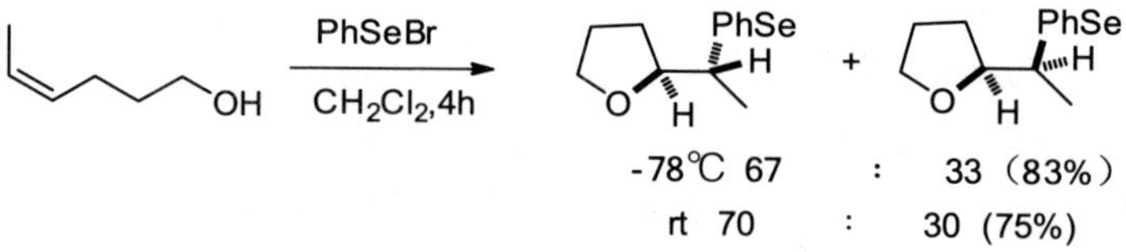

(64)

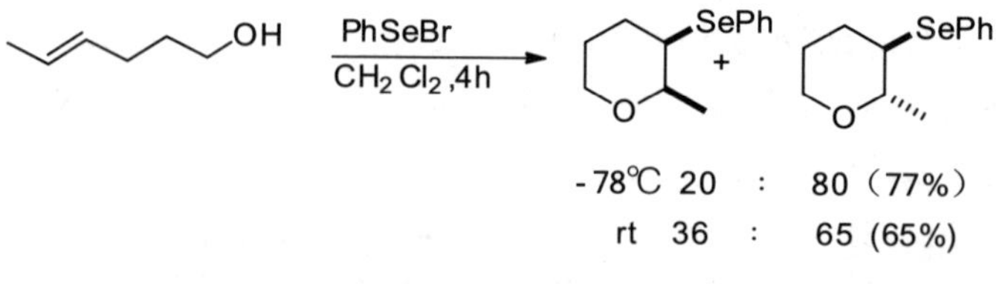

(65)

容易烯醇化的不饱和酮酯二或酮还可以生成一种不饱和醚环(反应式66至反应式68)[77,78]。

(66)

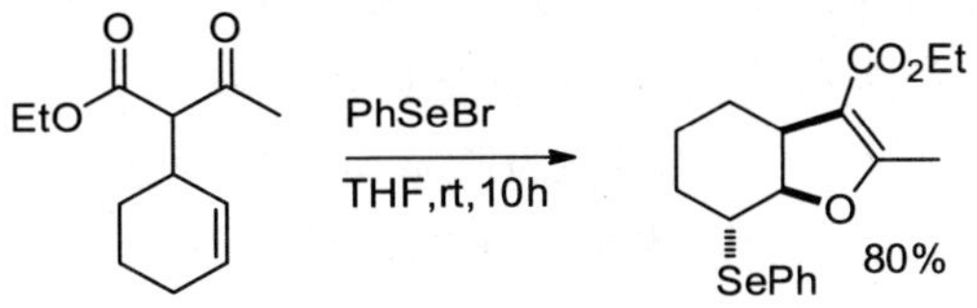

(67)

(68)

不饱和酸和苯硒溴进行硒化反应时通过 5 -外环化反应生成内酯(反应式 69 和反应式 70)[79,80]。另一种不同的反应途径,用羟基-不饱和酸反应生成 6 -内环化酯(反应式 71)[81]。当用 2mol 的苯硒溴进行反应时收率高达 94%,且非对映选择性相当好。但是如只用 1mol 的苯硒溴进行反应时,其收率只有 48%。令人惊讶的是,苯硒氯取代苯硒溴进行硒化反应时收率低,非对映选择性也较差。

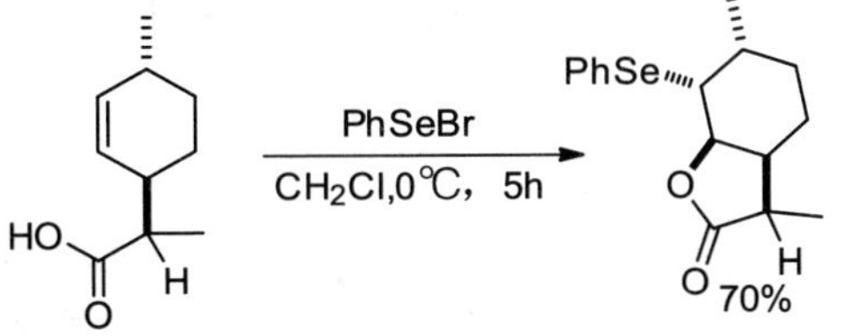

(69)

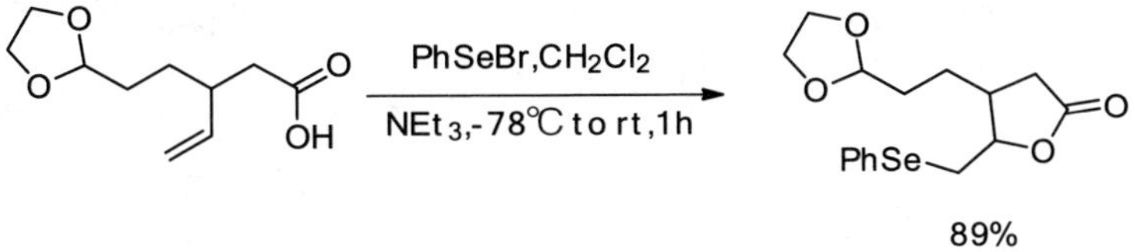

(70)

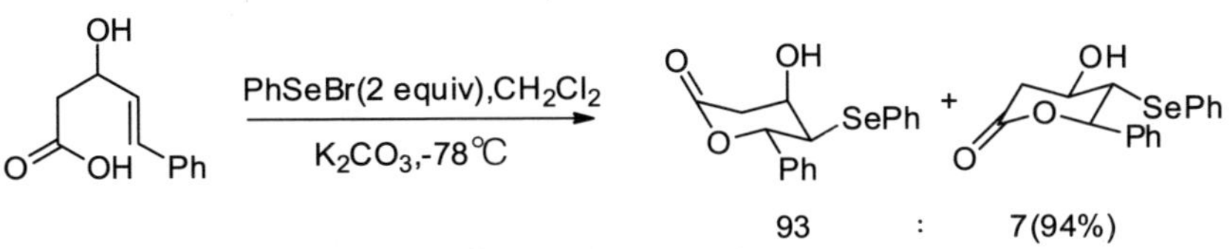

(71)

直链的 4 -酰基硅烷进行烯醇化后在苯硒溴作用下进行 6 -内环合反应生成二氢吡喃化合物(反应式 72)[82]。

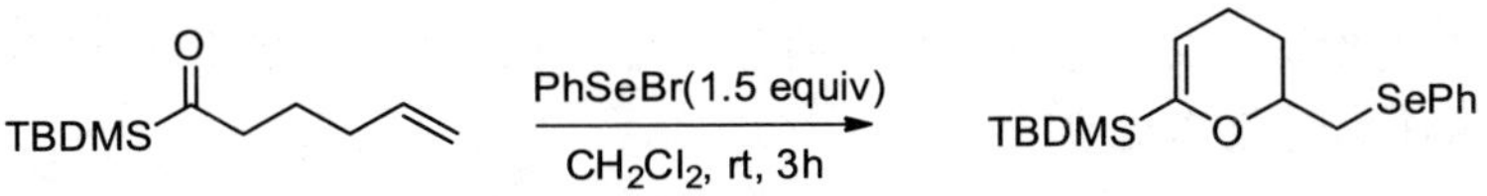

(72)

对不饱和氮化合物进行亲电环化反应已被广泛地应用生成四元杂环至七元杂环化合物。高烯丙基苄胺和苯硒氯、苯硒溴和苯硒碘反应生成氮杂环丁烷和吡咯烷的混合物(反应式 73)[83,84]。当溶剂为乙腈而且烯丙基上有两取代基存在时，主要的产品是氮杂环丁烷衍生物。当烯丙基或高烯丙基碳上没有取代基时，优先生成吡咯啶。合成 2 -烷基吡咯啶、2,2 -二烷基吡咯啶时如用过量的硒化剂进行反应有时转化为烷基- 4 -卤素吡咯啶[85]。

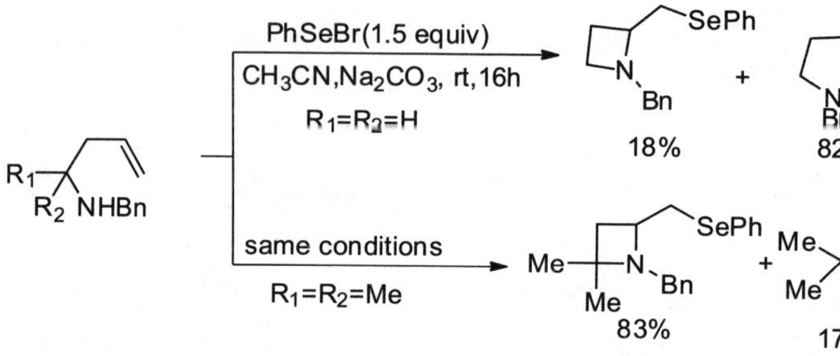

(73)

酰胺类可作为双齿亲核试剂在硒环化反应通过 N 或 O 环化生成 N 和 N,O 杂环化合物(反应式 74,75)。

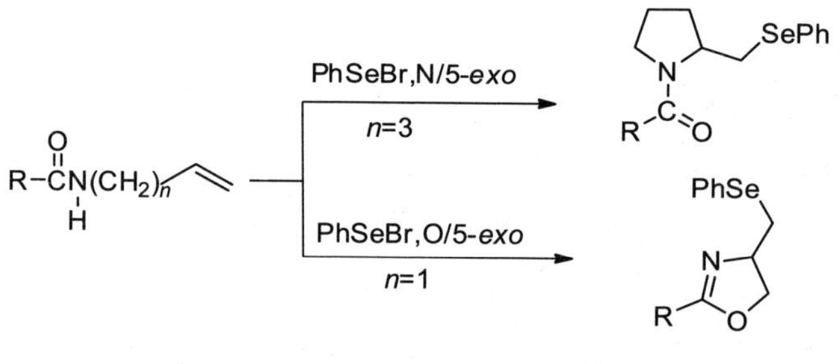

(74)

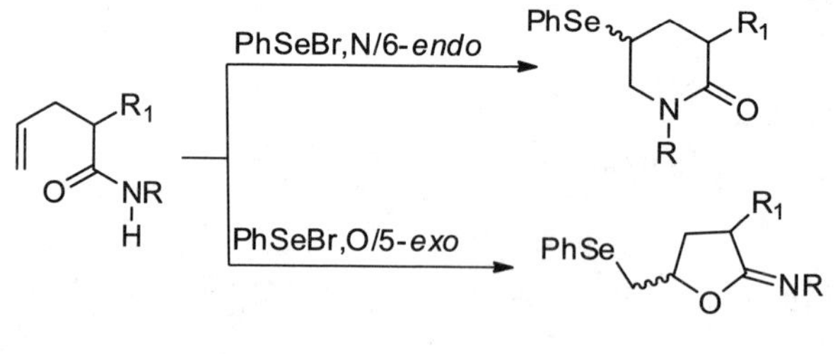

(75)

环化反应的区域选择性取决于几个因素，主要是结构因素。例如，烯烃部分的不同烷基可以改变生成 5 -外环和 6 -内环的不同比例(反应式 76)[86]；苯硒溴比苯硒氯进行硒环化时收率更高。

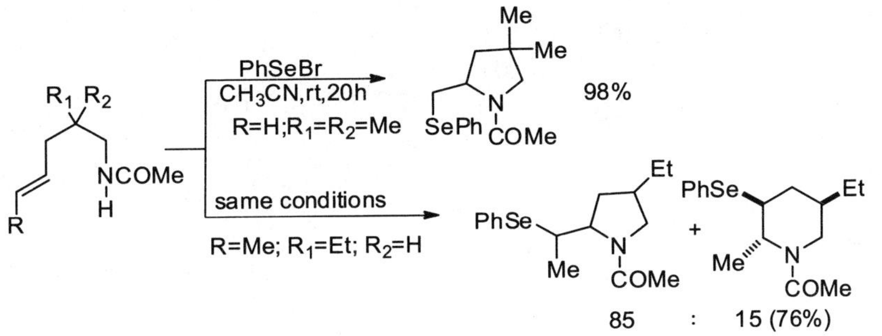

(76)

N-烯丙基酰胺通过5-外酯化过程进行氧环化反应生成氮盐化合物，该化合物水解进行开环(反应式77)[87]。在热力学反应控制条件下，苏式化合物可以转化为赤式衍生物。缺电子的不饱和酰胺，在室温下，与苯硒溴进行缓慢反应，收率非常低。与苯硒氯或N-PSP反应需要更苛刻条件，收率有所减少(反应式78)[88]。

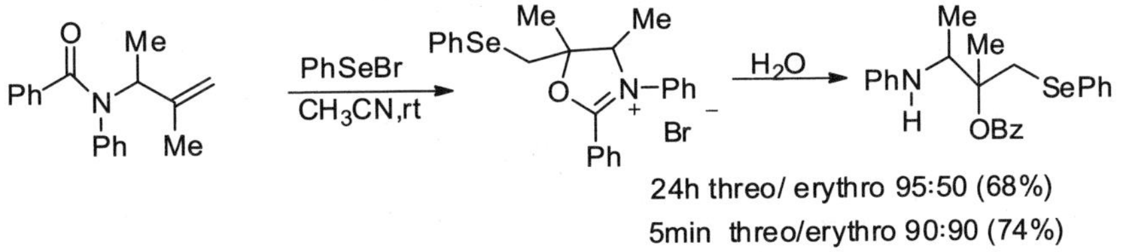

(77)

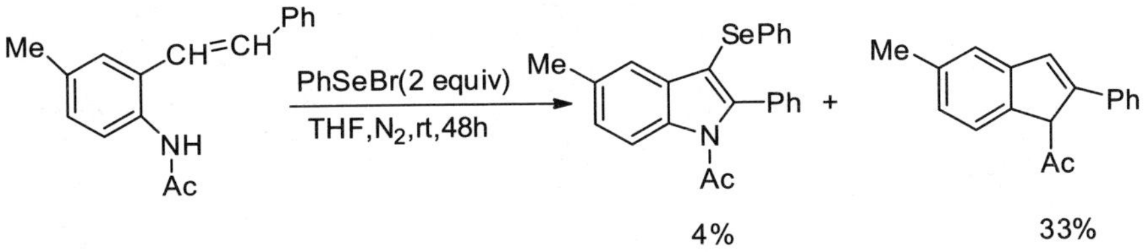

(78)

除了胺和酰胺类化合物，多种不饱和含氮底物也可以被用于硒环化反应；例如：β-内酰胺类抗生素(反应式79)[86]、1,3-恶唑啉(反应式80)[89]、亚氨酸酯(反应式81和82)[86,89]、氨基甲酸酯和磺胺类药物(反应式83和84)[90-92]、酰肼(反应式85)[93]、脒类化合物(反应式86至反应式88)[94]、硝酮(反应式89)[95]、硝酮肟(反应式90～93)[96-99]、烯胺(反应式94)[100]、噻唑啉(反应式95)[101]和硫代酰胺(反应式96)[102]，都可以从这些底物出发合成非常有用的化合物，且收率良好；比如可以合成丁烷、吡咯烷、哌啶类、β-内酰胺类、吡咯、吡咯烷酮、吡唑啉、哒嗪、1,3-嗪、氮杂卓、对苯二酚、吲哚乙酸，还有许多其他有用的有机物。

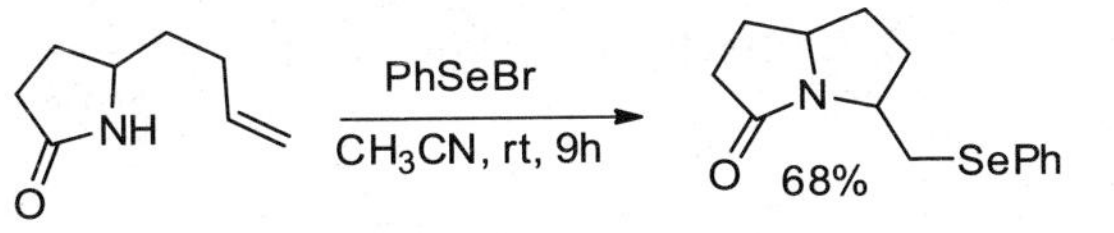

(79)

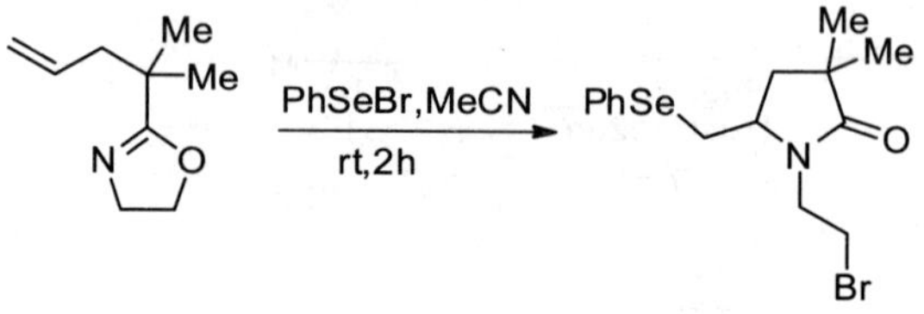

(80)

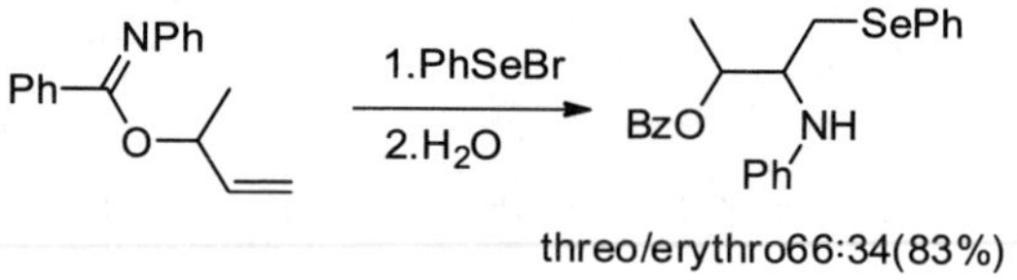

(81)

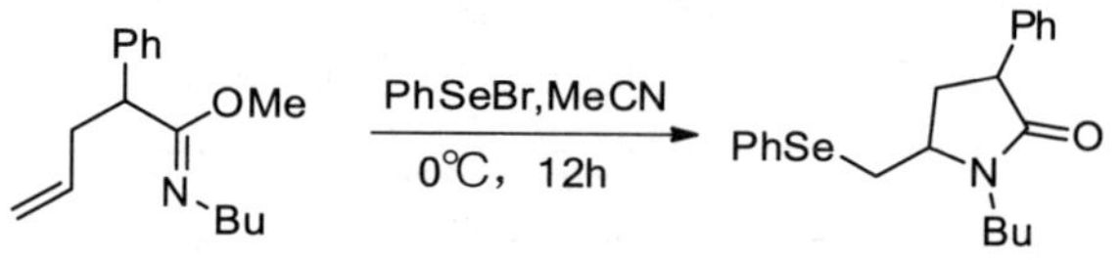

(82)

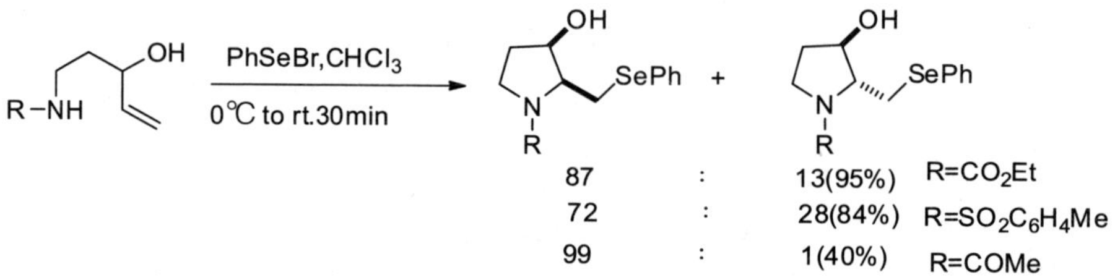

(83)

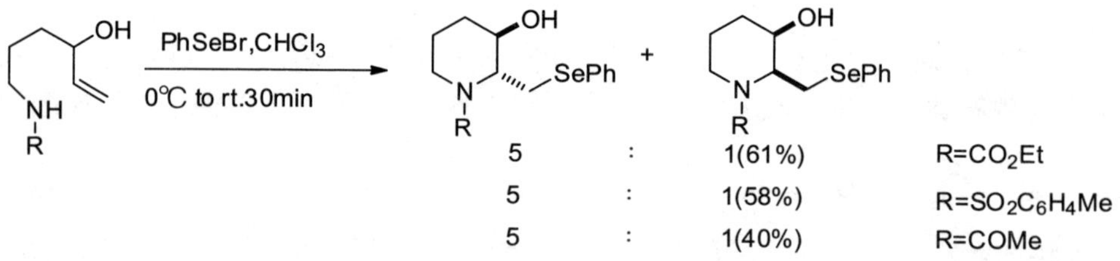

(84)

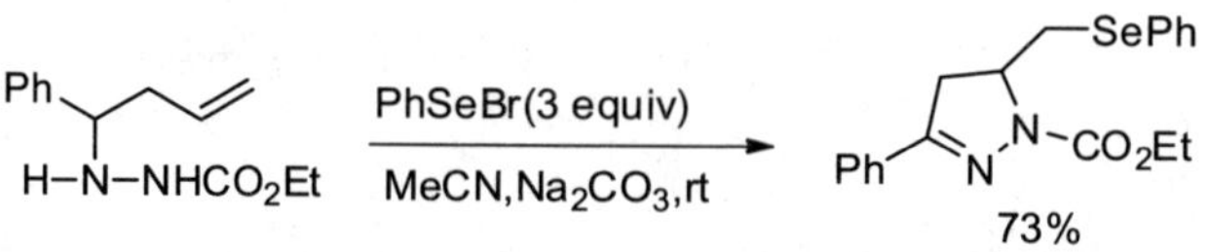

(85)

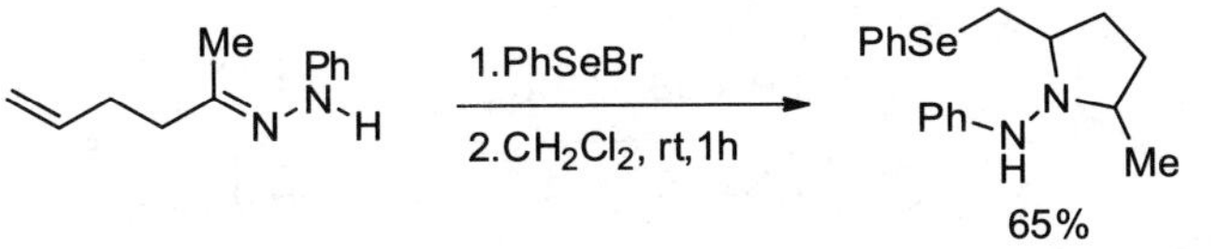
1.PhSeBr
2.CH_2Cl_2, rt,1h
65%

(86)

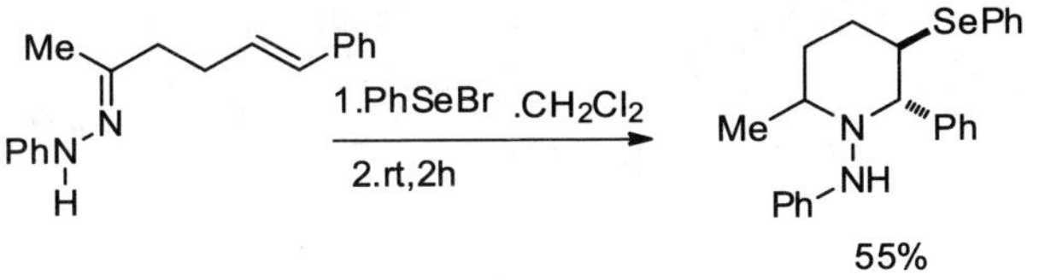
1.PhSeBr .CH_2Cl_2
2.rt,2h
55%

(87)

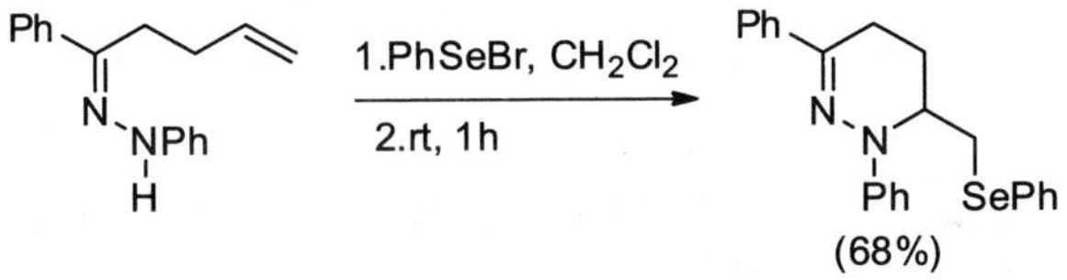
1.PhSeBr, CH_2Cl_2
2.rt, 1h
(68%)

(88)

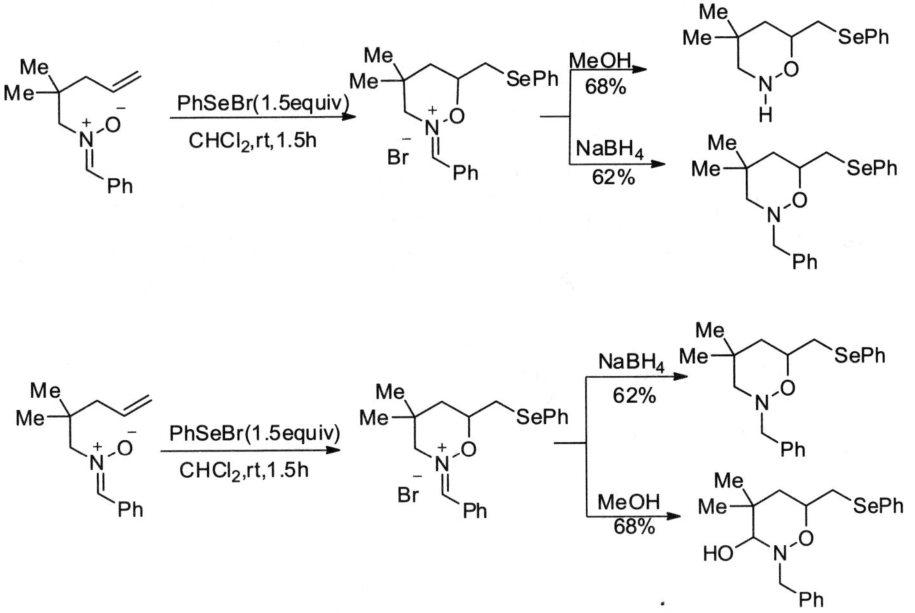
PhSeBr(1.5equiv)
$CHCl_2$,rt,1.5h
MeOH
68%
$NaBH_4$
62%
PhSeBr(1.5equiv)
$CHCl_2$,rt,1.5h
$NaBH_4$
62%
MeOH
68%

(89)

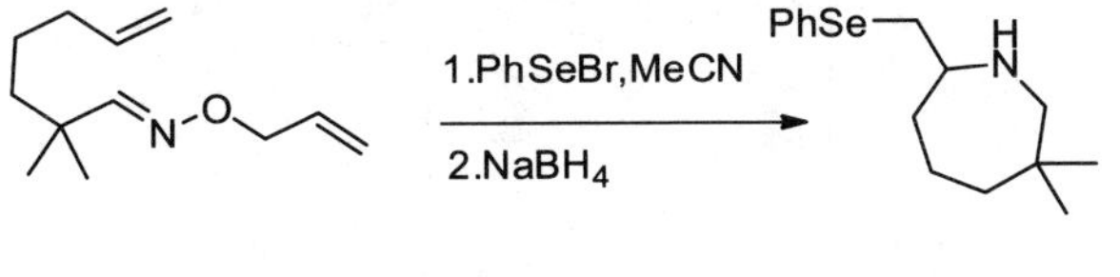
1.PhSeBr,MeCN
2.$NaBH_4$

(90)

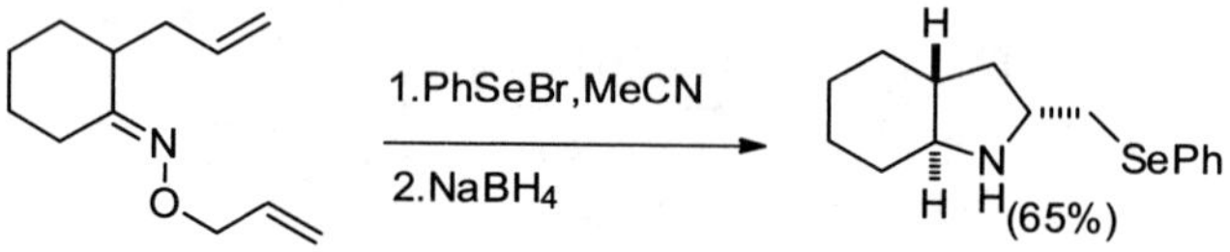
1.PhSeBr,MeCN
2.NaBH4
SePh
(65%)

(91)

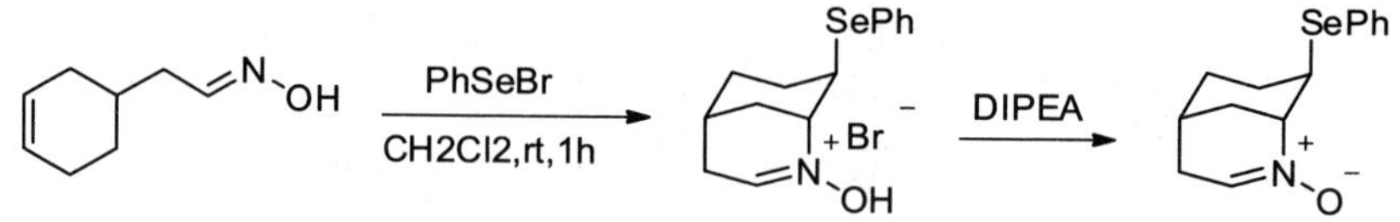
PhSeBr
CH2Cl2,rt,1h
SePh
Br
DIPEA
SePh

(92)

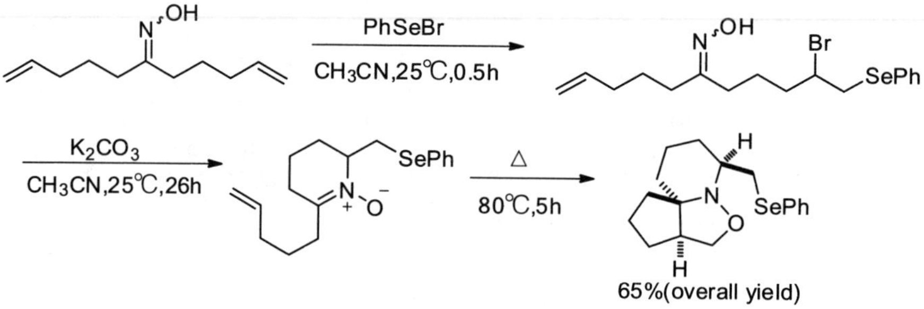
PhSeBr
CH3CN,25℃,0.5h
Br
SePh
K2CO3
CH3CN,25℃,26h
SePh
△
80℃,5h
SePh
65%(overall yield)

(93)

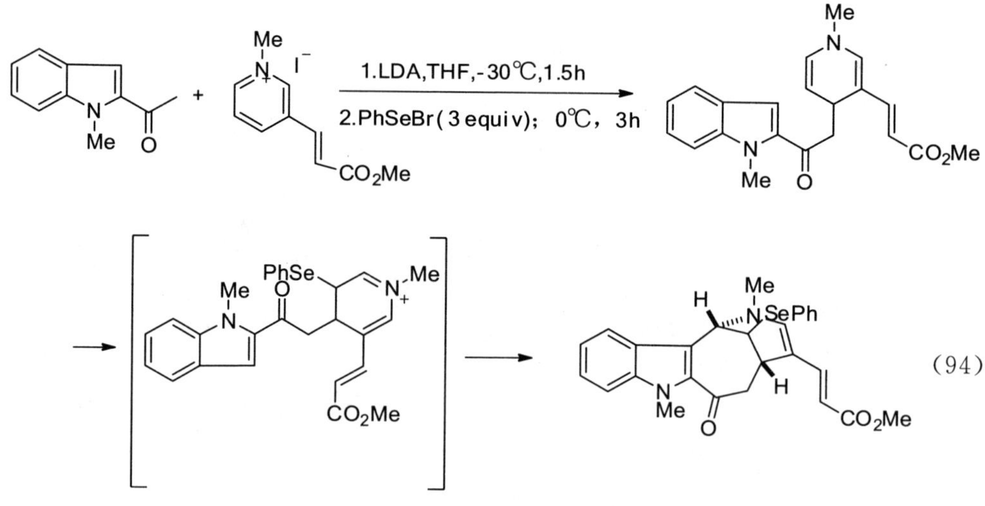
1.LDA,THF,-30℃,1.5h
2.PhSeBr(3 equiv); 0℃, 3h
CO2Me
CO2Me
PhSe
CO2Me
SePh
CO2Me

(94)

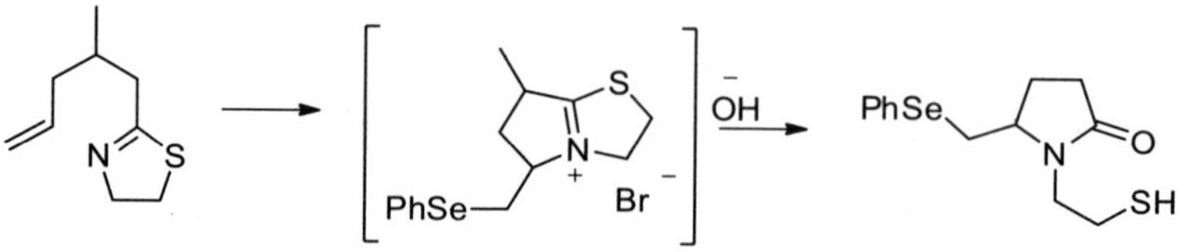
PhSe
Br
OH
PhSe
SH

(95)

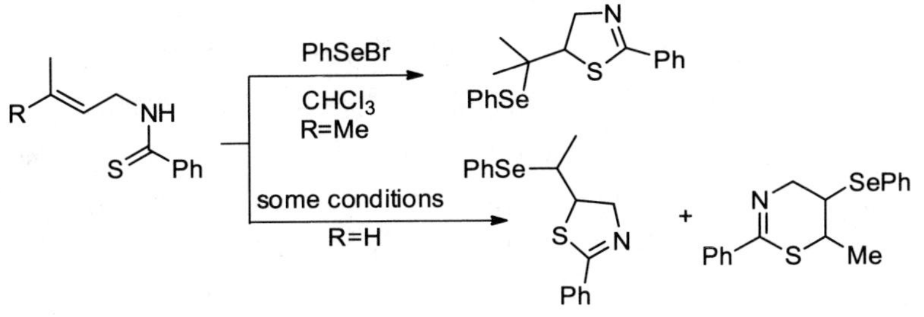

(96)

高选择性的糖苷化试剂的生成

糖基硒烯基硫化物(糖 SES)被发现是优秀的糖基化试剂,可以对肽蛋白质和烷烃硫醇进行糖基化。目前通过对蛋白质的半胱氨酸巯基和糖类的硫基和苯硒溴的作用制备 Glyco－SeS 化合物(反应式 97 和反应式 98)[103]。

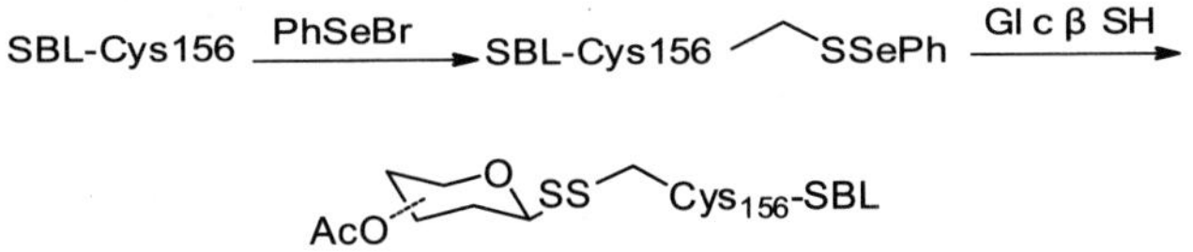

(97)

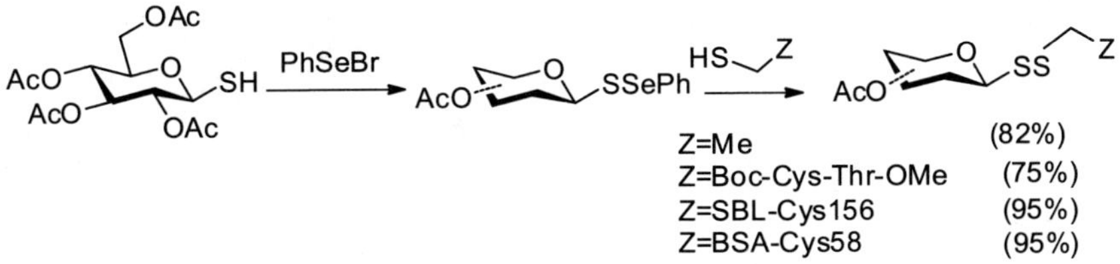

(98)

相关试剂

许多手性亲电试剂硒已发现可以应用在不对称合成中(如对烯烃的加成,反应式 9)。DE 值(非对映异构体)高达 79%[当 R＝N－(2,4－二硝基苯基)吡咯酰基][104]和 93%[R＝三氟甲磺酸酯(2)][105]。在对烯烃进行加成时基本上没有发现进行不对称诱导[106],如(3)。

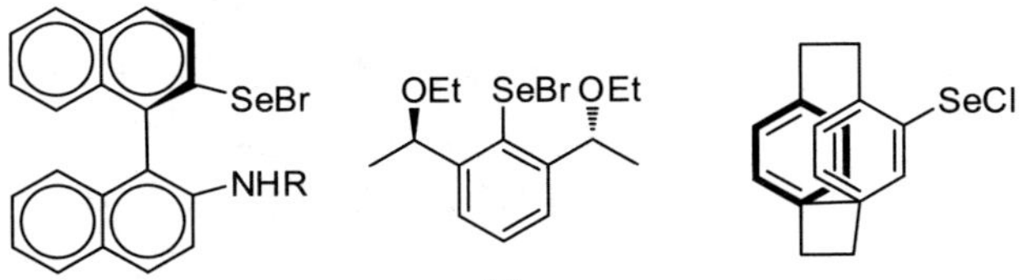

(1) (2) (3)

在过去的十年中许多新的芳基硒化合物被合成,主要考虑到避免卤化物试剂一些竞争反应。一些比较重要的硒化试剂如:苯硒基三氟甲磺酸酯;N -苯硒基丁二酰亚胺 NPSS;N -苯硒基邻苯二酰亚胺[NPSP[107-108];苯硒基硫酸酯[109-110],苯硒基三烷基硅烷[111-112],有旋光性的芳烃硒化反应[113-119]如(4)～(8),与聚苯乙烯载体的苯硒基溴衍生物[117-123]。现在已使用的高分子材料作为载体的芳香硒基溴水介质中进行硒环化反应,虽然收益率低于有机溶剂进行的反应[124]。催化硒内酯化-脱硒反应可以用不同的硒化试剂[29]。手性苯基-芳基硒卤化物系列化合物被持续的发掘[38],[125-130],如现在经常使用的苯硒基氯、苯磺酰基氯、苯基硒氰酸酯和 2 -吡啶溴化硒。

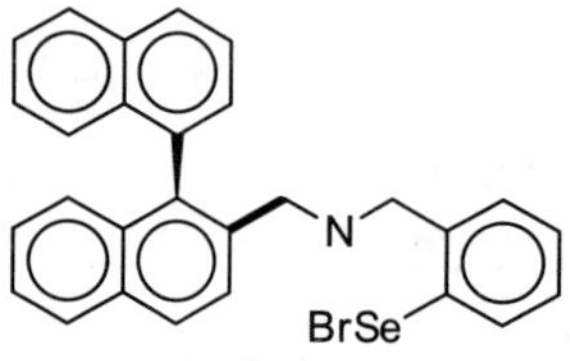

(4)

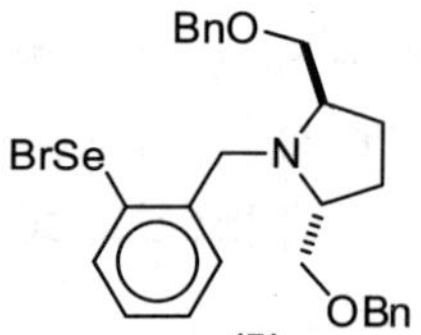

(5)

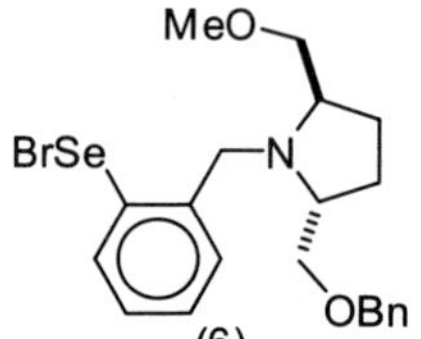

(6)

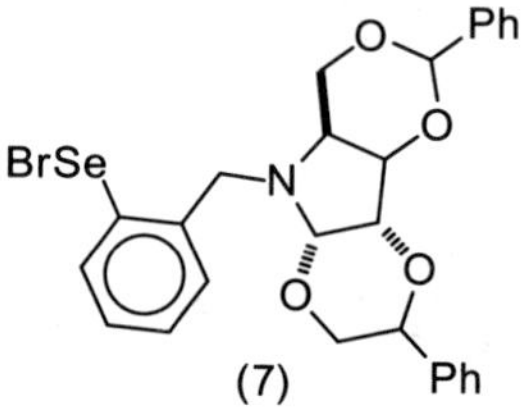

(7)

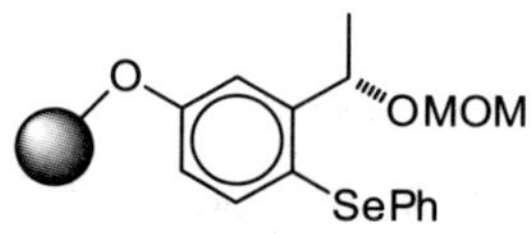

(8)

参考文献

1. (a) Clive, D. L. J., Tetrahedron 1978, 34, 1049. (b) Reich, H. J., Ann. Chim. (Rome) 1979, 12, 22. (c) Nicolaou, K. C.; Petasis, N. A., Selenium in Natural Products Synthesis; CIS: Philadelphia, 1984. (d) The Chemistry of Organic Selenium and Tellurium Compounds; Patai, S.; Rappoport, Z., Eds.; Wiley: New York, 1986; Vol. 1. (e) Paulmier, C., Selenium Reagents and Intermediates in Organic Synthesis; Pergamon: Oxford, 1986. (f) Organoselenium Chemistry; Liotta, D., Ed.; Wiley: New York, 1987, 163 - 212.

2. Sharpless, K. B.; Lauer, R. F.; Teranishi, A. Y., J. Am. Chem. Soc. 1973, 95, 6136.

3. Reich, H. J.; Renga, J. M.; Reich, I. L., J. Am. Chem. Soc. 1975, 97, 5434.

4. Clive, D. L. J., Chem. Commun. /J. Chem. Soc. 1973, 695.

5. Sharpless,K. B.;Lauer,R. F.,J. Org. Chem. 1974,39,418.

6. Raucher,S.,J. Org. Chem. 1977,42,2950.

7. Behaghel,O.; Seibert, H., Ber. Dtsch. Chem. Ges./Chem. Ber. 1932, 65,808.

8. Reich,H. J.;Renga,J. M.;Reich,I. L.,J. Org. Chem. 1974,39,2133.

9. Reich,H. J.,J. Org. Chem. 1974,39,424.

10. Ryu,I.;Murai,S.;Niwa,I.;Sonoda,N.,Synthesis 1977,874.

11. Petrzilka,M.,Helv. Chim. Acta 1978,61,2286.

12. Brattesani,D. N.;Heathcock,C. H.,Tetrahedron Lett. 1974,2279.

13. Sakakibara, T.; Takai, I.; Ohara, E.; Sudoh, R., Chem. Commun./J. Chem. Soc. 1981,261.

14. (a) Raucher, S., Tetrahedron Lett. 1977, 3909. Links (b) Raucher, S., Tetrahedron Lett. 1978,2261.

15. Takahashi,T.;Nagashima,H.;Tsuji,J.,Tetrahedron Lett. 1978,799.

16. Hayama,T.;Tomoda,S.;Takeuchi,Y.;Nomura,Y.,Chem. Lett. 1982, 8,1249.

17. Barton,D. H. R.; Bashiardes, G.; Fourrey, J.-L., Tetrahedron Lett. 1984,25,1287.

18. Kloc,K.;Mlochowski,J.,Tetrahedron Lett. 2001,42,4899.

19. Wang,W.;Wang,J.;Li,H.,Org. Lett. 2004,6,2817.

20. Crich,D.;Yao,Q.;Filzen,G. F.,J. Am. Chem. Soc. 1995,117,11455.

21. Paulmier,C.,Phosphorus Sulfur Silicon 2001,171-172,279.

22. Labar, D.; Krief, A.; Norberg, B.; Evrard, G.; Durant, F., Bull. Soc. Chim. Belg. 1985,94,1083.

23. Sevrin,M.;Krief,A.,Tetrahedron Lett. 1980,21,585-591.

24. Huang,J. M.;Hong,S. C.;Wu,K. L.;Tsai,Y. M.,Tetrahedron Lett. 2004,45,3047.

25. Sevrin,M.;Krief,A.,J. Chem. Soc.,Chem. Commun. 1980,653.

26. Fujita,K.;Taka,H.;Oishi,A.;Ikeda,Y.;Taguchi,Y.;Fujie,K.;Saeki, T.; Sakuma,M.,Synlett 2000,1509.

27. Kondo,N.; Fueno, H.; Fujimoto, H.; Makino, M.; Nakaoka, H.; Aoki, I.;Uemura, S.,J. Org. Chem. 1994,59,4250.

28. Cooper,M. A.;Ward,A. D.,Tetrahedron 2004,60,7963.

29. Ying,T.;Bao,W.;Zhang,Y.,Synth. Commun. 1996,26,1517.

30. Lebarillier, L. ; Outurquin, F. ; Paulmier, C. , Tetrahedron 2000, 56, 7483 - 7493.

31. Ternon, M. ; Pannecoucke, X. ; Outurquin, F. ; Paulmier, C. , Tetrahedron 2002, 58, 3260 - 3275.

32. Yamazaki, S. ; Yanase, Y. ; Tanigawa, E. ; Yamabe, S. ; Tamura, H. , J. Org. Chem. 1999, 64, 9521.

33. Ponthieux, S. ; Outurquin, F. ; Paulmier, C. , Tetrahedron Lett. 1995, 36, 6453.

34. Dabdoub, M. J. ; Guerrero, Jr. , P. G. ; Silveira, C. C. , J. Organomet. Chem. 1993, 460, 31.

35. Back, T. G. ; Kerr, R. G. , J. Organomet. Chem. 1985, 286, 171.

36. Byers, J. H. ; Lane, G. C. , J. Org. Chem. 1993, 58, 3355.

37. Engman, L. ; Stern, D. ; Frisell, H. ; Vessman, K. ; Berglund, M. ; Ek, B. ; Andersson, C. M. , Bioorg. Med. Chem. 1995, 3, 1255.

38. Heldmann, D. K. ; Sauer, J. , Tetrahedron Lett. 1997, 38, 5791.

39. Hayama, T. ; Tomoda, S. ; Takeuchi, Y. ; Nomura, Y. , J. Org. Chem. 1984, 49, 3235.

40. Nájera, C. ; Yus, M. ; Karlsson, U. ; Gogoll, A. ; Backvall, J. E. , Tetrahedron Lett. 1990, 31, 4199.

41. Potapov, V. A. ; Amosova, S. V. ; Petrov, B. V. ; Starkova, A. A. ; Malyushenko, R. N. , Sulfur Lett. 1998, 21, 109.

42. Gerard, J. ; Bietlot, E. ; Hevesi, L. , Tetrahedron Lett. 1998, 39, 8735.

43. Dabdoub, M. J. ; Baroni, A. C. M. , J. Org. Chem. 2000, 65, 54.

44. Silveira, C. C. ; Braga, A. L. ; Guerra, R. B. , Tetrahedron Lett. 2002, 43, 3395.

45. Braga, A. L. ; Marchi, M. I. ; de Andrade, L. H. ; Silveira, C. C. , Synth. Commun. 2000, 30, 407.

46. Zeni, G. ; Stracke, M. P. ; Lissner, E. ; Braga, A. L. , Synlett 2003, 1880.

47. Braga, A. L. ; Silveira, C. C. ; Reckziegel, A. ; Menezes, P. H. , Tetrahedron Lett. 1993, 34, 8041.

48. Yue, D. ; della Cà, N. ; Larock, R. C. , Org. Lett. 2004, 6, 1581.

49. Batty, D. ; Crich, D. , Synthesis 1990, 273.

50. Huang, X. ; Liang, C. G. , J. Chem. Res. (S) 1999, 634.

51. Evans, P. A. ; Manangan, T. , Tetrahedron Lett. 2001, 42, 6637.

52. Crich, D.; Fortt, S. M., Tetrahedron Lett. 1988, 29, 2585.

53. Batty, D.; Crich, D.; Fortt, S. M., J. Chem. Soc., Perkin Trans. 1 1990, 2875.

54. Chung, H. S.; Oh, D. Y., Tetrahedron Lett. 1992, 33, 5097.

55. Xu, X. H.; Zheng, W. X.; Huang, X., Synth. Commun. 1998, 28, 4165.

56. Panunzi, A.; Roviello, G.; Ruffo, F., Inorg. Chem. Commun. 2003, 6, 1282.

57. Minami, T.; Shikita, S.; So, S.; Nakayama, M.; Yamamoto, I., J. Org. Chem. 1988, 53, 2937.

58. Petragnani, N.; Rodrigues, R.; Comasseto, J. V., J. Organomet. Chem. 1976, 114, 281.

59. Renard, M.; Hevesi, L., Tetrahedron 1985, 41, 5939.

60. Yamazaki, S.; Yamada, K.; Yamamoto, K., Org. Biomol. Chem. 2004, 2, 257.

61. Silveira, C. C.; Nunes, M. R. S.; Wendling, E.; Braga, A. L., J. Organomet. Chem. 2001, 623, 131.

62. Shin, W. S.; Lee, K.; Oh, D. Y., Tetrahedron Lett. 1992, 37, 5375.

63. Francis, M. D.; Jones, C.; Junk, P. C.; Roberts, J. L., Phosphorus Sulfur Silicon 1997, 130, 23.

64. Engman, L., J. Org. Chem. 1989, 54, 884.

65. Kim, K. S.; Park, H. B.; Kim, J. Y.; Ahn, Y. H.; Jeong, I. H., Tetrahedron Lett. 1996, 37, 1249.

66. Pitteloud, R.; Petrzilka, M., Helv. Chim. Acta. 1979, 62, 1319.

67. Costenero, E. R.; Fontoura, L. A. M.; Oliveira, D. F.; Correia, C. R. D., Tetrahedron Lett. 2001, 42, 1599.

68. Halazy, S.; Hevesi, L., Tetrahedron Lett. 1983, 24, 2689.

69. Garratt, D. G.; Beaulieu, P. L.; Morisset, V. M.; Ujjainwalla, M., Can. J. Chem. 1980, 58, 2737.

70. Petragnani, N.; Stefani, H. A.; Valduga, C. J., Tetrahedron 2001, 57, 1411.

71. Ranganathan, S.; Muraleedharan, K. M.; Vaish, N. K.; Jayaraman, N., Tetrahedron 2004, 60, 5273.

72. Frederickson, M.; Grigg, R., Org. Prep. Proced. Int. 1997, 29, 33.

73. Robin, S.; Rousseau, G., Tetrahedron 1998, 54, 13681.

74. Mojsilovic, B. M.; Bugarcic, Z. M., Heteroatom Chem. 2001, 12, 475.

75. Bugarcic, Z.; Konstantinovic, S.; Mojsilovic, B., Indian J. Chem. 1999, 38B, 728.

76. Konstantinovic, S.; Bugarcic, Z.; Milosavljevic, S.; Schroth, G.; Mihailovic, M. L., Liebigs Ann. Chem. 1992, 261.

77. Stefani, H. A.; Petragnani, N.; Brandt, C. A.; Rando, D. G.; Valduga, C. J., Synth. Commun. 1999, 29, 3517.

78. Ferraz, H. M. C.; Sano, M. K.; Nunes, M. R. S.; Bianco, G. G., J. Org. Chem. 2002, 67, 4122.

79. Yadav, J. S.; Babu, R. S.; Sabitha, G., Arkivoc 2003, 125.

80. Husinec, S.; Savic, V., J. Serb. Chem. Soc. 2000, 65, 87.

81. Aprile, C.; Gruttadauria, M.; Amato, M. E.; D'Anna, F.; Lo Meo, P.; Riela, S.; Noto, R., Tetrahedron 2003, 59, 2241.

82. Tsai, Y. M.; Nieh, H. C.; Cherng, C. D., J. Org. Chem. 1992, 57, 7010.

83. Berthe, B.; Outurquin, F.; Paulmier, C., Tetrahedron Lett. 1997, 38, 1393.

84. Pannecoucke, X.; Outurquin, F.; Paulmier, C., Eur. J. Org. Chem. 2002, 995.

85. Outurquin, F.; Pannecoucke, X.; Berthe, B.; Paulmier, C., Eur. J. Org. Chem. 2002, 1007.

86. Toshimitsu, A.; Terao, K.; Uemura, S., J. Org. Chem. 1986, 51, 1724.

87. Engman, L., J. Org. Chem. 1993, 58, 2394.

88. Izumi, T.; Sugano, M.; Konno, T., J. Heterocyclic Chem. 1992, 29, 899.

89. Toshimitsu, A.; Terao, K.; Uemura, S., J. Chem. Soc., Chem. Commun. 1986, 528.

90. Cooper, M. A.; Ward, A. D., Tetrahedron Lett. 1992, 33, 5999.

91. Cooper, M. A.; Ward, A. D., Tetrahedron Lett. 1994, 35, 5065.

92. Cooper, M. A.; Francis, C. L.; Holman, J. W.; Kasum, B.; Taverner, T.; Tiekink, E. R. T.; Ward, A. D., Aust. J. Chem. 2000, 53, 123.

93. Ternon, M.; Outurquin, F.; Paulmier, C., Tetrahedron 2001, 57, 10259.

94. Tiecco, M.; Testaferri, L.; Marini, F.; Santi, C.; Bagnoli, L.; Temperini, A., Tetrahedron 1997, 53, 7311.

95. Tiecco, M.; Testaferri, L.; Bagnoli, L., Tetrahedron 1996, 52, 6811.

96. Dondas, H. A.; Grigg, R.; Markandu, J.; Perrior, T.; Suzuki, T.; Thibault, S.; Thomas, W. A.; Thornton - Pett, M., Tetrahedron 2002, 58, 161.

97. Dondas, H. A.; Grigg, R.; Thibault, S.; Thomas, W. A.; Thornton - Pett, M., Tetrahedron 2002, 58, 5827.

98. Dondas, H. A.; Yaktubay, N., Heterocyclic Commun. 2003, 9, 337.

99. Grigg, R.; Hadjisoteriou, M.; Kennewell, P.; Markandu, J., J. Chem. Soc., Chem. Commun. 1992, 1534.

100. Bennasar, M. L.; Vidal, B.; Bosch, J., J. Org. Chem. 1997, 62, 3597.

101. Terao, K.; Kunishima, M.; Tani, S., Synlett 1999, 733.

102. Engman, L., J. Org. Chem. 1991, 56, 3425.

103. Gamblin, D. P.; Garnier, P.; van Kasteren, S.; Oldham, N. J.; Fairbanks, A. J.; Davis, B. G., Angew. Chem. Int. Ed. 2004, 43, 828.

104. Tomoda, S.; Fujita, K.; Iwaoka, M., Chem. Commun./J. Chem. Soc. 1990, 129.

105. Deziél, R.; Goulet, S.; Grenier, L.; Bordleau, J.; Bernier, J., J. Org. Chem. 1993, 58, 3619.

106. Reich, H. J.; Yelm, K. E., J. Org. Chem. 1991, 56, 5672.

107. Frejd, T.; Sharpless, K. B., Tetrahedron Lett. 1978, 2239.

108. Nicolaou, K. C.; Claremon, D. A.; Barnette, W. E.; Seitz, S. P., J. Am. Chem. Soc. 1979, 101, 3704.

109. Tiecco, M.; Testaferri, L.; Marini, F.; Bagnoli, L.; Santi, C.; Temperini, A., Tetrahedron 1997, 53, 4441.

110. Tiecco, M.; Testaferri, L.; Bagnoli, L.; Marini, F.; Santi, C.; Temperini, A., Heterocycles 1996, 43, 2679.

111. Pandey, G.; Rao, K. S. S. P.; Palit, D. K.; Mittal, J. P., J. Org. Chem. 1998, 63, 3968.

112. Pandey, G.; Rao, K. S. S. P.; Rao, K. V. N., J. Org. Chem. 2000, 65, 4309.

113. Fujita, K.; Murata, K.; Iwaoka, M.; Tomoda, S., Tetrahedron 1997, 53, 2029.

114. Back, T. G.; Dyck, B. P.; Nan, S., Tetrahedron 1999, 55, 3191.

115. Back, T. G.; Moussa, Z., Org. Lett. 2000, 2, 3007.

116. Back, T. G.; Moussa, Z.; Parvez, M., J. Org. Chem. 2002, 67, 499.

117. Tiecco, M.; Testaferri, L.; Santi, C.; Tomassini, C.; Marini, F.;

Bagnoli, L. ; Temperini, A. , Chem. Eur. J. 2002, 8, 1118.

118. Uehlin, L. ; Wirth, T. , Org. Lett. 2001, 3, 2931.

119. Wirth, T. , Tetrahedron 1999, 55, 1.

120. Nicolaou, K. C. ; Pfefferkorn, J. A. ; Cao, G. Q. , Angew. Chem. Int. Ed. 2000, 39, 734.

121. Nicolaou, K. C. ; Pfefferkorn, J. A. ; Barluenga, S. ; Mitchell, H. J. ; Roecker, A. J. ; Cao, G. Q. , J. Am. Chem. Soc. 2000, 122, 9968.

122. Nicolaou, K. C. ; Pfefferkorn, J. A. ; Mitchell, H. J. ; Roecker, A. J. ; Barluenga, S. ; Cao, G. Q. ; Affleck, R. L. ; Lillig, J. E. , J. Am. Chem. Soc. 2000, 122, 9954.

123. Nicolaou, K. C. ; Pfefferkorn, J. A. ; Roecker, A. J. ; Cao, G. Q. ; Barluenga, S. ; Mitchell, H. J. , J. Am. Chem. Soc. 2000, 122, 9939.

124. Fujita, K. ; Hashimoto, S. ; Oishi, A. ; Taguchi, Y. , Tetrahedron Lett. 2003, 44, 3793.

125. Usuki, Y. ; Iwaoka, M. ; Tomoda, S. , Chem. Lett. 1992, 1507.

126. Uneyama, K. , J. Organomet. Chem. 2000, 611, 158.

127. Zhao, H. ; Cai, M. , Synthesis 2002, 1347.

128. Klapötke, T. M. ; Krumm, B. ; Mayer, P. ; Piotrowski, H. ; Vogt, M. , Z. Anorg. Allg. Chem. 2003, 629, 1117.

129. Austad, T. , Acta Chem. Scand. 1976, 30A, 579.

130. Iwaoka, M. ; Komatsu, H. ; Tomoda, S. , J. Organomet. Chem. 2000, 611, 164.

苯基异羟肟酸(Benzohydroxamic Acid)

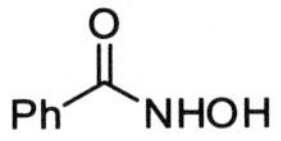

[495－18－1]　$C_7H_7NO_2$　(MW 137.14)

作为苯甲酰亚硝基化合物的前体,可进行 Diels－Alder 和其他类型的成环反应,用于各种杂环化合物的合成[1]。

物理数据:熔点 125℃。

溶解度:溶于水;微溶于其他有机溶剂。

供应的形式:固体;多渠道购得。

苯甲羟肟酸和各种官能团都可以进行反应。例如,该试剂与某些炔烃类化合物可生成 1,3－噁唑,收率良好(反应式 1)[1]。苯甲羟肟酸也可以用作洛森重排的前体(反应式 2)[2]。

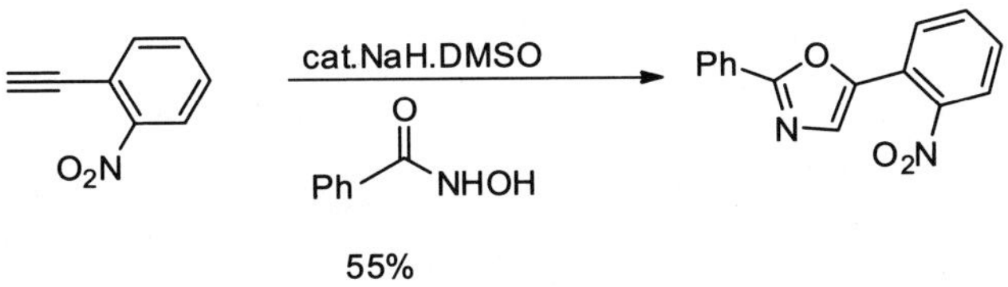

(1)

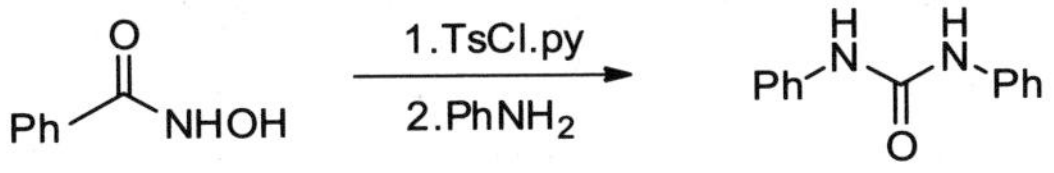

(2)

用 $Pr_4N^+IO_4^-$ 的 DMF 溶液在 23℃下氧化苯甲羟肟酸生成一个苯甲酰亚硝基化合物的过渡态。如果该氧化反应是在二烯的存在下,可进行环加成产品,收率都较高(反应式 3 至反应式 5)。例如,氧化反应在环己二烯存在下生成一个(2.2.2)双环加合物[3]。用过量的铝汞齐的 THF－H_2O 在 0℃可以对 NO 键进行还原裂解,保持双键和酰胺羰基不变,收率几乎是定量的。

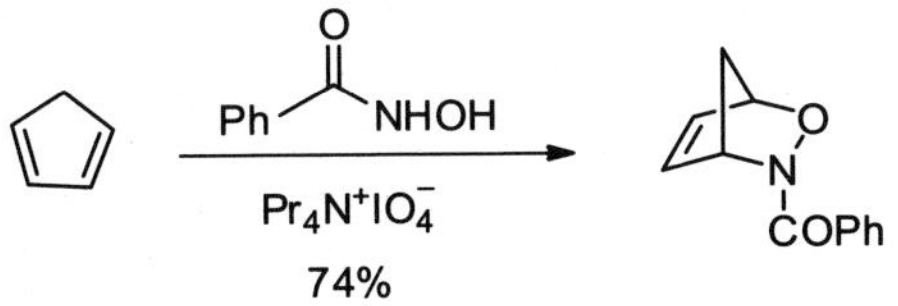

(3)

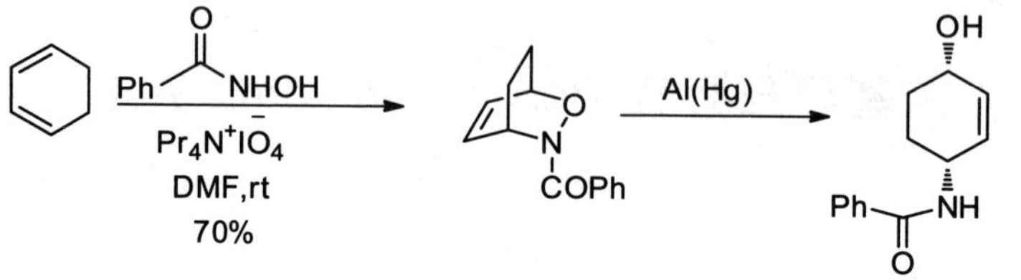

(4)

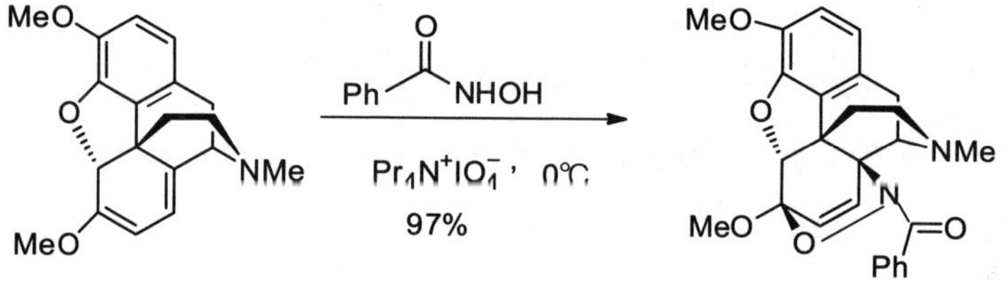

(5)

反应式 6 详细描述了中间体 PhCONO 和一个 2 -取代 1,3 -环己二烯进行[4+2]环加成反应的区域选择性结果[4]。区域加成物的比例不受反应溶剂、温度及亚硝基化合物的来源的影响。

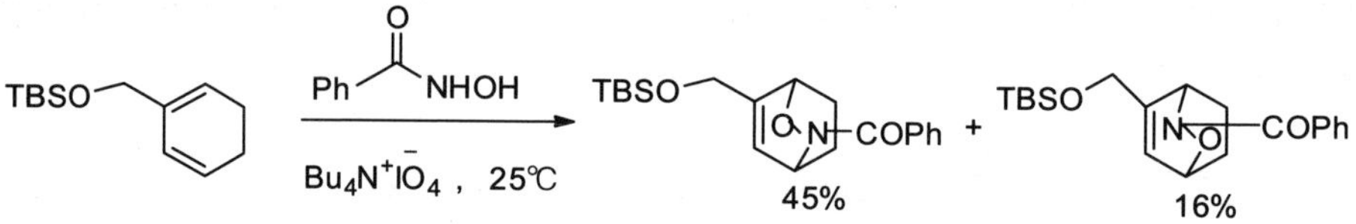

(6)

参考文献

1. Chen,F. M. F. ;Forest,T. P. Can. J. Chem. 1973,51,1368.

2. Bauer,L. ;Pihuleac,J. Synthesis 1989,1,61.

3. (a) Keck,G. E. ;Fleming,S. A. Tetrahedron Lett. 1978,19,4763. (b) Kirby,G. W. ;Mackinson,J. J. Chem. Soc. ,Perkin Trans. 1. 1985,883. (c) Kirby, G. W. ; Sweeny, J. G. Chem. Commun. /J. Chem. Soc. , Chem. Commun. 1973, 704. (d) Kirby,G. W. ;Mackinson,J. J. Chem. Soc. ,Perkin Trans. 1 1985,887.

4. Boger,D. L. ;Patel,M. ;Takusagawa,F. J. Org. Chem. 1985,50,1911.

苄氧基异羟肟酸(Benzyloxyhydroxamic Acid)

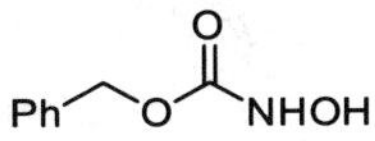

[3426－71－9]　$C_8H_9NO_3$　(MV 167.16)

可作为苄氧基亚硝基羰基化合物的前体,该试剂和苯甲羟肟酸非常类似,可作为 Diels－Alder 反应的亲二烯体[1],用于各种杂环化合物的合成。

物理数据:熔点 65～70℃。

溶解性:溶于水;微溶于有机溶剂。

供应形式:固体;易购。

苄氧基异羟肟酸用高碘酸四烷基铵氧化时生成亚硝基甲酸苄酯。原位生成的苄基亚硝基甲酸酯和二烯反应生成环状加合物,收率良好。鲍尔温及其同事通过利用苄基亚硝基甲酸酯与一合适的环己二烯的 Diels－Alder 反应报道了第一次野火毒素的全合成[1]。因此,环己－1,3－二烯甲酸乙酯与苄基亚硝基甲酸酯反应(从 N－苄氧基羟肟酸和高碘酸四乙铵反应制备),得到单一异构体(反应式 1)。然后所得加合物可进一步转化为野火毒素。

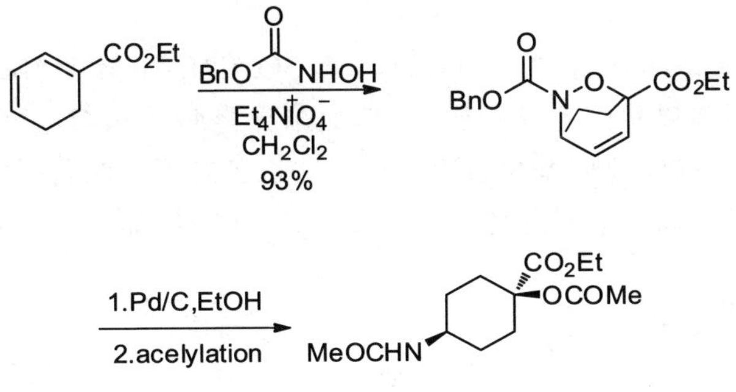

(1)

最近,胡德利克[2]和马丁[3]已经成功地使用亚硝基甲酸苄酯和取代的环己二烯的[4＋2]环加成反应,用于石蒜西定的合成研究中(反应式 2 和反应式 3)。

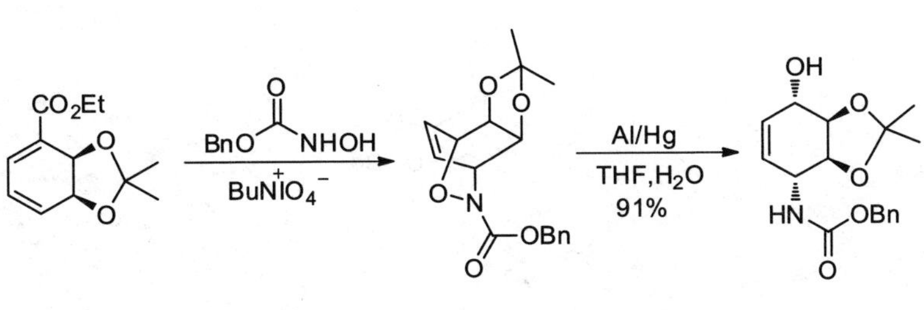

(2)

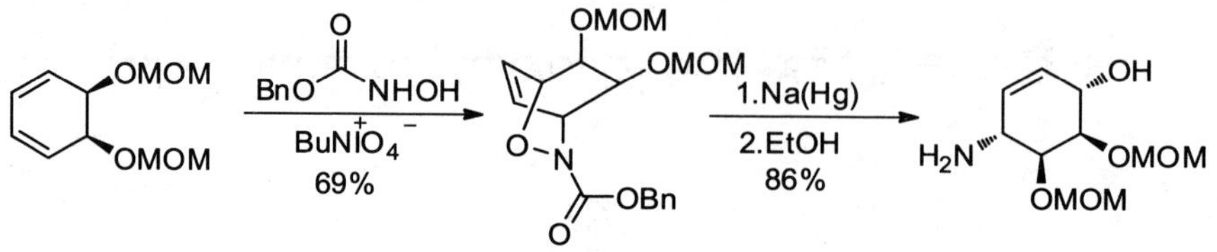

(3)

(*E*)-2,4-戊二烯醛和(*E*,*E*)-和(*E*,*Z*)-2,4-己二烯醛的二甲基缩醛与亚硝基甲酸苄酯进行区域和立体选择性的环加成反应(反应式4)[4],类似地该试剂与1-硅烷氧基二烯反应,得到良好收率的区域选择性的环加成物(反应式5)。[5]

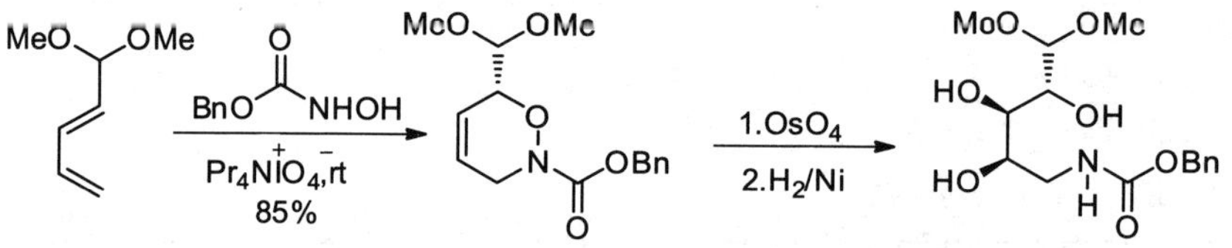

(4)

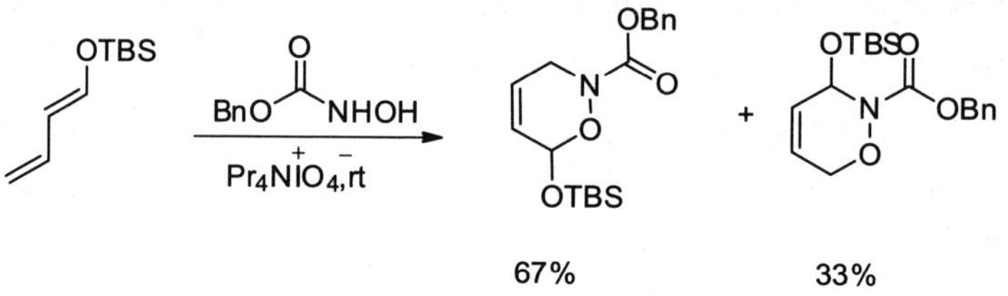

(5)

马丁报道了在Swern条件[$(COCl)_2$,DMSO,CH_2Cl_2然后NEt_3]时,在-78℃下,苄氧基异羟肟酸以及其他异羟肟酸(例如苯异羟肟酸和苯乙酰异羟肟酸)被温和地氧化成相应的酰基亚硝基化合物。该方法也已经用于制备手性亚硝基氨基甲酸酯,其以高收率和高的非对映体de值(反应式6)[6]生成[4+2]环加成产物。

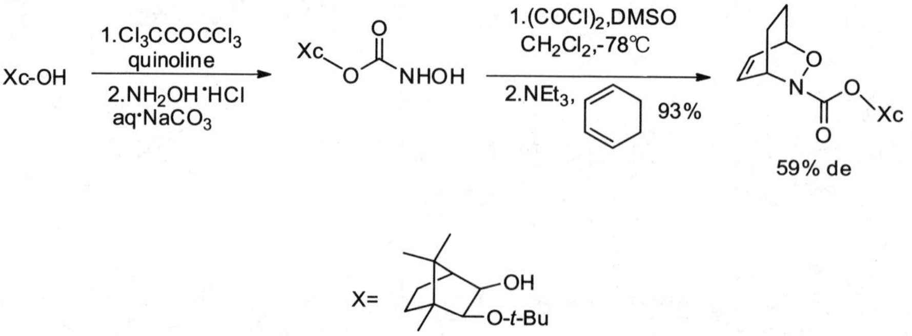

(6)

相关试剂

苯异羟肟酸;亚硝基羰基甲烷。

参考文献

1. Baldwin, J.; Patrick, D. B.; Gallacher, G.; Singleton, K. A.; Wallace, P. M. Chem. Commun./J. Chem. Soc., Chem. Commun. 1984, 40, 3695.

2. (a) Hudlicky, T.; Olivo, H. F. Tetrahedron Lett. 1991, 32, 6077. (b) Hudlicky, T.; Olivo, H. F. J. Am. Chem. Soc. 1992, 114, 9694.

3. Tso, H.; Martin, S. F. Heterocycles 1993, 35, 85.

4. Streith, J.; Geffroy, G.; Fritz, H.; Defoin, A. Helv. Chim. Acta 1988, 71, 1642.

5. Streith, J.; Defoin, A. Helv. Chim. Acta 1991, 74, 1653.

6. Martin, S. F.; Hartmann, M.; Josey, J. A. Tetrahedron Lett. 1992, 33, 3583.

1-氯-1-亚硝基环己烷(1-Chloro-1-nitrosocyclohexane)

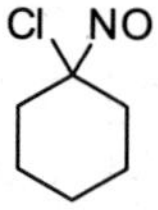

[695-64-7]　$C_6H_{10}ClNO$　(MW 147.5)

作为环己烷的衍生物,该试剂的主官能团为亚硝基,该化合物和前两者的反应特性非常类似,可对烯烃进行亲电反应生成[NH_2^+],可以作为一个[4+2]反应的亲双烯体,进行 Diels-Alder 反应。

物理数据:沸点 52℃(12 毫米汞柱)。

溶解性:溶于一般的有机溶剂。

供应形式:固体;可多渠道购得。

制备方法:最常用的方法是环己酮肟与氯化剂如叔丁基次氯酸酯的氯氟甲烷溶液进行反应(反应式 1)[1]。

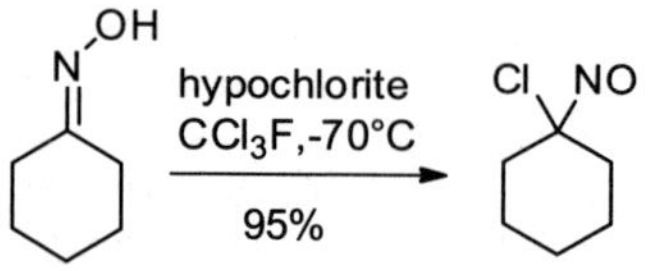

(1)

1-氯-1-亚硝基环己烷对一系列不同官能团进行反应。Deb 首次展示了这种试剂的反应性,通过与烯丙基类烯烃的反应如苯基丙烯生成亚环己基-N-(2-苯基)-丙基-1-烯硝酮盐酸盐,收率可达 76%(反应式 2)[2]。

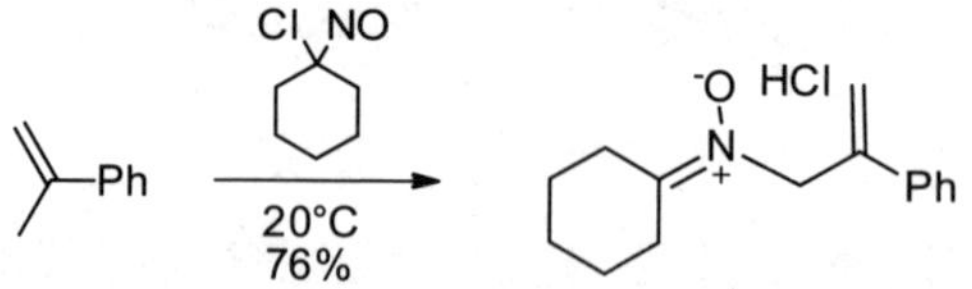

(2)

其他作者也发现该试剂可以有效地用于合成多羟基环己基衍生物、生物碱和氨基酸。1-氯-1-亚硝基环己烷和 1,3-丁二烯的乙醇溶液生成 3,6-二氢-1,2-二嗯烯(反应式 3)[3]。1981 年克雷塞报道了利用 1-氯-1-亚硝基化合物和二烯类化合物如反式-1,3-环己二烯-5,6-二基-二乙酸酯反应生成多羟基氨化合物(反应式 4)[4]。1984 年,Dashiki 报道了一种简易路线合成自然界的莨菪烷类生物碱[5],该方法采用狄尔斯阿尔德环加成反应,即用亚硝基化合物和环庚-1,3-二烯进行加成,再形成分子内碳氮键(反应式5)。

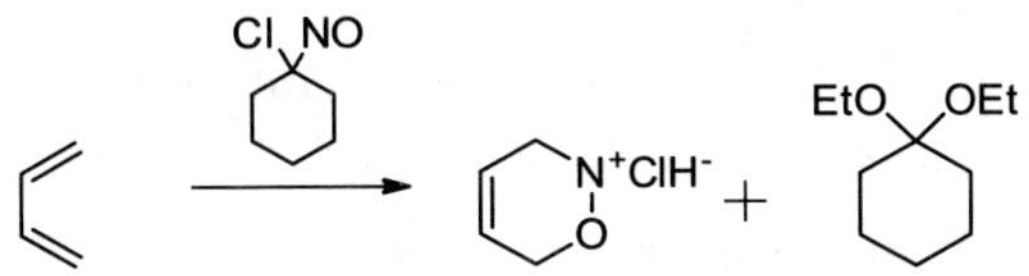
(3)

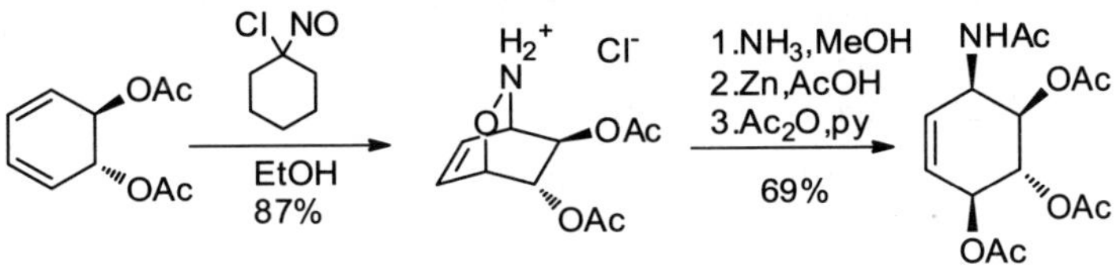
(4)

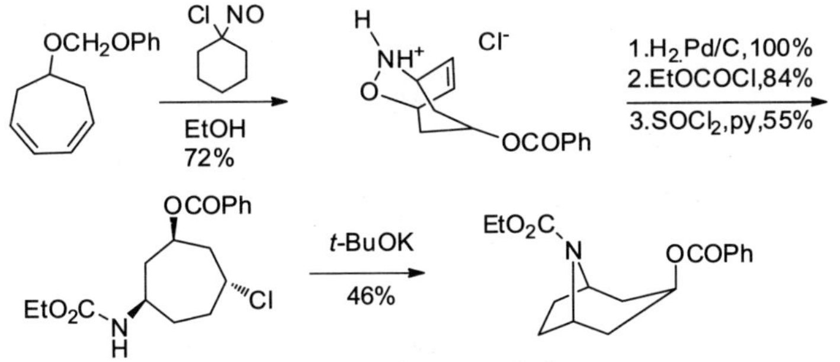
(5)

最近,Popper发现1-氯-1-亚硝基环己烷可作为一个方便的氮源亲电试剂不对称合成氨基酸和羟基氨基酸[6]。N-烷基环内酰胺和六甲基二硅叠氮化钠反应,再和1-氯-1-亚硝基环己烷反应生成非对映性纯晶体N-羟基氨基酸(反应式6和反应式7)。

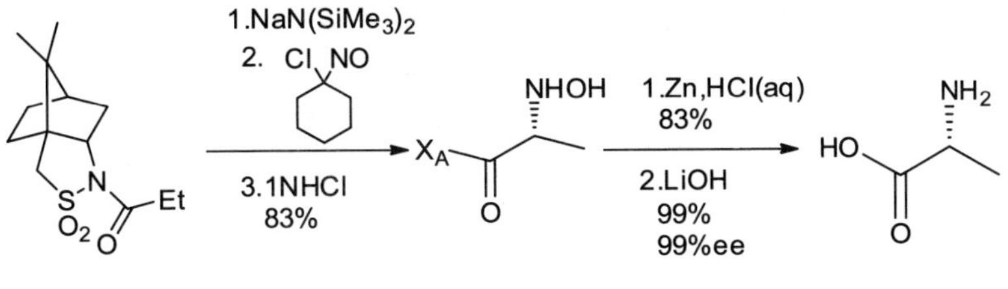
(6)

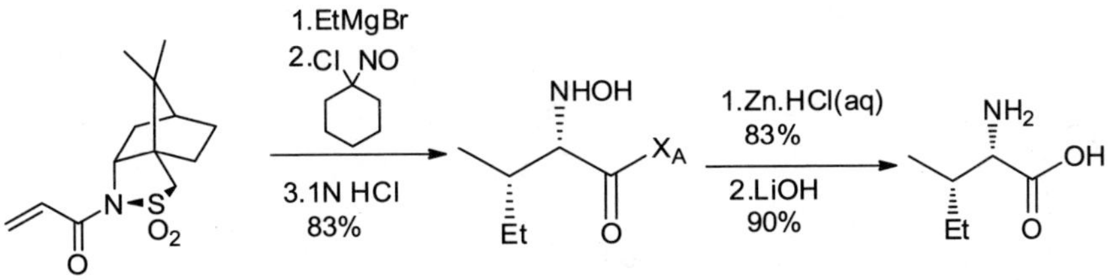
(7)

参考文献

1. Lute, W.; Diamante, H. Agnew. Chem., Int. Ed. Anglo. 1968, 7, 387.

2. Chechen, C.; Deb, T. J. Tetrahedron Lett. 1979, 35, 147.

3. Blindfolds, K. R.; Clausewitz, H. Bicycler 1989, 29, 929.

4. Kresge, G.; Dinette, W. Just Billings Ann. Chem./Billings Ann. Chem. 1981, 610.

5. Dashiki, C.; Wannabe, Y.; Aida, H. Tetrahedron Lett. 1984, 25, 5091.

6. (a) Popper, W.; Amur, O.; Bergen, J. Held. C him. ACT 1992, 75, 1965. (b) Popper, W.; Amur, O. Tetrahedron Lett. 1990, 31, 991.

乙腈N-氧化物(Acetonitrile N-Oxide)[1]

$H_3C-C\equiv\overset{+}{N}-\overset{-}{O}$

[7063-95-8]　C_2H_3NO　(MW 57.05)

该试剂作为活泼的1,3偶极性试剂，主要用于杂环的合成。

乙腈N-氧化物是一活泼的双极性试剂，用于3+2的环加成反应[2]，合成异噁唑啉[3]（合成天然产物的中间体），合成异噁唑[4]和杂环[5]。

物理性质：活泼的中间体。

试剂纯度分析：一般低温的谱图分析[6,7]，如NMR(-40℃)^1H：CH_3(2.26)；^{13}C：CH_3(0.8)，CN(35.6)；IR(EtOH)，2315cm^{-1}。

溶解度：溶于石油醚、乙醚、苯、二氯甲烷、乙醇、氯仿，低温下(-60℃)不溶于石油醚。

制备方法：室温下通常用硝基乙烷和苯基异氰酸酯在三乙胺的催化作用下进行反应来制备(Mukiayama method)[8]，苯基异氰酸酯也可以用AcCl、Ac_2O或$POCl_3$代替[9]，乙腈N-氧化物也可以用3,4-二甲基呋咱氮氧化物快速真空高温分解(flash vacuum pyrolysis，FVP)合成[6,10]，还可以用乙醛肟[4b]或邻氯乙酰甲醛肟用次氯酸氧化制备[7]，该化合物在18℃生成后会产生分解(主要是对3,4-二甲基呋咱进行二聚反应)[1b]。

1,3-双极性环加成反应

通过乙腈N-氧化物和烯烃进行环加成反应生成异噁唑啉[11,12]，该化合物通常是合成天然产物的中间体[3,13]。例如可通过异噁唑啉可制备不饱和的羰基化合物[14]、1,3-氨基醇[15]、3-羟基羰基化合物[16]、2-烃基或2-羟基化衍生物[17]和吡咯[18]。

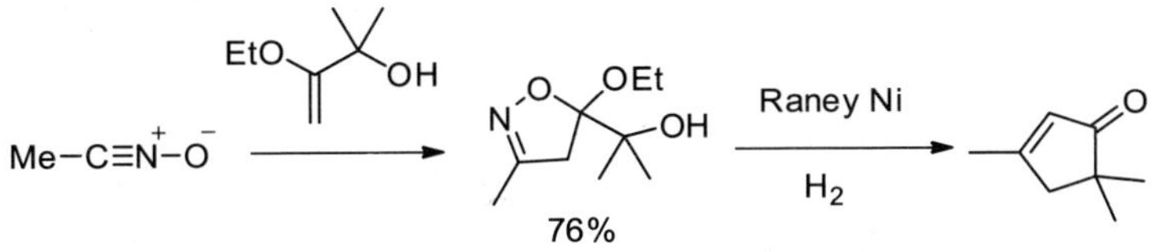

(1)

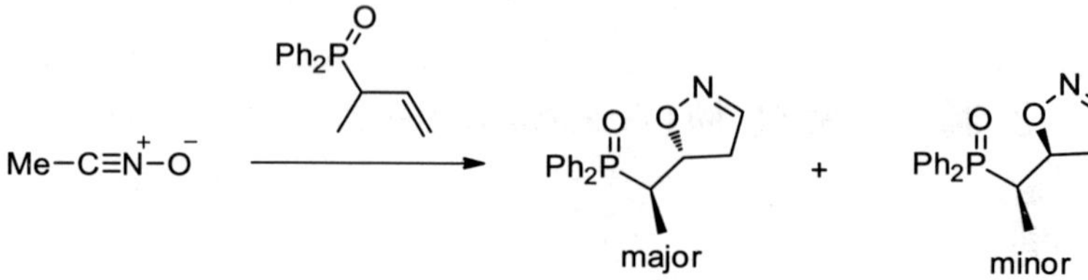

(2)

乙腈 N -氧化物和烯烃进行的环加成反应具有区域选择性[2]和光学选择性[12,19]已经论述过了,具有光学活性的异噁唑啉的合成一般是用带有莰醇基[8B]环多醇衍生物[20]、磺内酰胺[21]、丙烯酰衍生物作为手性合成辅助剂。炔也可以用来合成异噁唑啉,其他不饱和底物也可以用来合成不同的杂环化合物。如用硫酯合成 1,4,2 -噁噻唑啉[5],用亚胺合成 1,2,4 -噁二唑啉[22],用异硫氰酸酯合成亚胺-1,4,2 -噁噻唑啉[23]。

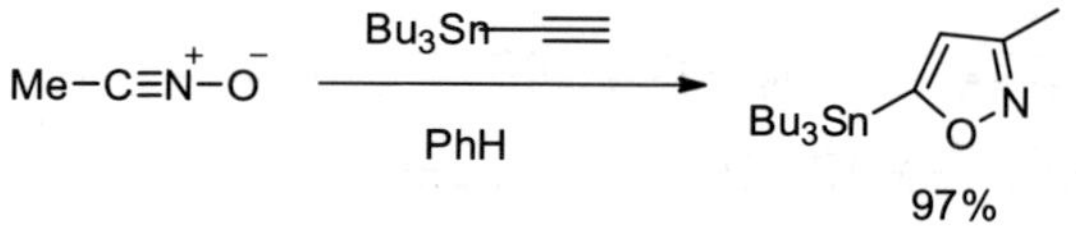

(3)

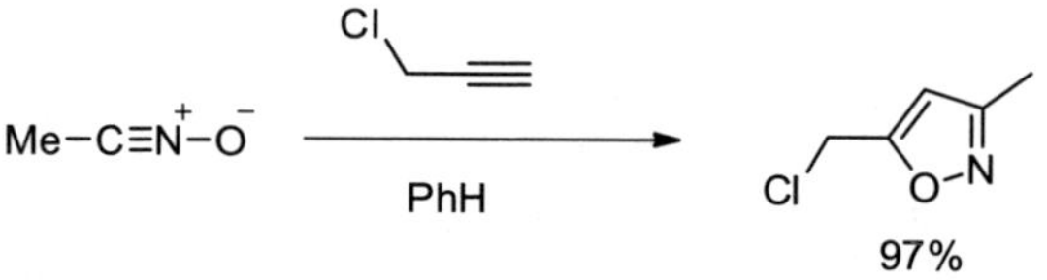

(4)

参考文献

1. (a) Grundmann, C. Acc. Chem. Res. 1970, 3, 344. (b) Grundmann, C.; Gruenanger, P. The Nitrile Oxides; Springer: Berlin, 1971. (c) Nitrile Oxides, Nitrones, and Nitronates in Organic Synthesis; Feuer, H., Ed.; VCH: New York, 1988. (d) Advances in Cycloaddition; Curran, D. P., Ed.; JAI: London, 1988; 1, pp 129 - 189

2. 1,3 - Dipolar Cycloaddition Chemistry; Padwa, A., Ed.; Wiley: New York, 1984; 1, pp 337 - 344.

3. Kozikowski, A. Acc. Chem. Res. 1984, 17, 410.

4. (a) Kondo, Y.; Uchiyama, D.; Sakamoto, T.; Yamanaka, H. Tetrahedron 1989, 30, 4249. (b) Theobald, H. Ger. Patent 2 754 832 (Chem. Abstr. 1979, 91, 140 372b).

5. (a) Yung, T. W. K.; Sammes, M. P. Tetrahedron 1991, 32, 4329. (b) Huisgen, R.; Mack, W. Ber. Dtsch. Chem. Ges./Chem. Ber. 1972, 105, 2815.

6. Mitchell, W. R.; Paton, R. M. Tetrahedron 1979, 2443.

7. Brandi, A.; DeSarlo, F.; Guarna, A. J. Chem. Soc., Perkin Trans. 1 1976, 1827.

8. (a) Mukaiyama, T.; Hoshino, T. J. Am. Chem. Soc. 1960, 82, 5339. (b) Olsson, T.; Stern, K.; Sundell, S. J. Org. Chem. 1988, 53, 2468.

9. Kashima, C.; Tsuzuki, A.; Tajima, T. J. Heterocycl. Chem. 1984, 21, 201.

10. (a) Cunico, R. F.; Bedell, L. J. Organomet. Chem. 1985, 281, 135. (b) Cunico, R. F.; Bedell, L. J. Org. Chem. 1983, 48, 2780.

11. Curran, D. P.; Singleton, D. H. Tetrahedron 1983, 24, 2079.

12. Armstrong, S. K.; Warren, S.; Collington, E. W.; Naylor, A. Tetrahedron 1991, 32, 4171.

13. Jaeger, V.; Mueller, I.; Schohe, R.; Frey, M.; Ehrler, R.; Haefele, B.; Schroeter, D. Lect. Heterocycl. Chem., 1985, 8, 79.

14. Grund, H.; Jager, V. Justus Liebigs Ann. Chem./Liebigs Ann. Chem. 1980, 80.

15. (a) Lathbury, D. C.; Parsons, P. J. Chem. Commun./J. Chem. Soc., Chem. Commun. 1982, 291. (b) Jager, V.; Buss, V.; Schwab, W. Justus Liebigs Ann. Chem./Liebigs Ann. Chem. 1980, 122

16. Kozikowski, A. P.; Adamczyk, M. Tetrahedron 1982, 23, 3123. (b) Curran, D. P. J. Am. Chem. Soc. 1982, 104, 4024.

17. Jager, V.; Schwab, W. Angew. Chem. Int. Ed. Engl. 1981, 20, 603.

18. Mukerji, S. K.; Sharma, K. K.; Torsell, K. B. G. Tetrahedron 1983, 39, 2231.

19. (a) LeGall, T.; Lellouche, J. P.; Toupet, L.; Beaucourt, J. P. Tetrahedron 1989, 30, 6517. (b) Kozikowski, A. P.; Ghosh, A. K. J. Org. Chem. 1984, 49, 2762. (c) Kozikowski, A. P.; Ghosh, A. K. J. Am. Chem. Soc. 1982, 104, 5788.

20. Akiyama, T.; Okada, K.; Ozaki, S. Tetrahedron 1992, 33, 5763.

21. Oppolzer, W.; Kingma, A. J.; Pillai, S. K. Tetrahedron 1991, 32, 4893.

22. Aitken, R. A.; Raut, S. V. Synlett 1991, 189.

23. Borsus, J. M.; L'Abbe, G.; Smets, G. Tetrahedron 1975, 31, 1537.

N-苄基-N-甲氧甲基-三甲基硅甲胺[1]
(N-Benzyl-N-(methoxymethyl)-N-trimethylsilylmethylamine)

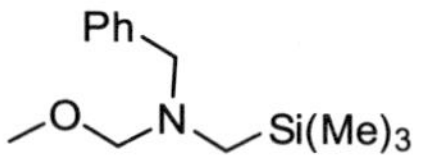

[93102-05-7] $C_{13}H_{23}NOSi$ (MW 237.42)

相比于乙腈N-氧化物,该试剂为隐性的偶极试剂。

作为一特定类型叔胺类化合物,非稳定性亚甲胺叶立德前体[2],经过转化可生成1,3-偶极性试剂,用于含氮杂环的合成,和烯烃反应生成吡咯烷类[3],和炔烃反应生成吡咯啉,和羰基、硫代羰基基团反应生成1,3-恶唑烷[3]和1,3-噻唑烷[2]。

物理数据:沸点77~80℃(0.5mm汞柱)。

制备方法:最简便的制备方法,以苄胺与氯代三甲基硅烷反应,生成的中间体再和甲醛和甲醇反应来进行制备[4],如用高级醇取代甲醇就生成较高的醚同系物[5]。另一制备方法是烷基化方法来进行制备,即用一氯甲氧甲烷和N-苄基-N-(三甲基硅甲基)胺锂反应来进行制备[2]。

提纯:减压蒸馏,虽然无须蒸馏直接进行反应,其反应的收率也相当好。

处理、储存和注意事项:应在良好的通风橱进行处理。

1,3-偶极环加成反应

N-苄基-N-甲氧甲基-三甲基硅甲胺(a)是非常有用的试剂,可以原位生成N-苄基甲亚胺叶立德(b)。它通常作为首选[6],因为比其他硅甲胺前体易于操作和使用。最方便产生叶立德的方法是使用催化量的三氟乙酸,就像Achiwa描述的一样[2]。其他可替代的催化剂包括LIF[3,4]、TBAF[7]、Me3SiOTf-CsF[5]、5-Me3SiI-CsF[5]。通过机理研究表明,无论是和三氟乙酸还是和F反应的活性中间产物都是1,3-偶极化合物[7,8]。(b)与烯烃的反应提供了一种有效合成吡咯烷衍生物的路线。和炔烃反应先生成吡咯啉,而后再可以转化为吡咯[6]。叶立德(b)和缺电子烯烃和炔烃反应最容易进行反应,因为这样配对的结果会缩小双极HOMO和亲双极LUMO两者之间的能量差。其他合适的亲双极的试剂包括不饱和酯[2-5],酮[2]、酰亚胺[2,4]、腈[4]、砜[3,4],该环加成反应通过一协调的机理,进行顺式的立体选择性加成[2-4](反应式1)。含有环内双键的亲双极试剂(a),反应后生成稠合双环吡咯烷类[10],而含有环外双键的底物却生成螺环类化合物[11]。

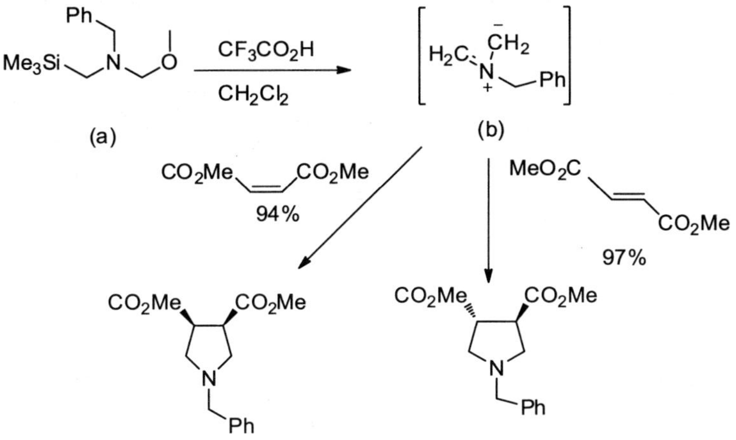

(1)

如和含吸电子取代基如 CN 和 NO_2 的苯乙烯反应则生成 3-芳基吡咯烷，收率相当高(反应式 2)[12]。当没有吸电子基团时产量往往较低，如和乙烯基吡啶反应则生成 3-吡啶吡咯烷[12]。反应的烯烃可以通体引入 CF_3 取代基来增加活性。例如三氟甲基苯乙烯环加成产物，收率很高而与甲基苯乙烯反应不太活泼[13]。

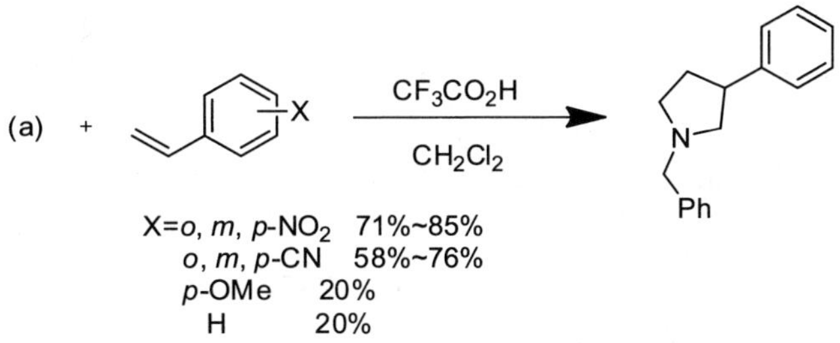

(2)

与醛和酮进行的环加成反应生成 1,3-噁唑烷烃而与硫酮反应则生成 1,3-噻唑烷烃(反应式 3)[3]。和不饱和醛的加成反应已被观察到既可以和羰基，也可以和烯烃的双键进行加成反应[3]。

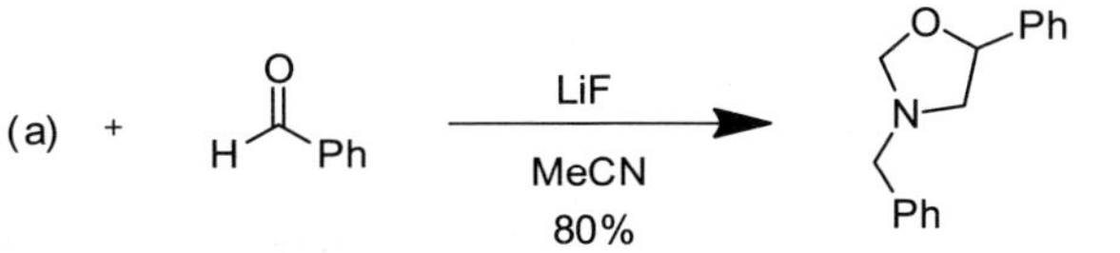

(3)

环加成反应的立体选择性

已经报道许多例子有手性偶极试剂进行的高立体选择性加成反应，(a)与环状的亲双极试剂进行的环加成反应往往发生一种面向选择性的加成反应，面向选择性的加成方向是和从大位阻基团对面的方向进行加成(反应式 4)[14]。在不对称合成(*S*)-(-)cucurbitine 中的关键一步就是化合物(a)和内酯(d)进行的环加成反应，该环加成生成单一的非对映异构体吡咯烷(e)(反应式 5)[15]。

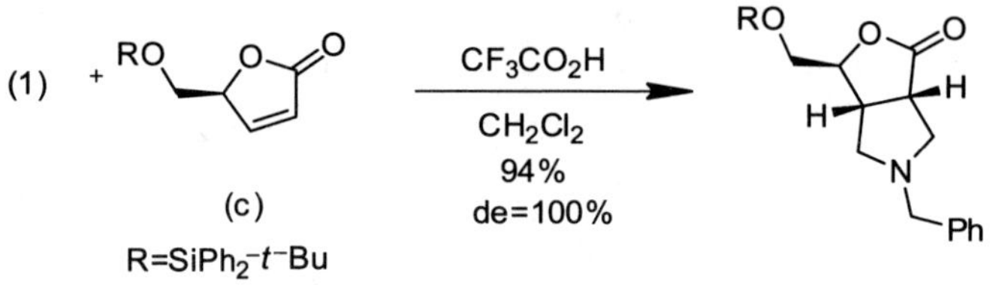

(4)

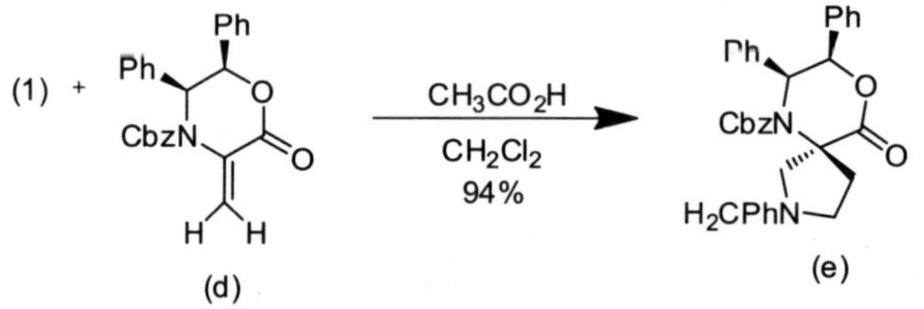

(5)

应用手性的 N-甲苄基的(a)类似物进行的二次不对称合成也有过报道[16]。

参考文献

1. (a) Terao, Y.; Aono, M.; Achiwa, K. Heterocycles 1988, 27, 981. (b) Tsuge, O.; Kanemasa, S. Adv. Heterocycl. Chem. 1989, 45, 231.

2. Terao, Y.; Kotaki, H; Imai, N.; Achiwa, K. Chem. Pharm. Bull. 1985, 33, 2762.

3. Padwa, A.; Dent, W. J. Org. Chem. 1987, 52, 235.

4. Padwa, A.; Dent, W. Org. Synth., Coll. Vol. 1992, 8, 231.

5. Hosomi, A.; Sakata, Y.; Sakurai, H. Chem. Lett. 1984, 1117.

6. (a) Padwa, A.; Chen, Y. Y.; Dent, W.; Nimmesgern, H. J. Org. Chem. 1985, 50, 4006. (b) Pandey, G.; Lakshmaiah, G.; Kumaraswamy, G. Chem. Commun. /J. Chem. Soc., Chem. Commun. 1992, 1313.

7. Terao, Y.; Kotaki, H.; Imai, N.; Achiwa, K. Chem. Pharm. Bull. 1985, 33, 896.

8. Terao, Y.; Imai, N.; Achiwa, K. Chem. Pharm. Bull. 1987, 35, 1596.

9. Houk, K. N.; Sims, J.; Watts, C. R.; Luskus, L. J. J. Am. Chem. Soc. 1973, 95, 7301.

10. Orlek, B. S.; Wadsworth, H.; Wyman, P.; Hadley, M. S. Tetrahedron Lett. 1991, 32, 1241.

11. Orlek, B. S.; Wadsworth, H.; Wyman, P.; King, F. D. Tetrahedron

Lett. 1991,32,1245.

12. Laborde,E. Tetrahedron Lett. 1992,33,6607.

13. Begue,J. P.;Bonnet-Delpon,D.;Lequeux,T. Tetrahedron Lett. 1993,34,3279.

14. Wee,A. G. H. J. Chem. Soc.,Perkin Trans. 1 1989,1363.

15. Williams,R. M.;Fegley,G. J. Tetrahedron Lett. 1992,33,6755.

16. Fray,A. H.;Meyers,A. I. Tetrahedron Lett. 1992,33,3575.

(R)-(+)-环己基(2-茴香基)甲基膦

((R)-(+)-Cyclohexyl(2-anisyl)methylphosphine)[1]

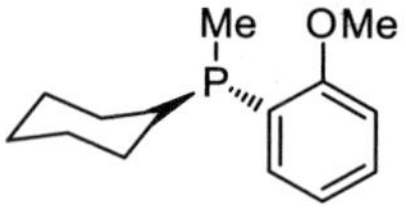

(R)[52885-02-6]　$C_{14}H_{21}OP$　(MW 236.29)

(S)[35144-03-7];(±)[36293-81-9]

不对称选择性合成试剂，该试剂作为含膦试剂既可以充当配体，又可以转化为Wittig试剂，进行Wittig反应。

过渡金属的配体，用于对烯烃的不对称催化氢化[2]，该试剂也用于不对称Wittig反应[3]和Baylis-Hillman反应[4]

别名：(+)-CAMP。

制备方法：用5% Rh / C对光学纯(2-甲氧基苯)苯甲膦氧化物催化氢化[5]，接着用三氯硅烷还原磷氧化物[2]。

处理、存储和注意事项：容易被氧化为膦氧化物，应在N_2和氩气保护下处理。该试剂的反应应在通风橱中进行。

不对称氢化

曾报道了使用由铑(I)络合物和(+)-CAMP制备的催化剂[2,6]通过不对称催化氢化来合成L-多巴。通过用1atm H_2预处理催化剂来对其进行活化是必要的。在较低压力(10psi H_2)氢化得到二氢肉桂酸，产率为90%，ee值为88%(反应式1)。类似报道了与铑催化剂进行双官能结合的肉桂酸衍生物进行不对称氢化，得到类似的产率和对映选择性。由于用双齿二膦配体通常在这种反应中会得到更高的对映选择性，因此往往用于L-多巴的商业合成中[1]。

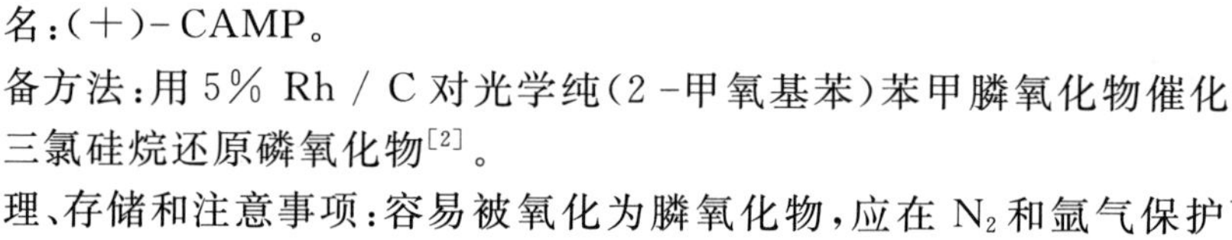

(1)

Wittig 反应

从和(+)-CAMP反应获得的内鎓盐的分子进行的分子内Wittig反应，可得到(S)-双环二酮化合物,ee值为77%[3]。尽管在这反应中需要化学计量的光学纯膦,但是由于膦氧化物(+)-CAMPO可以再循环使用。最大的优点使用CAMP其ee值比使用其他手性膦的类似反应高得多。

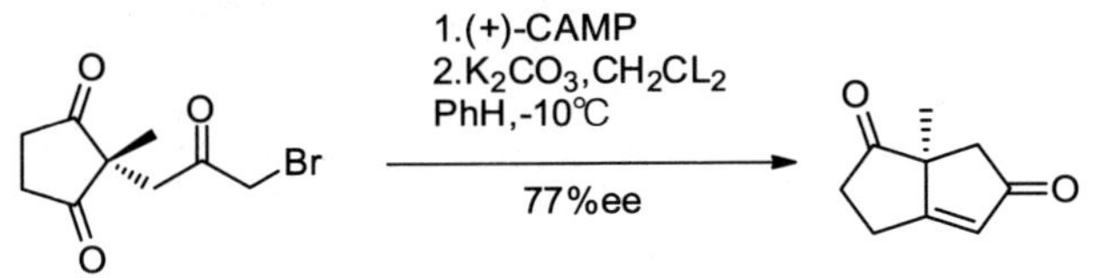

(2)

Baylis-Hillman 反应

使用(+)-CAMP对 $MeCO(CH_2)_2CH=CHCO_2Et$ 进行分子内环化生成环戊烯,分离高收率为40%[4]。在25℃下反应10天后形成混合物,产物环戊烯和副产物的比例为3∶1。在这个反应中CAMP被发现优于其他膦,如PBu_3。DABCO和其他含氮的碱性化合物对这个环化反应无效。然而,使用CAMP生成产物的对映选择性相当低,仅为14%。

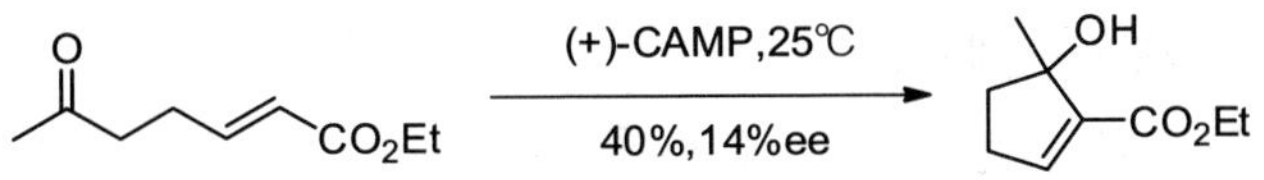

(3)

参考文献

1. Knowles,W. S. Acc. Chem. Res. 1983,16,106.

2. Knowles,W. S.;Sabacky,M. J.;Vineyard,B. D. Chem. Commun./J. Chem. Soc.,Chem. Commun. 1972,10.

3. Trost,B. M.;Curran,D. P. Tetrahedron Lett. 1981,22,4929.

4. Roth,F.;Gygax,P.;Frater,G. Tetrahedron Lett. 1992,33,1045.

5. Nauman,K.;Zon,G.;Mislow,K. J. Am. Chem. Soc. 1969,91,7012.

6. (a)Knowles,W. S.;Sabacky,M. J.;Vineyard,B. D. Adv. Chem. Ser. 1974,132,274. (b)Knowles,W. S.;Sabacky,M. J.;Vineyard,B. D. U.S. Patent 4 005 127,1977.

1-(苄氧基甲氧基)丙基锂
1-(Benzyloxymethoxy)propyllithium

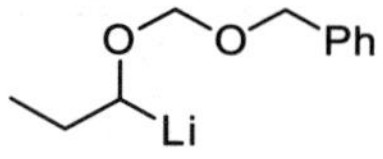

[83876-83-9]　$C_{11}H_{15}O_2$　(MW 186.18)

对映选择性亲核-羟烷基化试剂;类似于一些相似羟烷基化试剂。

供应形式:在低温条件下,在四氢呋喃、乙醚和己烷中制备后直接使用。

制备方法:该试剂(优先于富对映体的)通过[1-(苄氧基甲氧基)丙基]三丁基锡的锡锂交换产生,这样可以保持原先的立体结构(反应式 1)。与锂相连的碳负离子在大约零下 40 摄氏度的四氢呋喃中稳定存在。非外消旋体通过经典的或酶拆分甲锡烷基醇的方式的获得,或者通过不对称还原酰基锡(反应式 2),或来自手性(1-氯烃基)硼酸酯进行制备。

处理、存储和注意事项:四氢呋喃溶液必须保持低于 40℃,隔绝空气或水分。

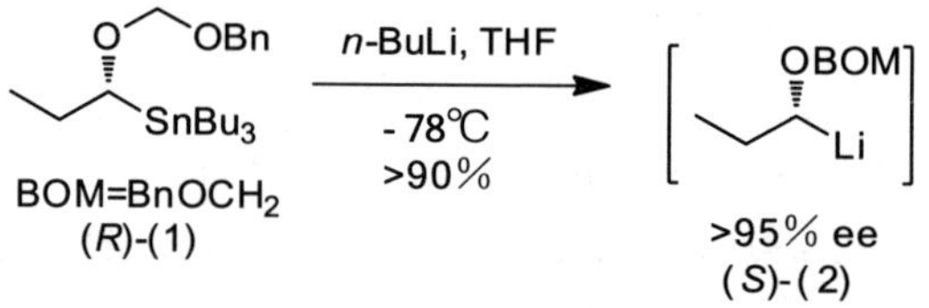

(1)

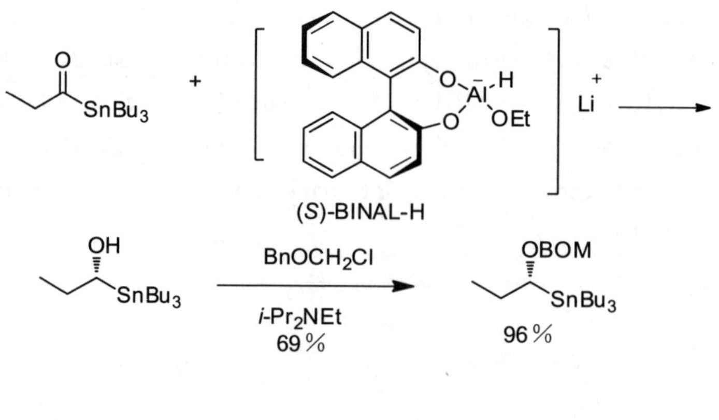

(2)

反应

烷基化和羧基化生成 BOM 保护的(*S*)2-丁醇或(*S*)或(*R*)-2-羟基-丁酮酸

(反应式 3),其立体构型完全保留。类似方法制备的(*S*)-1(甲氧基甲氧基)丙基锂和 N,N,N-三甲基丙烯酰肼进行迈克尔加成反应,然后转化为(*S*)-4-己醇内酯(反应式 4)。用 N,N-二甲基甲酰胺酰化(*R*)对映体生成羟基酮,接着转化为(+)-内西松大小蠹素(反应式 5)。

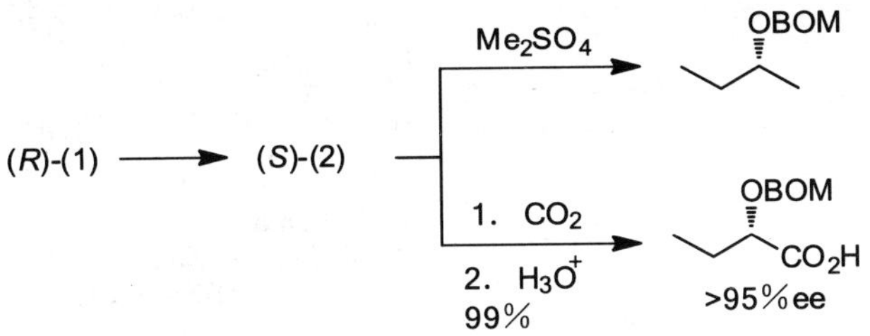

(3)

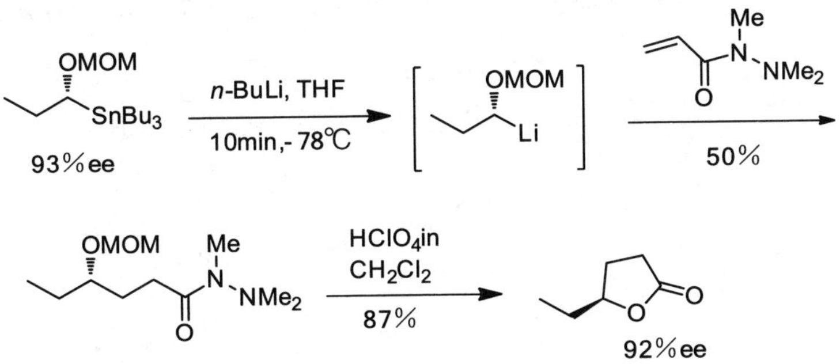

(4)

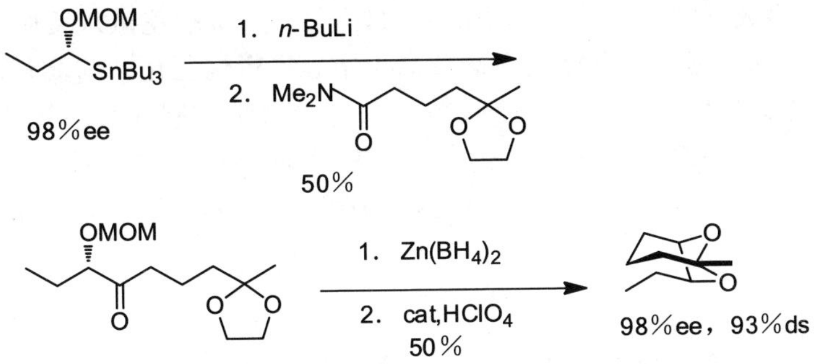

(5)

锂试剂对醛的加成生成单保护的顺式和反式邻 1,2-烷二醇,但是非对映选择性较低(反应式 6),通过锂-镁交换和应用分支类似物可有利于顺式非对映异构体的生成。如果在路易斯酸催化下用适当的三丁基锡或三铅试剂可实现高的反式非对映选择性;然而,该反应与保护缩醛没有兼容性(反应式 7)。

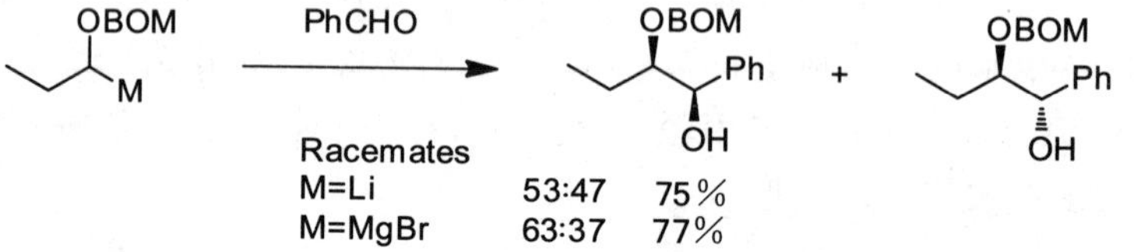

(6)

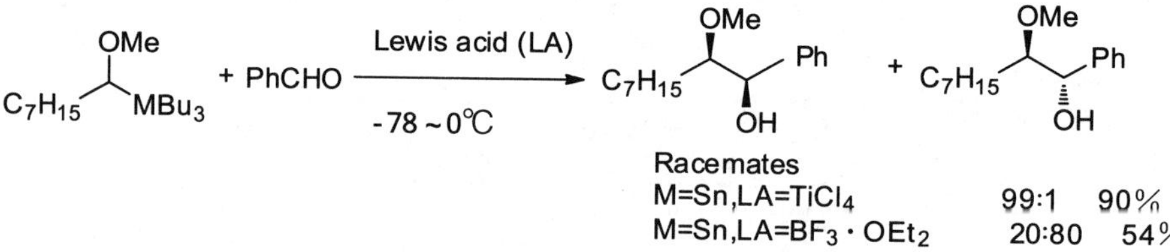

(7)

在甲基氯硅烷的存在下,通过1-(甲氧基甲氧基)烷基锂制备的酮酸试剂对烯酮和烯醛进行1,4-加成(反应式8)。手性试剂在这些条件下发生消旋化。

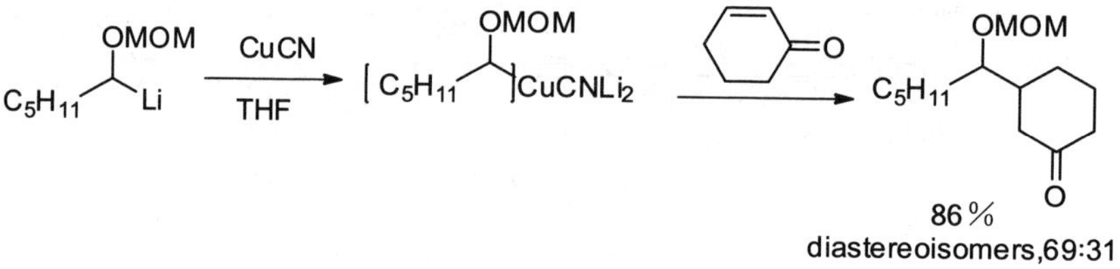

(8)

相关试剂

1-锂丁基-N,N-二烷基氨基甲酸酯锂一般由烷基氨基代甲酸酯直接去质子化制备,可能生成外消旋体或高富集的对映体(见(-)-金雀花碱)(反应式9)。立体位阻的苯甲酸烷基酯锂没有办法在碳负离子中心进行烷基化。前驱体原有的手性中心去质子化这步反应中形成一个高效的内部动力学控制的手性还原,合成例子从(*S*)-2,3-丁二醇合成(2*S*,4*S*)-2羟基-4-戊醇酯可进行说明(反应式10),也可通过合成保护(2*S*,3*S*)-2-羟基-3-氨基酸(反应式11)和2-氨基烷醇链延伸物进行例证。

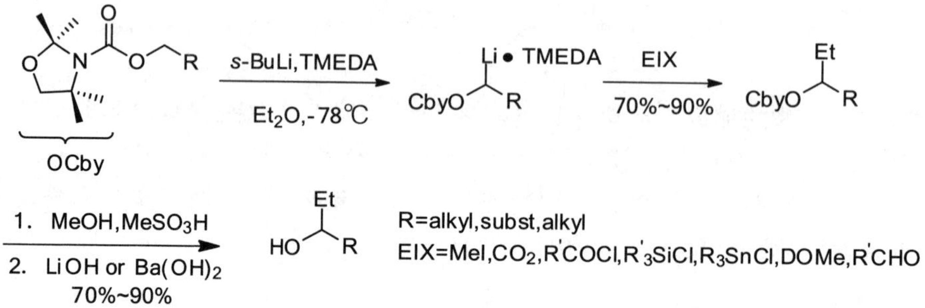

(9)

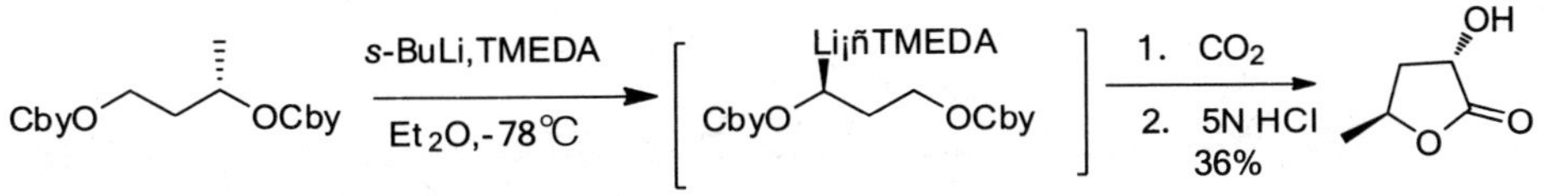

(10)

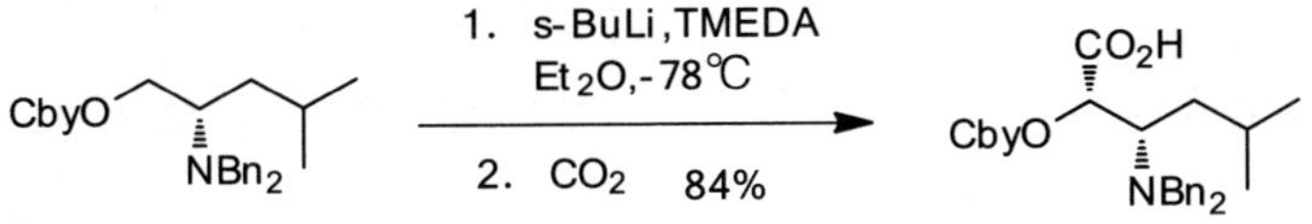

(11)

外消旋 1-甲氧基烷基锂试剂容易通过对单硫代缩醛制备,通过自由基阴离子如 1-(二甲氨基)萘基(费得曼)与锂盐还原锂化制备。这种方法特别适用于制备取代基 2-锂四氢吡喃和 2-锂四氢呋喃。在动力学控制下从自由基中间体优先形成轴向锂化合物的,和前体的相对构型无关;在 -30℃以上进行差向异构化形成更稳定的平伏的差向异构体(反应式 12)。

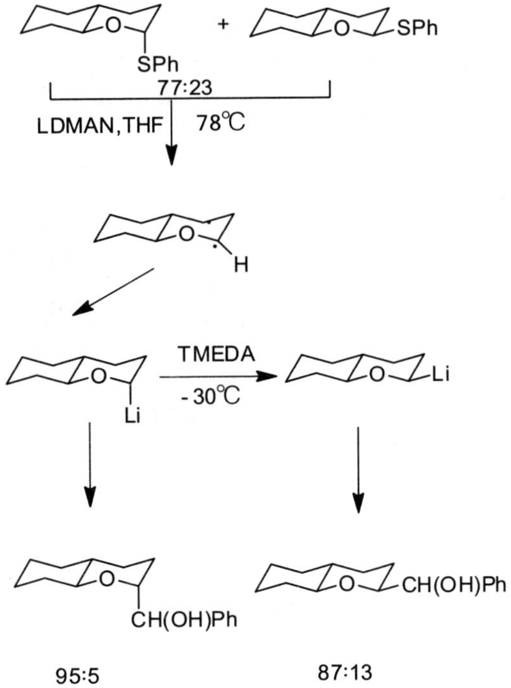

(12)

保护的苯硫基和苯磺酰基-2-脱氧吡喃糖苷在这些条件下,先生成 1-锂基吡喃糖苷,再和亲电试剂发生取代反应。通过这些方法制备的 1-(3,4,6-三苄基-2-脱氧-D-葡萄糖基)酮酸盐,对烯醛、烯酮进行高度立体选择性的共轭加成(反应式 13)。

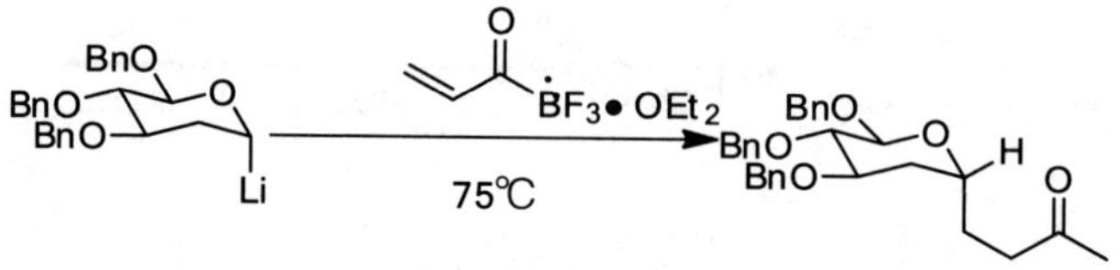

(13)

甚至可以生成(3,4,6 三取代-苄基-2-O-锂-D-吡喃葡萄糖)锂，并对醛进行加成(反应式 14)。

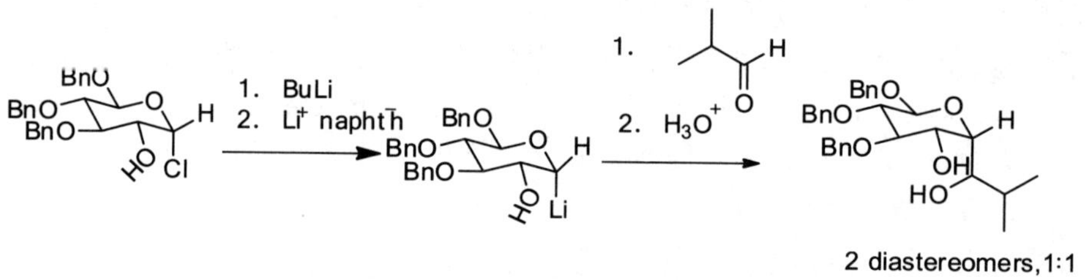

(14)

用手性 1,3-二醇同样可以用来制备 4-锂-1,3-二噁烷，是立体选择性合成多元醇的多功能合成单元，比如 1,3,5,7,9,10-己六醇(反应式 15)。

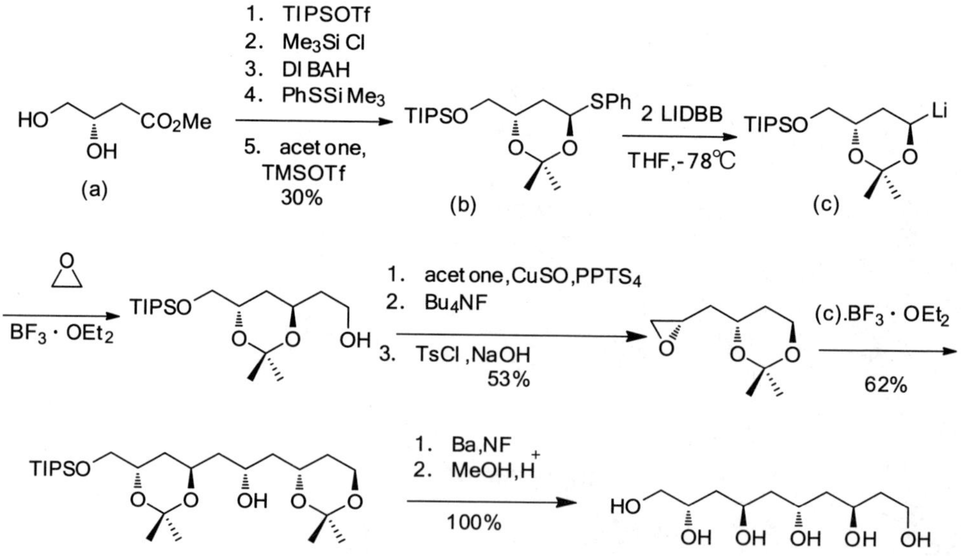

(15)

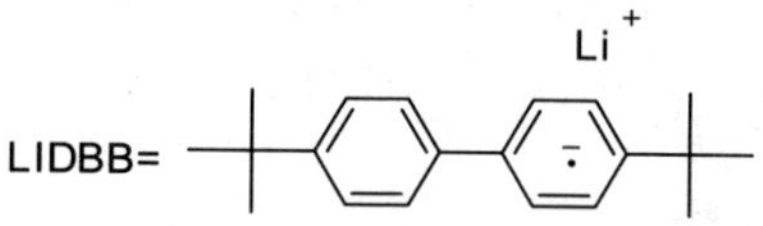

由1-(乙酸基烷烃)溴化锌制备的锌-铜试剂,也可以进行有效的烷基化、炔基化、酰基化反应,以及迈克尔加成反应(反应式16)。

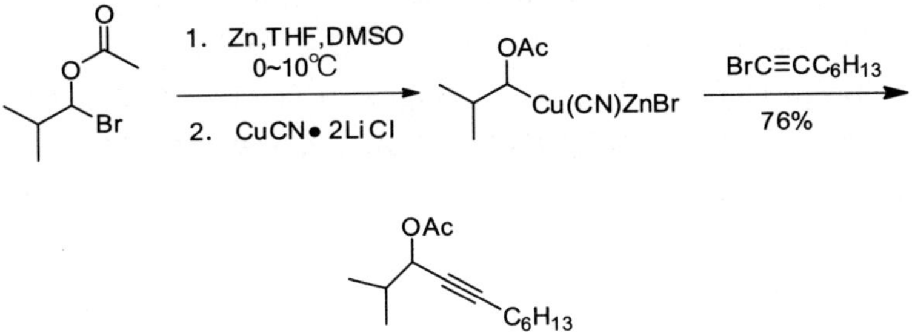

(16)

参考文献

1. (a) Still, W. C.; Sreekumar, C. J. Am. Chem. Soc. 1980, 102, 1201. (b) Sawyer, J. S.; Kucerovy, A.; Macdonald, T. L.; McGarvey, G. J. J. Am. Chem. Soc. 1988, 110, 842.

2. Chong, J. M.; Mar, E. K. Tetrahedron Lett. 1991, 32, 5683.

3. (a) Chan, P. C.-M.; Chong, J. M. J. Org. Chem. 1988, 53, 5584. (b) Marshall, J. A.; Gung, W. Y. Tetrahedron 1989, 45, 1043. (c) Marshall, J. A. Chemtracts, Org. Chem. 1992, 75.

4. Matteson, D. S.; Tripathy, P. B.; Sarkar, A.; Sadhu, K. M. J. Am. Chem. Soc. 1989, 111, 4399.

5. Chan, P. C.-M.; Chong, J. M. Tetrahedron Lett. 1990, 31, 1985.

6. Chong, J. M.; Mar, E. K. Tetrahedron Lett. 1990, 31, 1981.

7. Chong, J. M.; Mar, E. K. Tetrahedron 1989, 45, 7709.

8. McGarvey, G. J.; Kimura, M. J. Org. Chem. 1982, 47, 5420.

9. (a) Yamada, J.; Abe, H.; Yamamoto, Y. J. Am. Chem. Soc. 1990, 112, 6118. (b) Yamamoto, Y. Chemtracts, Org. Chem. 1991, 4, 255.

10. (a) Linderman, R. J.; Godfrey, A.; Horne, K. Tetrahedron 1989, 45, 495. (b) Linderman, R. J.; Godfrey, A.; Horne, K. Tetrahedron Lett. 1987, 28, 3911. (c) Linderman, R. J.; Godfrey, A. Tetrahedron Lett. 1986, 27, 4553.

11. Linderman, R. J.; McKenzie, J. R. J. Organomet. Chem. 1989, 361, 31.

12. (a) Linderman, R. J.; Griedel, B. D. J. Org. Chem. 1991, 56, 5491. (b) Linderman, R. J.; Griedel, B. D. J. Org. Chem. 1990, 55, 5428.

13. (a) Hoppe, D.; Hintze, F.; Tebben, P. Angew. Cheml 1990, 102, 1457; Angew. Chem., Int. Ed. Engl. 1990, 29, 1422. (b) Hintze, F.; Hoppe, D.

Synthesis 1992,1216.

14. (a)Beak,P. ;Carter,L. G. J. Org. Chem. 1981,46,2363. (b)Schlecker, R. ; Seebach,D. ;Lubosch,W. Helv. Chim. Acta 1978,61,512.

15. (a) Ahrens, H. ; Paetow, M. ; Hoppe, D. Tetrahedron Lett. 1992, 33, 5327. (b) Schwerdtfeger,J. ;Hoppe,D. Angew. Cheml 1992,104,1547;Angew. Chem. , Int. Ed. Engl. 1992,31,1505. (c)Guarnieri,W. ;Grehl,M. ;Hoppe,D. Angew. Chem. 1994,106,1815;Angew. Chem. ,Int. Ed. Engl. 1994,33,1724.

16. Cohen,T. ;Matz,J. R. J. Am. Chem. Soc. 1980,102,6900.

17. Cohen,T. ;Bhupathy,M. Acc. Chem. Res. 1989,22,152.

18. Cohen,T. ;Sherbine,J. P. ;Matz,J. R. ;Hutchins,R. R. ;McHenry,B. M. ;Willey, P. R. J. Am. Chem. Soc. 1984,106,3245.

19. Cohen,T. ;Lin,M. - T. J. Am. Chem. Soc. 1984,106,1130.

20. (a) Verner,E. J. ;Cohen,T. J. Am. Chem. Soc. 1992,114,375. (b) Verner,E. J. ; Cohen,T. J. Org. Chem. 1992,57,1072. (c)Rychnovsky,S. D. ; Mickus,D. E. Tetrahedron Lett. 1989,30,3011.

21. (a)Beau,J. - M. ;Sinay,P. Tetrahedron Lett. 1985,26,6185. (b)Beau, J. - M. ; Sinay,P. Tetrahedron Lett. 1985,26,6189. (c)Beau,J. - M. ;Sinay,P. Tetrahedron Lett. 1985, 26, 6193. (d) Fernandez - Mayoralas, A. ; Marra, A. ; Trumtel,M. ; Veyrières,A. ;Sinay,P. Tetrahedron Lett. 1989,30,2537.

22. Hutchinson,D. K. ;Fuchs,P. L. J. Am. Chem. Soc. 1987,109,4930.

23. Wittmann, V. ; Kessler, H. Angew. Cheml 1993, 105, 1138; Angew. Chem. ,Int. Ed. Engl. 1993,32,1091.

24. (a)Rychnovsky,S. D. J. Org. Chem. 1989,54,4982. (b)Rychnovsky, S. D. ; Griesgraber,G. J. Org. Chem. 1992,57,1559.

25. Knochel,P. ; Chou, T. - S. ;Jubert,C. ;Rajagopal,D. J. Org. Chem. 1993,58,588.

P－乙酰胺苯磺酰叠氮化合物
(p－Acetamidobenzenesulfonyl Azide)

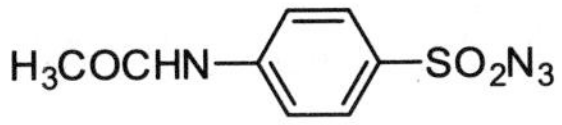

[2158－14－7]　$C_8H_8N_4O_3S$　(MW 240.24)

叠氮试剂，重氮功能转移试剂，一般转移到活性亚甲基上[1]；也可以对双键进行环加成反应[9,10]，生成含氮的有机化合物。

别名：*p*－ABSA。

物理数据：熔点 106～108℃[1]；112～114℃[2]。在 120℃敞开的环境下开始分解。

溶解性：溶于二氯甲烷，微溶于甲苯，不溶于石油醚。

供应的形式：无色或微棕色晶体。

试剂纯度分析：^{1}H NMR，IR，元素分析。

制备方法：可以通过对乙酰胺苯磺酰肼的亚硝化反应制备[2,3]，也可以通过对乙酰胺苯磺酰氯与叠氮化钠的丙酮溶液制备[1]，或在相转移条件下，在四乙基氯化铵的存在下，二氯甲烷/水的溶液里进行反应[1]，或在 Aliquat 336 的存在下水/苯的溶液里进行(在室温下 0.5 小时内达到 99%收率)[4]。

提纯：通过甲苯进行重结晶。

处理、储存和注意事项：为相对比较安全的试剂，在文献中并没有提到对其存储和处理须做特别注意。对所有叠氮化合物应做适当的谨慎处理，一般在通风柜中使用。

重氮基转移试剂

对乙酰胺苯磺酰叠氮在反应的安全性和产品分离方面还是有较多优势，所以一般推荐作为优选的叠氮化试剂[1,5]。作为一个替代候选试剂，对甲基苯磺酰叠氮化合物也可以作为一个标准的重氮转移试剂[6]。*p*－ABSA 相对于其他的叠氮化试剂反应时间比较长[1a]。到目前为止，该试剂只被用作转移一个重氮基到两侧由一个或两个羰基连接的亚甲基化合物上。

众所周知的偶氮羰基，包括偶氮甲基酮、偶氮异丙基丙二酸、偶氮丙二酸、偶氮乙酰乙酸乙酯[1]以及带旋光性的偶氮乙酰乙酸活性酯(反应式 1)[5]都可以使用*p*－ABSA 三乙胺催化制备，而且收率良好(72%～95%)。

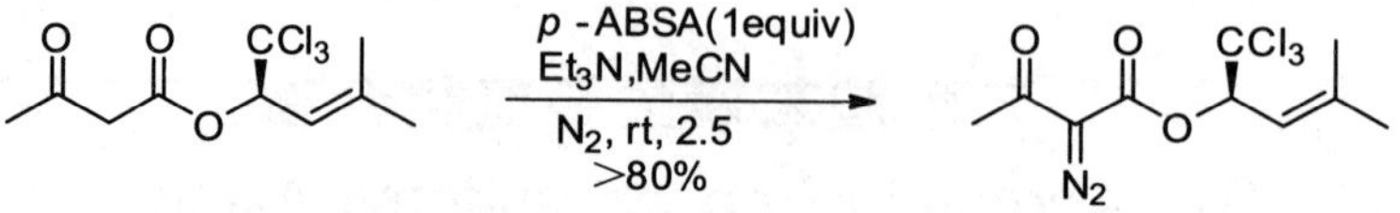

(1)

在一强碱存在的条件下(乙醇钠的乙醇溶液),用丙二酸二乙酯做原料,可制备偶氮丙二酸二乙酯的对乙酰胺苯磺酰胺化合物[3]。

p - ABSA 被证明也是一个多用途的、有效的试剂,用来制备各种带一个或两个吸电子基团乙烯基偶氮甲烷(反应式 2)[1,7,8],如果底物化合物是两个吸电子基团,三乙胺通常是一个有效的催化碱[1,7],但在弱酸性条件下,需加入 1,8 -二氮杂[5.4.0]十一碳 7 -烯才能得到良好收率的乙烯基重氮甲烷[8]。烯基的存在可明显提高转化率[1]。对只有含有一个羰基的亚甲基化合物如二氢- 2 -吲哚酮,一般用 *p* - ABSA 和三乙胺为碱作催化剂进行偶氮化时,产量相对较低(39%)双键功能化[1a]。

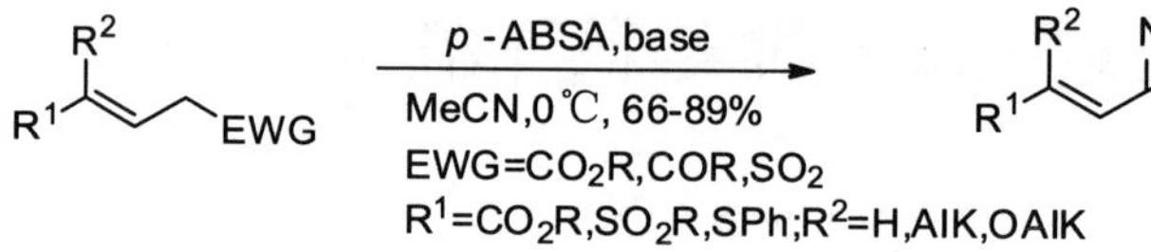

(2)

吲哚、N -甲基吲哚和四氢吡啶的亲核双键,容易对 *p* - ABSA 的 1,3 -偶极进行加成生成吲哚亚甲基-和哌啶- 2 -芳香磺酰胺(反应式 3)[10],收率良好。

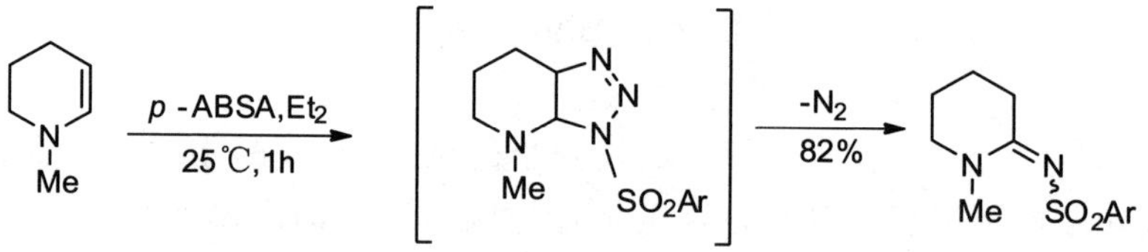

(3)

氮源

用铂(Ⅱ)络合物催化分解 *p* - ABSA 配合物[11],一般在较高温度(130～150℃以上)在间二甲苯、对二甲苯、N,N -二甲基苯胺[2]、吡啶溶液[2,12]里进行热分解[13],其分解产品与三苯基三氢化锑进行反应,对相应的底物进行插入或对乙酰胺苯磺酰氮烯的加成产品,收率从中等到良好。

相关试剂

p -十二烷基苯磺酰叠氮化合物;甲磺酰叠氮化合物;对甲基苯磺酰叠氮化

合物。

参考文献

1. (a) Baum, J. S.; Shook, D. A.; Davies, H. M. L.; Smith, H. D. Synth. Commun. 1987, 17, 1709. (b) Davies, H. M. L.; Cantrell, W. R.; Romines, K. R.; Baum, J. S. Org. Synth. 1992, 70, 93.

2. Cremlyn, R. J. W. J. Chem. Soc 1965, 1132.

3. Curtius, T.; Stoll, W. J. Prakt. Chem. 1926, 112, 117.

4. Draganov, A.; Bozhinov, V. Dokl. Bulgar. 1987, 40, 61 (Chem. Abstr. 1988, 108, 186280t).

5. Hatch, C. E.; Baum, J. S.; Takashima, T.; Kondo, K. J. Org. Chem. 1980, 45, 3281.

6. Regitz, M.; Maas, G. Diazo Compounds; Academic: New York, 1986, pp326-435.

7. (a) Davies, H. M. L.; Clark, T. J.; Smith, H. D. J. Org. Chem. 1991, 56, 3817. (b) Cantrell, W. R.; Davies, H. M. L. J. Org. Chem. 1991, 56, 723.

8. (a) Davies, H. M. L.; McAfee, M. J.; Oldenburg, C. E. M. J. Org. Chem. 1989, 54, 930. (b) Davies, H. M. L.; Smith, H. D.; Hu, B.; Klenzak, S. M.; Hegner, F. J. J. Org. Chem. 1992, 57, 6900. (c) Davies, H. M. L.; Huby, N. J. S.; Cantrell, W. R.; Olive, J. L. J. Am. Chem. Soc. 1993, 115, 9468.

9. (a) Bailey, A. S.; Churn, M. C.; Wedgwood, J. J. Tetrahedron 1968, 5953. (b) Harmon, R. E.; Wellman, G.; Gupta, S. K. J. Heterocycl. Chem. 1972, 9, 1191.

10. Warren, B. K.; Knaus, E. E. J. Heterocycl. Chem. 1987, 24, 1413.

11. Beck, W.; Bauder, M. Ber. Dtsch. Chem. Ges./Chem. Ber. 1970, 103, 583.

12. (a) Ashley, J. N.; Buchanan, G. L.; Easson, A. P. T. J. Chem. Soc 1947, 60. (b) Datta, P. K. J. Indian Chem. Soc. 1947, 109.

13. Kasukhin, L. F.; Ponomarchuk, M. P.; Kuplennik, Z. I.; Pinchuk, A. M. Zh. Obshch. Khim. 1980, 50, 1032.

叠氮甲基苯硫醚(Azidomethyl Phenyl Sulfide)

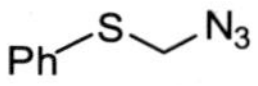

[77422-70-9]　$C_7H_7N_3S$　(MW 165.22)

叠氮化试剂,主要通过官能团 N_3 进行各种类型的反应,既可以作为胺化有机镁化合物试剂[1];也可以通过 1,2,3-三唑-5 酮中间体胺化[1a]和氧化二取代的酯烯醇化物,还可以作为甲基叠氮等效合成子用于制备甲基氮杂环丙烷[2];也可以作为取代叠氮硫化物发生贝克曼重排生成内酰胺和亚胺硫醚[3,4]。

物理数据:沸点 104～105℃ (5mmHg);折射率 n_D^{20} 1.5904;密度 1.168g/mL;闪点 107 ℃。

溶解性:易溶于常用有机溶剂。

供应形式:无色至淡金色液体,95%纯度。

试剂纯度分析:^{1}H 核磁共振法。

制备方法:通过硫酰氯氯化苯甲硫醚,得到的氯代硫化物在乙腈中用叠氮化钠反应[1b]。

处理、存储和注意事项:与所有小或中等分子量的叠氮化物反应一样,加热或碰撞可引起剧烈反应,甚至发生爆炸、释放氮气。蒸馏必须在减压和温度不到 110℃的条件下进行,而且应在一个爆炸防护罩内进行。类似的化合物已被证明大约温度加热到 120℃分解[5],并且释放氮气。如果用锤子敲击叠氮甲基苯基硫醚一般不会引起爆炸。建议该化合物储存在氮气保护的琥珀瓶中,并置于冰箱中。它与强酸、碱和氧化剂是不相容的。当该试剂与有机镁试剂反应进行胺化时,通常形成中间体三氮烯。三氮烯是已知的致癌物质[6],因此处理这些中间体应该非常谨慎。用漂白剂清洗玻璃器皿会消除甲苯基硫醚、相关苯硫甲醚三氮烯化合物,以及使用该试剂产生的其他含硫副产物的难闻气味。处理试剂应在通风橱里进行。

有机镁试剂的氨基化

叠氮甲基苯基硫醚与芳基镁试剂反应,再用水处理形成三氮烯类。该烯可以通过和氢氧化钾水溶液或甲酸溶液作用转化为苯胺(反应式 1)[1b,1c]。芳基锂金属化合物必须与溴化镁乙醚反应生成有机镁化合物,因为前者不适合和叠氮甲基苯基硫醚进行反应[1a]。相对于其他取代基,苯硫基会加速与有机镁试剂反应的进行。

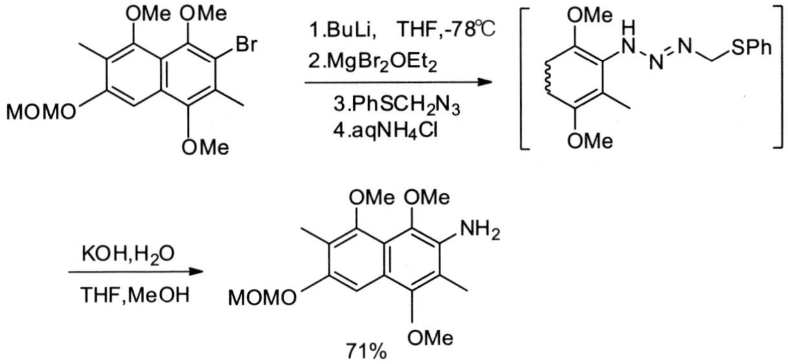

(1)

脂肪族有机镁试剂也可以进行胺化，但在裂解前，需要在低温下对有机镁中间体三氮烯先酰化，产生酰胺产品（反应式 2）[1a]。各种一级和二级的有机镁试剂都可以被酰胺化，不同的酰化剂可以用来酰化该反应[1a]。

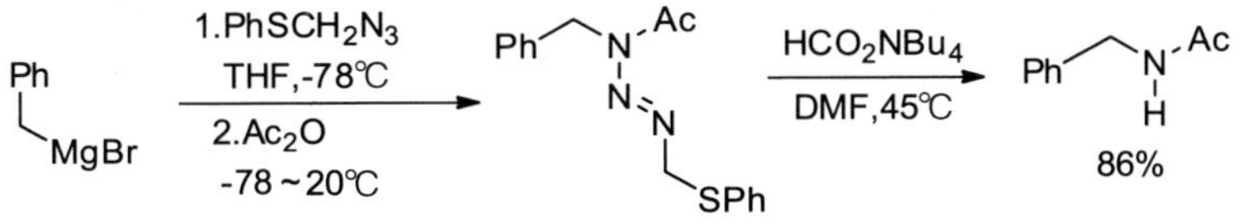

(2)

苯硫基在酰化和随后的裂解反应进行区域选择性反应。其他对有机镁和有机锂进行胺化试剂也被报道，每一个都有其自身的优势与局限[7]。代表性的试剂，如 $MeONH_2/MeLi$[8]、$ArONH_2$[9]、$(PhO)_2P(O)ONH_2$[10]、$(PhO)_2P(O)N_3$[11]、$ArSO_2N_3$[12]、$Me_3SiCH_2N^3$[13]、乙烯基叠氮化物[14]和肟衍生物[15]。用 TsON(Li)Boc 也可以进行酰胺化[16]。通过胺化的方法引入烷基胺、芳基胺、二烷基胺基团已经被研究过[17]。

酯烯醇化物的胺化

酯的烯醇锂化物与叠氮甲基苯基硫醚、二异丙基氨基锂(LDA)反应生成 3,5 - 2H - 4H - 1,2,3 -三唑- 5 -酮，该化合物与氨水反应可以转化为氨基酰胺化合物（反应式 3）。烯醇酯必须是二取代的，以免对三唑酮进行芳基化。三唑酮与甲醇镁反应生成甲氧基酰胺。其他的叠氮化物也被用来制备三唑酮，随后进行类似的溶剂化反应[18]。其他对烯醇化物进行胺化试剂也被研究过，包括 BocN NBoc[19] 和 trisyl 叠氮化合物[20]。

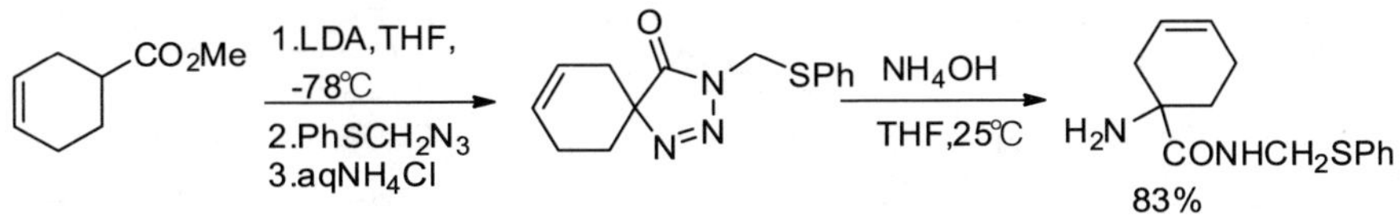

(3)

偶极环加成反应

合成氮杂环丙烷的一个普通的方法是用叠氮化合物对烯烃进行1,3-偶极环加成,再对所生成的三唑啉进行热或光化学分解。通过这种方法来合成甲基氮杂环丙烷需要使用甲基叠氮,而甲基叠氮有一定的危险性。甲苯基硫醚是一种较叠氮甲烷更安全的等效试剂,因为苯硫基可以通过脱硫进行消除(反应式4)[2]。

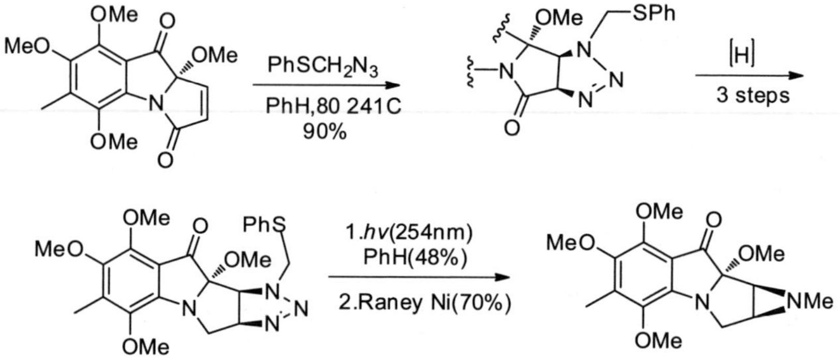

(4)

叠氮硫醚的重排

质子或路易斯酸促进的叠氮硫化物的重排可以取代贝克曼重排(反应式5)[3,4]。反应过程中形成内酰胺类或亚氨基硫醚。热[5]或碱性条件[21]下促进的叠氮硫醚的重排也被研究过(反应式6)[5]。

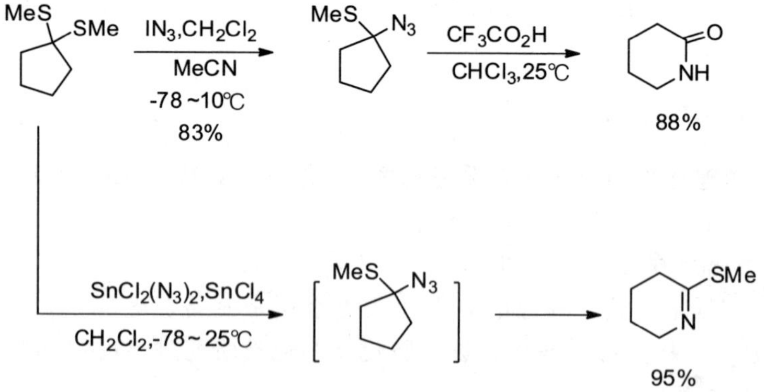

(5)

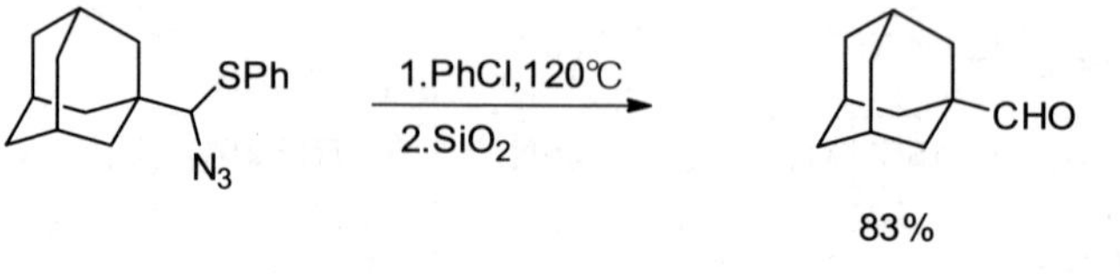

(6)

参考文献

1. (a) Trost, B. M.; Pearson, W. H. J. Am. Chem. Soc. 1983, 105, 1054. (b) Trost, B. M.; Pearson, W. H. J. Am. Chem. Soc. 1981, 103, 2483. (c) Trost, B. M.; Pearson, W. H. Tetrahedron Lett. 1983, 24, 269.

2. Benbow, J. W.; Schulte, G. K.; Danishefsky, S. J. Angew. Chem., Int. Ed. Engl. 1992, 31, 914.

3. Trost, B. M.; Vaultier, M.; Santiago, M. L. J. Am. Chem. Soc. 1980, 102, 7929.

4. Still, I. W. J.; Brown, W. L.; Colville, R. J.; Kutney, G. W. Can. J. Chem. 1984, 62, 581.

5. Jarvis, B. B.; Nicholas, P. E.; Midiwo, J. O. J. Am. Chem. Soc. 1981, 103, 3878.

6. Smith, Jr., R. H.; Mehl, A. F.; Hicks, A.; Denlinger, C. L.; Kratz, L.; Andrews, A. W.; Michejda, C. J. J. Org. Chem. 1986, 51, 3751 and references cited therein.

7. Review: Erdik, E.; Ay, M. Chem. Rev. 1989, 89, 1947.

8. (a) Beak, P.; Kokko, B. J. J. Org. Chem. 1982, 47, 2822. (b) Beak, P.; Basha, A.; Kokko, B.; Loo, D. J. Am. Chem. Soc. 1986, 108, 6016. (c) Boche, G.; Wagner, H. - U. Chem. Commun. /J. Chem. Soc., Chem. Commun. 1984, 1591.

9. (a) Sheradsky, T.; Salemnick, G.; Nir, Z. Tetrahedron 1972, 28, 3833. (b) Radhakrishna, A. S.; Loudon, G. M.; Miller, M. J. J. Org. Chem. 1979, 44, 4836.

10. (a) Colvin, E. W.; Kirby, G. W.; Wilson, A. C. Tetrahedron Lett. 1982, 23, 3835. (b) Boche, G.; Bernheim, M.; Schrott, W. Tetrahedron Lett. 1982, 23, 5399.

11. Mori, S.; Aoyama, T.; Shioiri, T. Chem. Pharm. Bull. 1986, 34, 1524.

12. (a) Smith, P. A. S.; Rowe, C. D.; Bruner, L. B. J. Org. Chem. 1969, 34, 3430. (b) Spagnolo, P.; Zanirato, P. J. Org. Chem. 1982, 47, 3177. (c) Reed, J. N.; Snieckus, V. Tetrahedron Lett. 1983, 24, 3795.

13. Nishiyama, K.; Tanaka, N. Chem. Commun. /J. Chem. Soc., Chem. Commun. 1983, 132.

14. Hassner, A.; Munger, P.; Belinka, Jr., B. A., Tetrahedron Lett. 1982,

23,699.

15. Hagopian, R. A.; Therien, M. J.; Murdoch, J. R. J. Am. Chem. Soc. 1984, 106, 5753.

16. Genet, J. P.; Mallart, S.; Greck, C.; Piveteau, E. Tetrahedron Lett. 1991, 32, 2359.

17. Representative examples: (a) Dai, W.; Srinivasan, R.; Katzenellenbogen, J. A. J. Org. Chem. 1989, 54, 2204. (b) Boche, G.; Schrott, W. Tetrahedron Lett. 1982, 23, 5403. (c) Iwao, M.; Reed, J. N.; Snieckus, V. J. Am. Chem. Soc. 1982, 104, 5531. (d) Yamamoto, H.; Maruoka, K. J. Org. Chem. 1980, 45, 2739.

18. (a) Quast, H.; Meichsner, G.; Seiferling, B. Ber. Dtsch. Chem. Ges./Chem. Ber. 1987, 120, 217. (b) Quast, H.; Hergenröther, T.; Banert, K.; Peters, E.-M.; Peters, K.; von Schnering, H. G. Ber. Dtsch. Chem. Ges./Chem. Ber. 1993, 126, 103 and earlier work cited therein.

19. (a) Gennari, C.; Colombo, L.; Bertolini, G. J. Am. Chem. Soc. 1986, 108, 6394. (b) Evans, D. A.; Britton, T. C.; Dorow, R. L.; Dellaria, J. F. J. Am. Chem. Soc. 1986, 108, 6394. (c) Trimble, L. A.; Vederas, J. C. J. Am. Chem. Soc. 1986, 108, 6397.

20. Evans, D. A.; Britton, T. C.; Ellman, J. A.; Dorow, R. L. J. Am. Chem. Soc. 1990, 112, 4011.

21. Jarvis, B. B.; Nicholas, P. E. J. Org. Chem. 1980, 45, 2265.

叠氮基乙酰氯(Azidoacetyl Chloride)

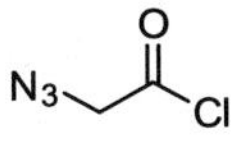

[30426-58-5]　$C_2H_2ClN_3O$　(MW 119.52)

含叠氮基的酰化试剂，α-氨基羰基等价体，适于合成氨基氮杂环丁酮，已被广泛地应用于β-内酰胺抗生素的合成[1-3]；也可用于酰化各种亲核试剂，得到氨基酸衍生物[4,5]。

别名：AAC。

物理数据：沸点 50℃(20 毫米汞柱)。

溶解性：溶于大多数氯化和非氯化有机溶剂。

制备方法：从相应的卤代乙酸制得叠氮乙酸，接着用亚硫酰氯制备[6,7]。

处理、储存和注意事项：叠氮羰基已被确定为爆炸物，处理时应格外小心[7,8]，在通风橱中使用。

β-内酰胺类

酰氯化物或溴化物和亚胺的加成反应生成氮杂环丁酮最早在 20 世纪初由 Staudinger 报道[9]，但这种反应没有引起人们的注意，直到该反应与β-内酰胺类抗生素的合成有关。使用叠氮基乙酰氯(AAC)合成氨基氮杂环丁酮，在 1966 年首次由 Bose 等人完成(反应式 1)[10]，然后才迅速被许多工业小组采纳，被用于合成商业上非常重要的β-内酰胺类化合物(反应式 2)[11,12]。自从最初应用 AAC 合成抗生素被报道以来，细菌耐药性的快速发展产生了合成新型抗生素的需求。AAC 已和亚氨酸酯类[13]、亚胺[14,15]、非环状[16,17]和环状硫代亚氨酸酯以及其他相关的体系反应，合成天然存在的或人工合成的二环，和单环β-内酰胺类化合物。该反应的实验过程非常简单，在三乙胺存在的条件下用酰氯和亚胺在室温或低于室温下反应，后面的合成几乎也没有进行改进[10]。由于制备 AAC 过程中具备一定的危险性，适合的[2+2]环加成叠氮乙酸的其他衍生物也已经被制备作为该化合物的替代品[18,19]。

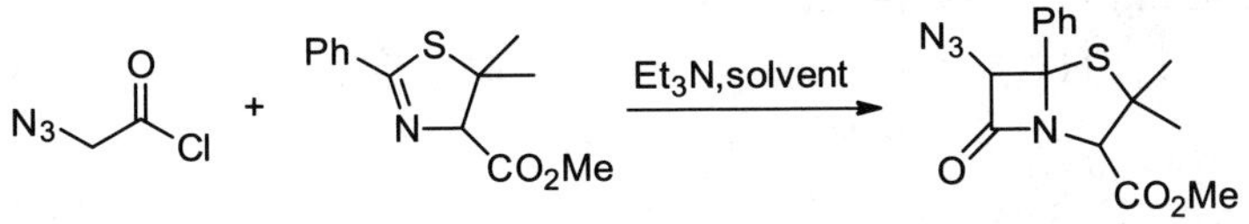

(1)

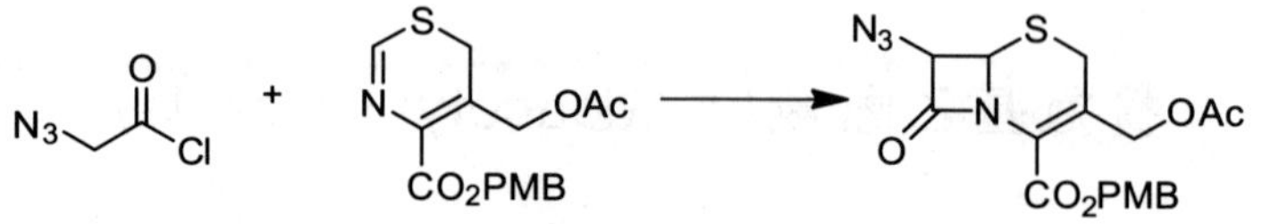

(2)

氮杂环丁酮的 C-3 和 C-4 键的相对立体化学取决于所应用的亚胺和所采用的实验程序。对硫代甲酸亚胺酯[20]、噻唑啉或噻嗪类的加成主要生成或完全生成反式加合物(反应式 3)[21,22],活泼的内酰胺构象必须通过消旋化制备。另一方面,醛亚胺主要得到顺-氮杂环丁酮产品[14,23]。

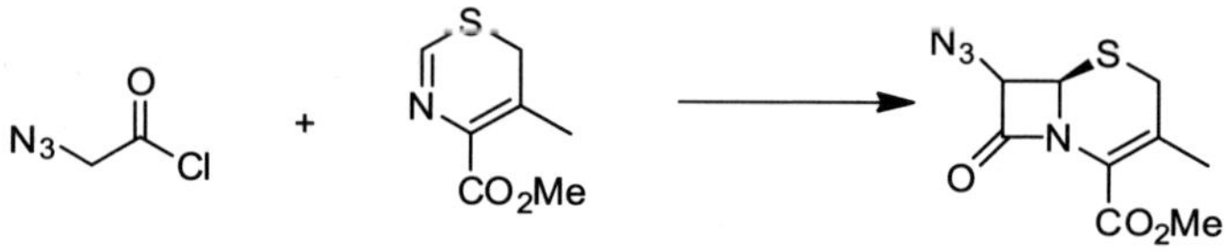

(3)

该反应的机理可能涉及简单的[2+2]环加成反应机理,或亚胺酰化随后关环机理[3,15,24],不过具体的过程尚不清楚,因为反应机理和具体的反应有关。

参考文献

1. Ghosez, L.; Marchand - Brynaert, J. Comprehensive Organic Synthesis 1991,5,85.

2. Holden, K. G. In Chemistry and Biology of - Lactam Antibiotics; Morin, R. B.; Gorman, M., Eds; Academic Press: New York, 1982; Vol. 2, p 99.

3. Georg, G. I.; Ravikumar, V. T. The Organic Chemistry of - Lactams; VCH: New York, 1993; p 296.

4. DeWald, H. A.; Lobbestael, S.; Butler, D. E. J. Med. Chem. 1977, 20, 1562 - 1569.

5. Mulliez, M. Bull. Soc. Claim. Fr., Part 2 1985, 1211.

6. Hoppe, D.; Kloft, M. Justus Liebigs Ann. Chem. /Liebigs Ann. Chem. 1980, 1512.

7. Ojima, I.; Zhao, M.; Yamato, T.; Nakahashi, K.; Yamashita, M.; Abe, R. J. Org. Chem. 1991, 56, 5263.

8. Bretherick, L. Handbook of Reactive Chemical Hazards, 3rd ed.; Butterworth: London, 1985; pp 231, 1456.

9. Staudinger, H. Justus Liebigs Ann. Chem. /Liebigs Ann. Chem. 1907, 356, 51.

10. Bose, A. K.; Anganeyulu, B. Chem. Ind. (London) 1966, 903.

11. Ratcliffe,R. W. ;Christensen,B. G. Tetrahedron Lett. 1973,46,4649.

12. Edwards,J. A. ; Guzman, A. ; Johnson, R. ; Beeby, P. J. ; Fried, J. H. Tetrahedron Lett. 1974,2031.

13. Just,G. ;Tsantrizos,Y. S. ;Ugolini,A. Can. J. Chem. 1981,59,2981.

14. Ogasa, T. ; Saito, H. ; Hashimoto, Y. ; Sato, K. ; Hirata, T. Chem. Pharm. Bull. 1989,37,315.

15. Doyle,T. W. ;Belleau,B. ;Luh,B. - Y. ;Ferrari,C. F. ;Cunningham,M. P. Can. J. Chem. 1977,55,468.

16. Anderson, D. W. ; Campbell, M. M. ; Malik, M. ; Prashad, M. ; Wightman,R. H. Tetrahedron Lett. 1990,31,1759.

17. Hoppe, D. ; Schmincke, H. ; Kleemann, H. - W. Tetrahedron 1989, 45,687.

18. Finkelstein, J. ; Holden, K. G. ; Sneed, R. ; Perchonock, C. D. Tetrahedron Lett. 1977,18,1855.

19. Manhas,M. S. ;Bose,A. K. ;Khajavi,M. S. Synthesis 1981,209.

20. Bachi,M. D. ;Vaya,J. J. Org. Chem. 1979,44,4393.

21. Firestone,R. A. ;Maciejewicz,N. S. ;Ratcliffe,R. W. ;Christensen,B. G. J. Org. Chem. 1974,39,437.

22. Watanabe,T. ; Kawano, Y. ; Tanaka, T. ; Hashimoto, T. ; Miyadera, T. Chem. Pharm. Bull. 1980,28,62.

23. Just,G. ;Liak,T. - J. Can. J. Chem. 1978,56,211.

24. Bose,A. K. ; Chiang, Y. H. ; Manhas, M. S. Tetrahedron Lett. 1972, 13,4091.

烯丙基(2－氯乙基)二甲基硅烷
[Allyl(2－chloroethyl)dimethylsilane]

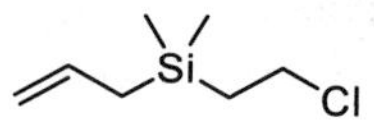

[104107－85－9]　$C_7H_{15}ClSi$　(MW 162.71)

烯丙基硅烷类试剂,由于硅的稳定正碳离子作用,再加上烯丙基正碳离子游离性能,该试剂是一个有用的羟乙基碳负离子等同体和硅环的前体,用于合成含硅的环状化合物。

物理数据:沸点 70℃(40 mmHg)。

溶解性:溶于大多数有机溶剂。

供应形式:淡黄色油状;无市售。

处理、存储和预防措施:易于水解毒理学特征不清楚;可能有毒。

制备方法:标题化合物从(氯甲基)二甲基氯硅烷(1)为原料通过一个多步连续反应来制备(反应式 1)[1]。首先(a)与烯丙基溴化镁反应生成烯丙基二甲基硅烷(b),(b)再制成格氏试剂后与多聚甲醛反应生成醇(c),(c)继续与三苯基膦/四氯化碳进一步反应生成所需的产品(反应式 1)。

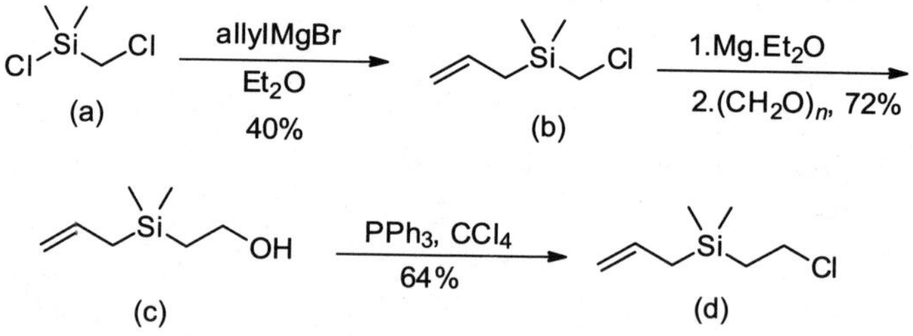

(1)

硅烷(d)更容易用一锅法[2]制备克级的产品,按顺序往(2－氯乙基)二氯甲基硅烷(e)的四氢呋喃溶液添加 1 当量甲基锂,1 当量烯丙基溴化镁(反应式 2),减压蒸馏,就生成产品(d),收率相当高。

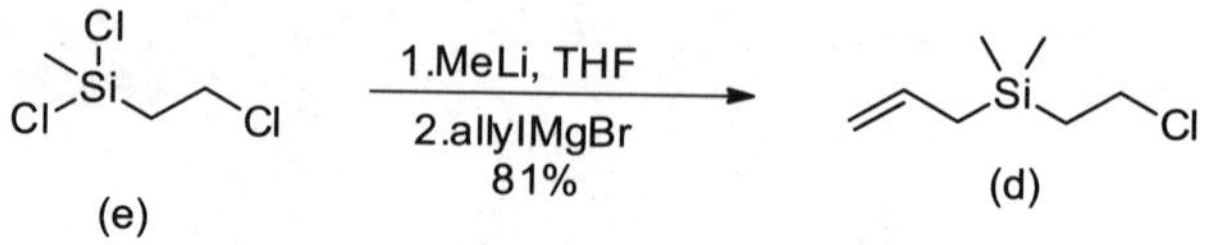

(2)

作为一个羟乙基碳负离子的等效体

烯丙基(2－氯乙基)二甲基硅烷可以有效地作为一种羟乙基碳负离子的等效

体。首先化合物(d)转换为相应的格氏试剂,即(f)(反应式3),生成的格式试剂与醛和酮进行反应得加合物(g)(反应式4);再采用Tamao弗莱明方法氧化,然后生成(a),3-diols(8),收率相当高。

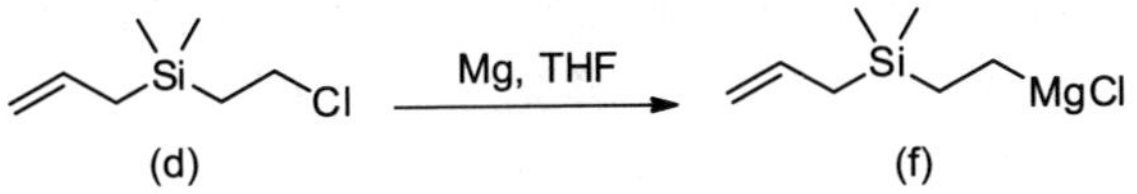

(3)

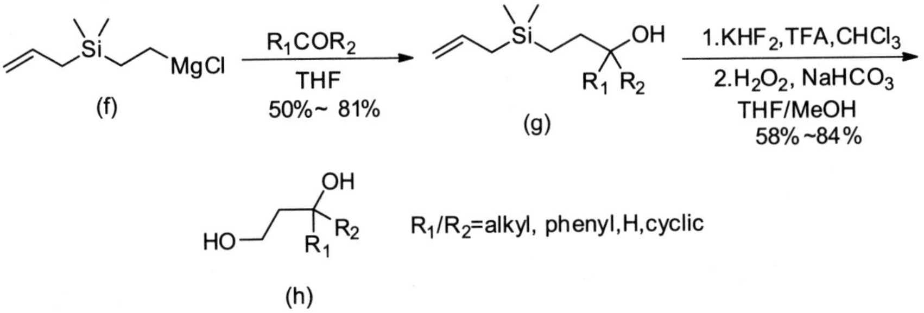

(4)

格氏试剂(f)通过与溴化亚铜·甲硫醚络合物反应(DMS),可以转换生成一种铜酸盐试剂。该铜酸盐可以对共轭烯酮进行共轭加成。例如2-环己烯酮,在三甲基氯硅烷存在下,与上述试剂反应生成加合物(i),再进行Tamao弗莱明氧化生成羟乙基酮(j)(反应式5)。

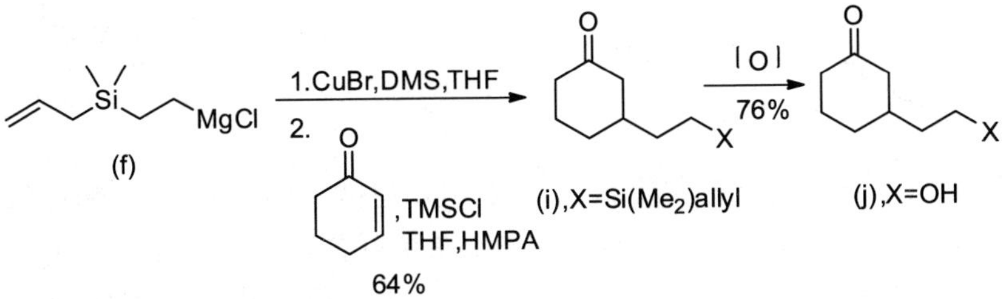

(5)

格氏试剂(f)与碘化亚铜反应,再加入环氧化物,进行选择性开环生成加合物(k)。随后通过Tamao弗莱明方法氧化生生(k),再经反应可得到1,4-二醇(12),收率相当高(反应式6)。

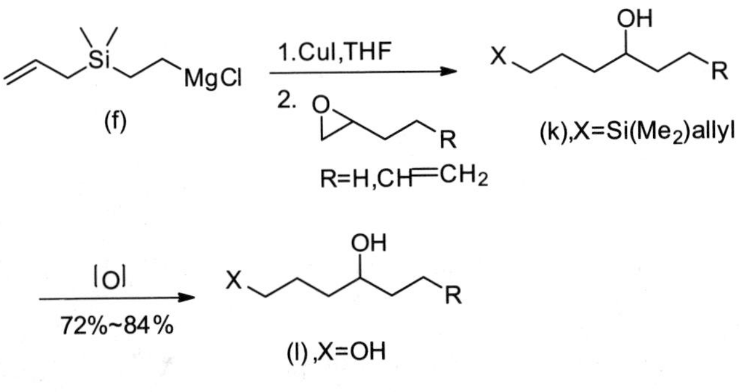

(6)

在自由基化学中的应用

氯化物(d)还可以用于自由基环化反应[1,3]。把氯化物(d)和三正丁基氢化锡(TBTH)/AIBN 在苯中回流，得高收率还原产品(m)，同时得到一些 6 -内环合产品(n)(副产品，见反应式 7)。自由基的环化是不可逆的。这个例子代表一不寻常的环化路径，通常多数是 5 -外自由基的环化。

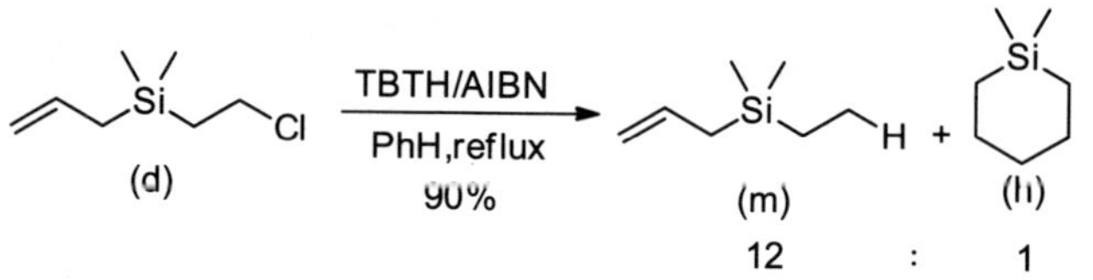

(7)

合成光化学和阳离子环化的前体

烯丙基(2 -氯乙基)二甲基硅烷(4)通过与硫代乙酸发生的亲核取代，然后用氨处理生成的硫代乙酸乙酯，转化为硫醇(o)。(o)经紫外线照射得唯一的 7 -内环化产物(p)(反应式 8)[4]

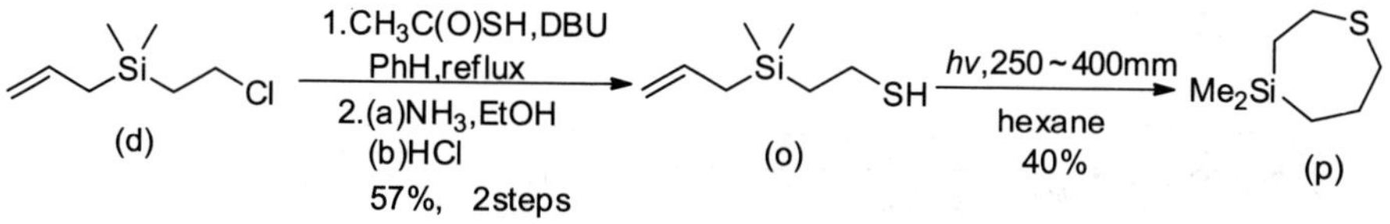

(8)

在 80℃下 4 与苯胺反应制得胺(q)，胺(q)用醋酸汞(Ⅱ)处理，再用硼氢化还原得 azasila (r)，收率中等(反应式 9)[5]。这个结果符合碳正离子稳定一个硅原子的效果。从上述的几个例子看出合成子(d)是一种制备含硅的杂环化合物有用的构件。

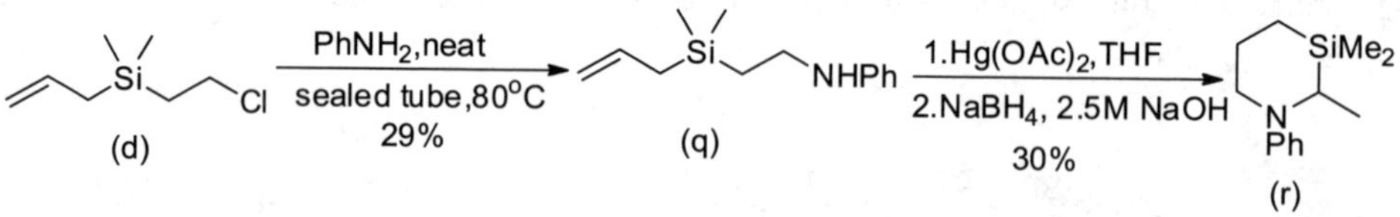

(9)

参考文献

1. Saigo, K. ; Tateishi, K. ; Adachi, H. ; Saotome, Y. , J. Org. Chem. 1988, 53, 1572.

2. Klos, A. M. ; Heintzelman, G. R. ; Weinreb, S. M. , J. Org. Chem. 1997,

62,3758.

3. Wilt,J. W.,Tetrahedron 1985,41,3979.

4. Kirpichenko,S. V.;Tolstikova,L. L.;Suslova,E. N.;Voronkov,M. G., Tetrahedron Lett. 1993,34,3889.

5. Kirpichenko,S. V.; Abrosimova, A. T.; Albanov, A. I.; Voronkov, M. G.,Russ. J. Gen. Chem. 2001,71,1874.

烯丙基三甲基硅氯化锌(Allyltrimethylsilylzinc Chloride)

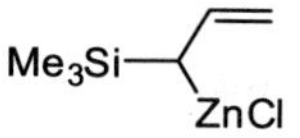

[89822-47-9]　$C_6H_{13}ClSiZn$　(MW 214.09)

烯丙基硅烷金属试剂;该试剂和前者的不同之处,硅相邻是一负离子,由于烯丙基负离子的游离功能,可以在不同的位点进行亲核加成反应,并进而用于螺内酯化合物的合成。

制备方法:在－78℃烯丙基三甲基硅烷与正丁基锂的 THF 溶液,或与仲丁基锂的 THF/TMEDA 溶液进行去质子化,接着加入氯化锌反应制备[1,2],试剂制备后可直接使用。

与羰基化合物反应合成螺内酯化合物

虽然三甲基硅烷丙烯基锂和简单的酮反应时一般具有良好的区域选择性(反应式 1)[2],但是它和 17-酮类固醇反应就会生成混合物。

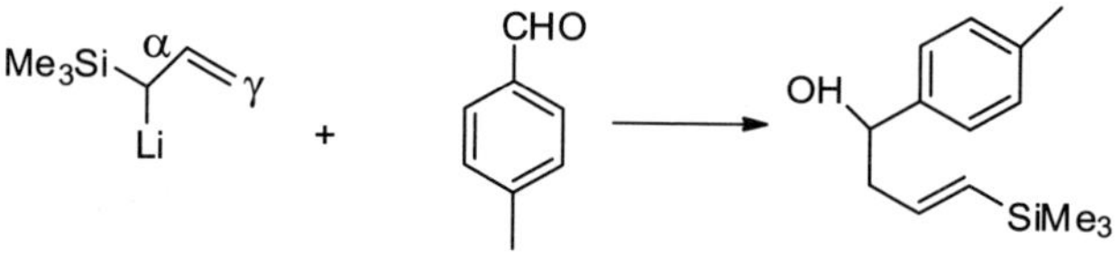

(1)

烯丙基三甲基硅锂和 $ZnCl_2$ 进行转金属化反应后就生成烯丙基三甲基硅氯化锌,该试剂和有位阻的酮进行加成反应时具备很好的区域选择性(反应式 2)[1]。生成的硅烷基高烯丙醇通过简单连续反应就可以转化为非常有用的甾内酯。

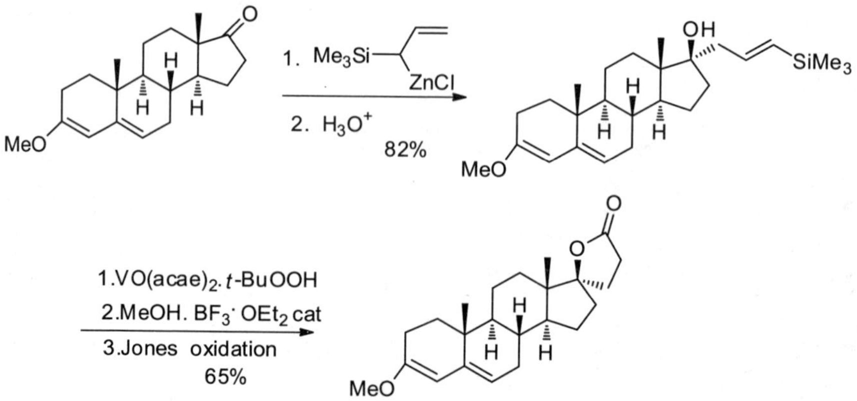

(2)

有意思的是烯丙基三甲基硅烷的阴离子与金刚烷-2-酮反应得到的4-羟基硅烷，在N-溴代琥珀酰亚胺的存在下通过不寻常的途径[3]经转化得到4-外-四环素环[4]，其反应途径通过生成溴鎓离子中间体，然后再开环生成氧杂环丁烷(反应式3)。

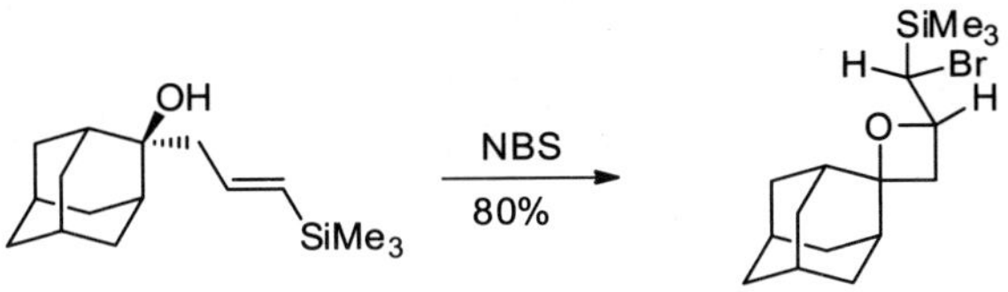

(3)

一般来说，该类反应可以通过改变金属类型可以改变反应的程度和选择性，使用镁作为平衡离子可以有非常高的区域选择性[5]。同样的，加入三乙基铝的锂试剂也具备非常高的区域选择性(反应式4)[6]。

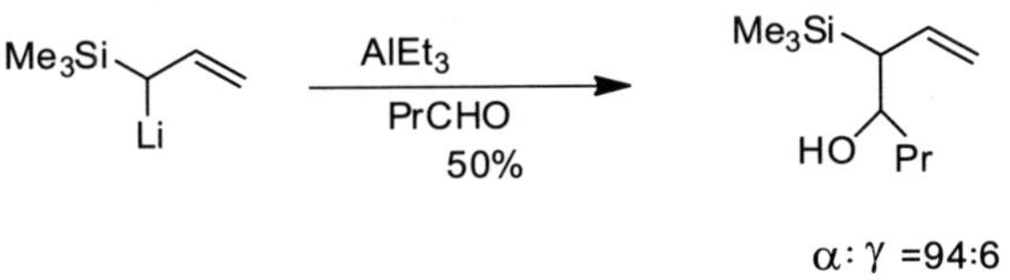

(4)

反式-高烯丙醇的立体控制合成可以通过先制备相应的烯丙基硼酸酯，再与醛反应。通过立体选择性消除可用来分别制备(*E*)-或(*Z*)-二烯烃(反应式5)[7]，异构试剂有利于制备2-取代的多官能烯丙基硅烷(反应式6)[8]。

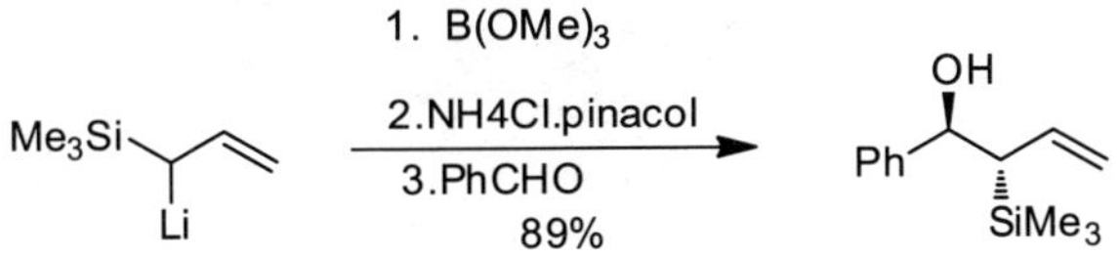

(5)

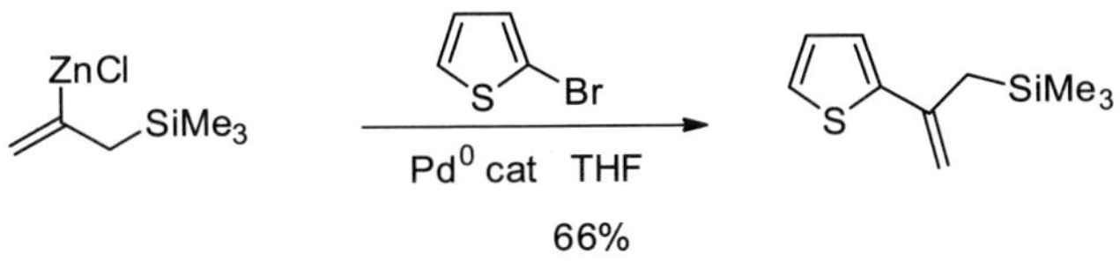

(6)

参考文献

1. Ehlinger, E.; Magnus, P. Tetrahedron 1980, 21, 11.

2. Ayalon-Chass, D.; Ehlinger, E.; Magnus, P. Chem. Commun./J. Chem. Soc., Chem. Commun. 1977, 772.

3. Ehlinger, E.; Magnus, P. Chem. Commun./J. Chem. Soc., Chem.

Commun. 1979,421.

4. Baldwin, J. E. Chem. Commun. /J. Chem. Soc. , Chem. Commun. 1976,734.

5. Lau,P. W. K. ;Chan,T. H. Tetrahedron 1978,2383.

6. (a)Yamamoto,H. ,Saito,Y. ;Maruyama,K. Chem. Commun. /J. Chem. Soc. ,Chem. Commun. 1982, 1326; (b) Yamamoto, Y. ; Saito, Y. ; Maruyama, K. Tetrahedron 1982, 23, 4597; (c) Yamamoto, Y. ; Yatagai, H. ; Saito, Y. ; Maruyama,K. J. Org. Chem. 1984,49,1096.

7. (a)Tsai,D. J. S. ;Matteson,D. S. Tetrahedron 1981,22,2751;(b)Sato, F. ;Suzuki,Y. ;Sato,M. Tetrahedron 1982,23,4589.

8. Minato, A. ; Suzuki, K. , Tamao, K. ; Kumada, M. Tetrahedron 1984, 25,83.

烯丙基三甲基锗(Allyltrimethylgermane)[1]

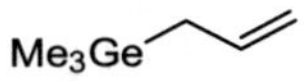

[762-66-3]　$C_6H_{14}Ge$　(MW158.78)

烯丙基锗试剂，相比较于硅试剂更加活泼，充当亲电试剂[2,3]、亲核反应试剂[4,5]。

物理数据：沸点 101℃。

溶解度：溶于醚、正己烷、二氯甲烷，不溶于水。

供应形式：不能商购。

试剂纯度分析：核磁共振或 GC。

制备方法：在氮气保护下往氯化甲镁的乙醚溶液中(2.3mol/L，395mL)逐滴加入烯丙基三氯化锗(61g，0.277mol)，而后回流 10 h。加水淬灭后，混合物用乙醚提取。小心蒸馏生成烯丙基三甲基锗(68%)[6]。

烯丙基锗是一亲核试剂，和亲电体反应后其烯丙基构型发生翻转[1]。路易斯酸催化的取代基的烯丙基锗对不饱和酮酯进行 Michael 加成反应，加成反应一般发生在 1-位，而后双键发生了迁移[2]。

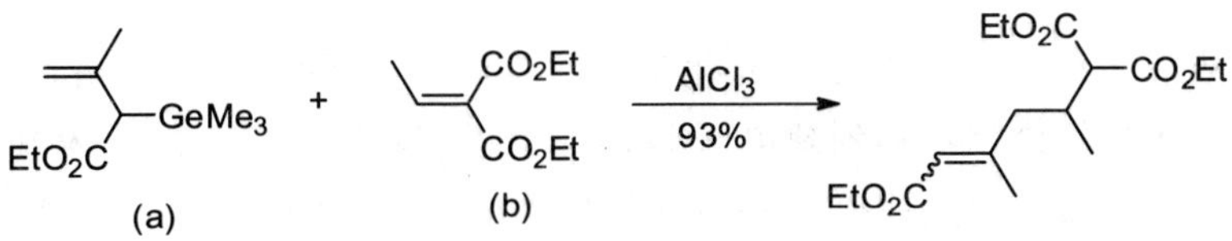

(1)

路易斯酸催化的对二氧六环缩醛烯丙基化反应的立体选择性取决于烯丙基的金属试剂，其选择性的顺序由低到高为：烯丙基硅烷、烯丙基锗化合物、烯丙基锡，亲核性也按这个顺序(反应式 2)[3]。

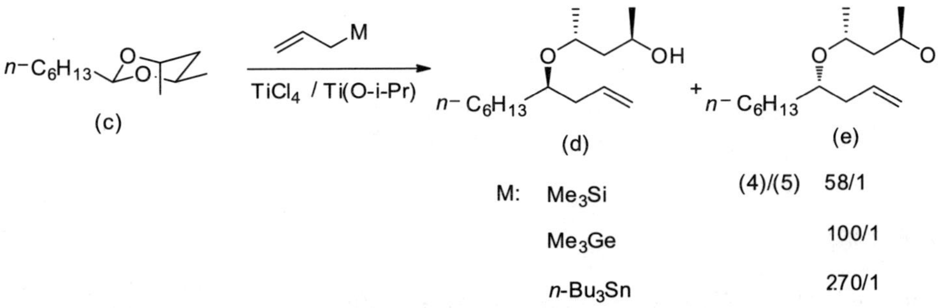

(2)

在三甲基硅三氟甲磺酸酯的存在下，单硫缩醛与烯丙基金属试剂反应得到类似的结果(反应式 3)。烯丙基锗显示 80% syn 选择性,该反应与单硫缩醛的立体化学无关,而烯丙基锡的选择性却是高度依赖于反应试剂的立体结构。亲核性较弱的烯丙基锗反应通过 SN1 机制涉及一个氧鎓离子,而烯丙基锡反应通过 SN2 反应机理[7]。

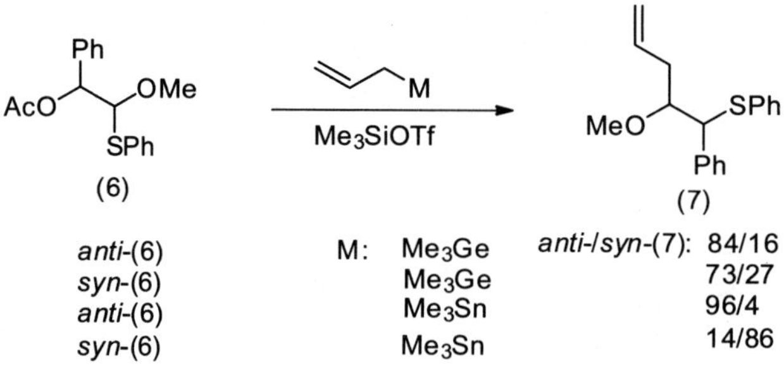

(3)

在三氟化硼乙醚存在下芳香族化合物与烯丙基锗,亚碘酰苯反应进行烯丙基化(反应式 4)[4]。反应涉及烯丙基碘Ⅲ)的中间体，该中间体作为一个等价的烯丙基阳离子,从烯丙基锗和铊(Ⅲ)盐反应生成烯丙基铊(Ⅲ),可以对芳香族化合物、醇、羧酸、腈进行烯丙化[5]。

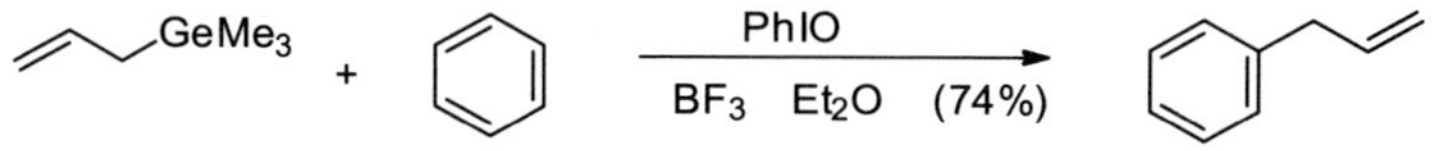

(4)

烯丙基锗和1,4-二氰基萘的光化学反应生成1-烯丙基-4-氰萘,这可能涉及电子从烯丙基锗化合物转移到缺电子1,4-二氰萘(反应式 5)[8]。烯丙基锗和偶氮二羧酸乙酯的热烯反应生成乙烯基锗立体异构体的混合物(反应式 6)[9]。

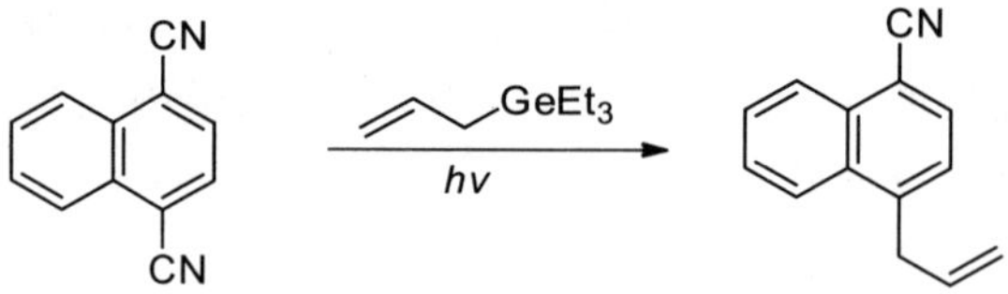

(5)

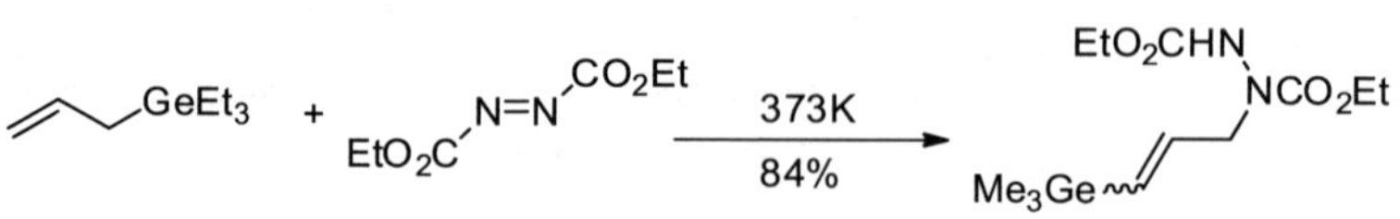

(6)

参考文献

1. Riviere, P.; Riviere - Baudet, M.; Satge, J. In Comprehensive Organometallic Chemistry; Wilkinson, G., Ed.; Pergamon: Oxford, 1982; Vol. 2,

Chapter 10.

2. Yamamoto, Y.; Okano, H.; Yamada, J. Tetrahedron 1991, 32, 4749.

3. Denmark, S. E.; Almstead, N. G. J. Org. Chem. 1991, 56, 6485.

4. Ochiai, M.; Fujita, E.; Arimoto, M.; Yamaguchi, H. Chem. Pharm. Bull. 1985, 33, 41.

5. (a) Ochiai, M.; Arimoto, M.; Fujita, E. Tetrahedron 1981, 22, 4491. (b) Ochiai, M.; Tada, S.; Arimoto, M.; Fujita, E. Chem. Pharm. Bull. 1982, 30, 2836. (c) Ochiai, M.; Fujita, E.; Arimoto, M.; Yamaguchi, H. Chem. Pharm. Bull. 1983, 31, 86. (d) Ochiai, M.; Fujita, E.; Arimoto, M.; Yamaguchi, H. Chem. Pharm. Bull. 1984, 32, 5027.

6. Petrov, A. D.; Mironov, V. F.; Dolgii, I. E. Izv. Askad. Nauk SSSR, Ser. Khim. 1956, 1146.

7. Sato, T.; Otera, J.; Nozaki, H. J. Org. Chem. 1990, 55, 6116.

8. Mizuno, K.; Nishiyama, T.; Terasaka, K.; Yasuda, M.; Shima, K.; Otsuji, Y. Tetrahedron 1992, 48, 9673.

9. Laporterie, A.; Dubac, J.; Lesbre, M. J. Organomet. Chem. 1975, 101, 187.

二丁基烯丙基氯化锡(Allyldibutyltin Chloride)[1]

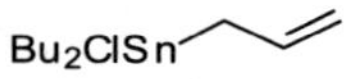

[64549-05-9]　$C_{11}H_{23}SnCl$　(MW 309.46)

烯丙基锡试剂，金属锡相比较于硅和锗更弱电负性，成为一活泼的烯丙化试剂。

可用于羰基化合物的烯丙基化合成高烯丙醇[2]，也可以和其他相关卤化试剂反应，制备卤代四氢吡喃[3]、烯丙基醚[4]、烯基-N-烷基氨基甲酸盐[5]和酯[6]。

替代名称：烯丙基二丁基氯化锡；二丁基氯-2-丙烯基锡烷。

物理数据：沸点103℃(15毫米汞柱)；密度1.2克/厘米^3。

溶解性：不溶于冷水，溶于醇和普通的有机溶剂。

提供的形式：无色液体；无法购买。

干燥：通常的程序是真空蒸馏。烯丙基二丁基氯化锡饱和水溶液歧化分解为二烯丙基二丁基锡和二氯二丁基锡；烯丙基-锡键进行质子化的速度很慢。

操作、储存和注意事项：很容易处理，无须特别的预防措施。然而，建议存储在黑色的瓶子，并在冰箱中保存。其毒性和3-正丁基氯化锡相当，建议在通风橱使用。

在表1中提供了一份独立且制备方法成熟的烯丙基锡卤化物的清单，连同它们的制备过程。

Table 1. Preparative Procedure for Allyltin Halides

Compound	bp(℃/mmHg)	Preparative procedure
$Me_2(CH_2{=}CHCH_2)SnCl$	84～85/21	R[8]
$Pr_2(CH_2{=}CHCH_2)SnCl$	81～81.5/0.1	RA[2c]
$Bu_2(CH_2{=}CHCH_2)SnCl$	103/0.3	R,RA[2a-c]
$Bu_2(CH_2{=}CHCH_2)SnBr$	85～89/0.03	C[9]
$Ph_2(CH_2{=}CHCH_2)SnBr$	—	C[9]
$(CH_2{=}CHCH_2)_3SnCl$	100/0.5	R[2a]
(E/Z)-$Bu_2(CH_3CH{=}CHCH_2)SnCl$	102/0.2	R,RA[2d,7,11,12]

（续表）

Compound	bp(℃/mmHg)	Preparative procedure
$Me(CH_2{=}CHCH_2)SnCl_2$	—	R[8]
$Bu(CH_2{=}CHCH_2)SnCl_2$	91/0.25	R,RA[2c]
(E/Z)-$Bu(CH_3CH{=}CHCH_2)SnCl_2$	92/0.06	R,RA[3a,10]
$(CH_2{=}CHCH_2)_2SnBr_2$	77～79/2	DS[12]
$(CH_3CH{=}CHCH_2)_2SnBr_2$	104～106/0.2	DS[12]
$(CH_2{=}CHCH_2)SnCl_2Br$	75～78/0.1	DS[2c]

[a] R＝重新分配，DS＝直接合成，RA＝可逆烯丙基锡化，C＝Sn—C 键的裂解

表 1 中列出制备烯丙基锡卤化物的一般程序，列举烯丙基和混合烯丙基有机锡与有机锡或锡(IV)卤化物的再分配(R)反应(反应式 1 和 2)[1c,2a-d,5a,8]。

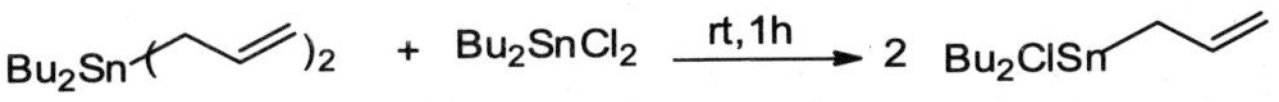

(1)

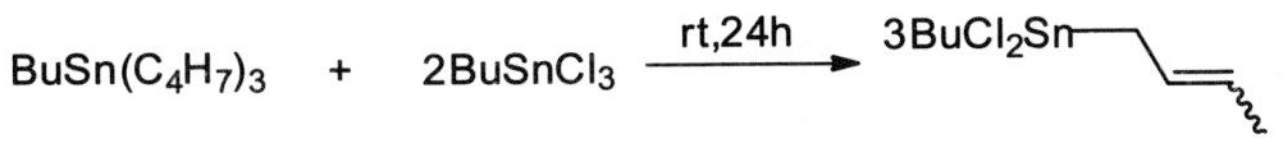

(2)

可逆烯丙基锡化(RA)，例如热分解有机锡氧烯烃类型化合物 $Bu_{3-n}Cl_nSnOCRR'—CHR''—CH{=}CH_2$ 其中 $n=1$ 和 2，R，R′是烷基，且 R"是 H 或 Me(反应式 3)[2c,7,10-12]。

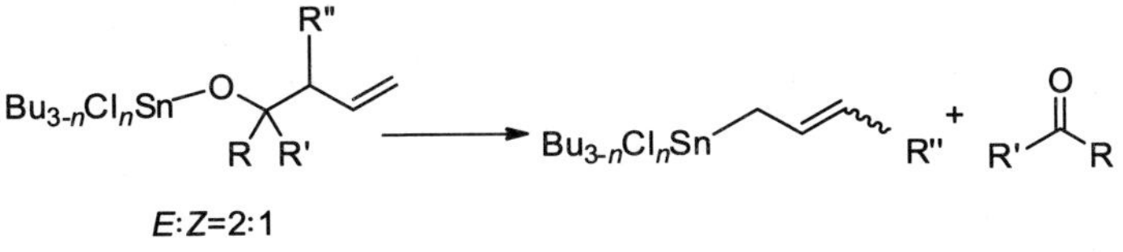

(3)

直接合成方法(DS)，即通过卤化锡(Ⅱ)对烯丙基卤化物的氧化加成(方程 4)[1c,2c,12]。适当的不对称有机锡化合物进行裂解也可以制备(反应式 5)[9]。

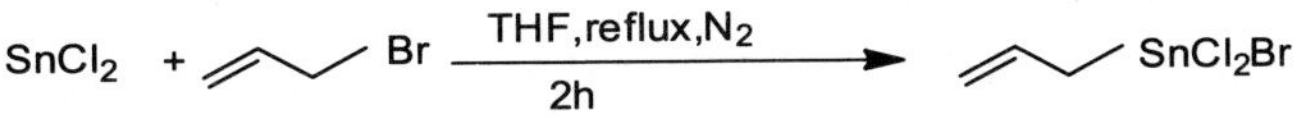

(4)

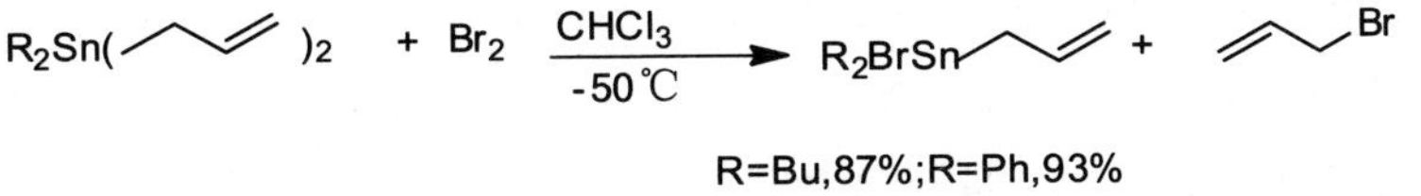

(5)

再分配反应是最有效的制备方法之一,用该方法可制备许多烯丙基锡卤化物,能直接使用[1c],如 $Bu_3SnCH_2CH=CH_2/SnCl_4$ 系统可以生成 $CH_2=CHCH_2SnCl_3$。以同样的方式,不稳定的异构体 $R_{3-n}X_nSnCH(CH_3)CH=CH_2$($n=1,2,3$)可以现场制备,然后与选定的底物反应[13]。

用烯丙基锡卤化物对羰基化合物进行烯丙基锡烷化反应

当烯丙基二丁基锡氯与醛和酮发生反应,一般进行放热加成反应,得到高烯丙基醇,收率良好(反应式 6)[2a-c],该反应通常在温和的条件下发生。它们可以单独进行反应,也可以在溶液中,或在空气或水的存在下进行反应[14]。

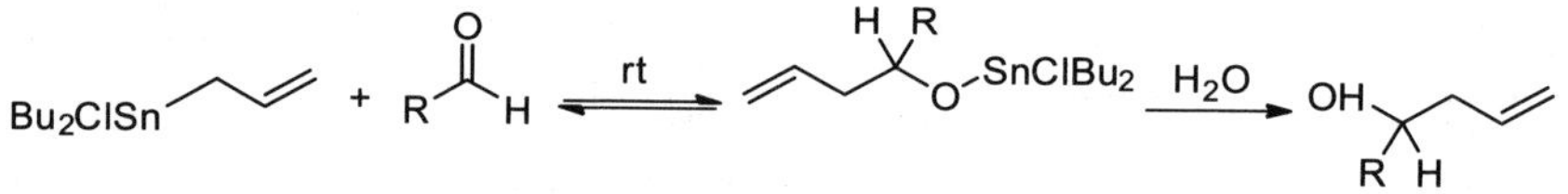

(6)

烯丙基锡卤化物的锡原子与母体化合物 R_3SnAll(All 代表烯丙基或烯丙基基团)相比较而言,其亲电能力较强,因此在相同的条件下对羰基化合物基本上是化学惰性。锡的路易斯酸性似乎是高反应活性的驱动力,因为烯丙基化可在−78℃(反应式 7)来有效地实现[15]。

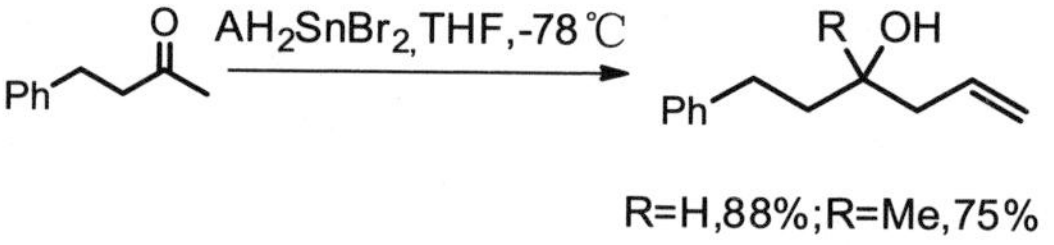

(7)

反应的顺序如下发现:$BrCl_2SnAll > BuCl_2SnAll > Bu_2ClSnAll > Bu_3SnAll$。由这些试剂对羰基的烯丙基锡化可以在水的存在下进行,得到高烯丙醇化合物。它甚至可以在高氯酸(0.1~4 mol/L)的酸性水溶液的存在下进行[14d]。

当使用巴豆锡时,立体化学结果依赖于酸的浓度。事实上,巴豆烷锡反应的立体化学过程,从(*E*/*Z*)-巴豆锡异构体混合物衍生物生成反式/或顺式以及(*E*)/或(*Z*)高烯丙醇,取决于实验条件。当某些醛与分离的巴豆锡的异构体混合物反应时,生成反式异构体(选择性较差,66%)[2d],而用平衡(*E*/*Z*)- $Bu_3SnCrot/Bu_2SnCl_2$ 混合物系统进行反应时,可生成顺式异构体(72%~77%)[2f]。醛的存在下,生成不稳定的异构体 $Bu_2ClSnCH(Me)CH=CH_2$,而后生成 *Z* 异构体。(选择性很好,89%~100%)(反应式 8)[13a,b]。4-卤-2,6-二烃基四氢吡喃很容易用烯丙基锡二卤和三卤化衍生物来进行制备(反应式 9)[3a-e]。

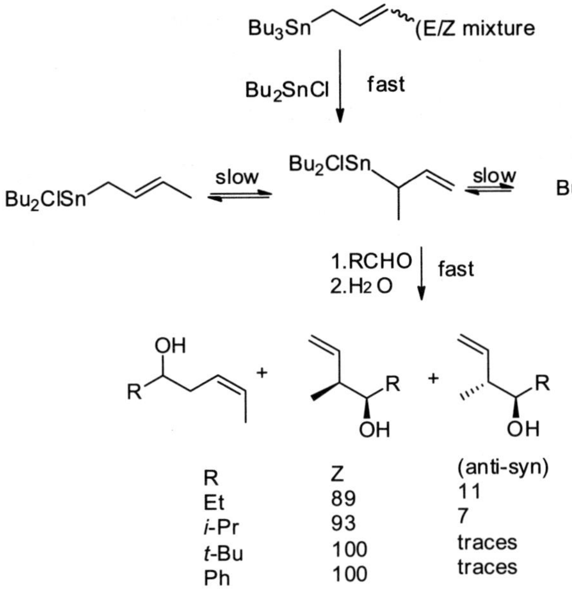

(8)

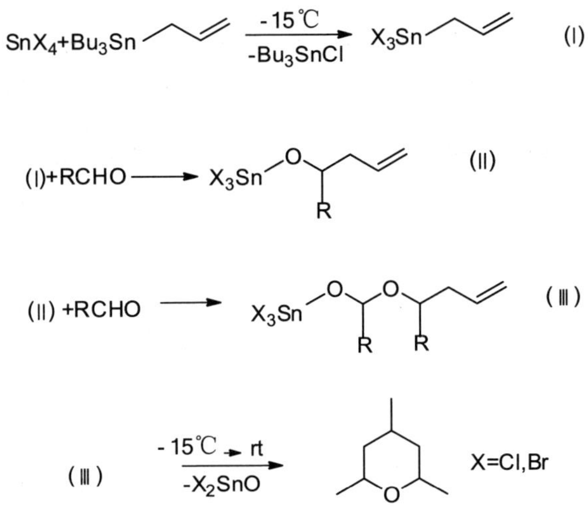

(9)

(E/Z)-4-卤代-2,6-二烷基-3-甲基四氢吡喃从相应巴豆基卤化物制备[3d]。如 $BuCl_2SnOCH(CH{=}CHR)CH{=}CH_2$ 和 $BuCl_2SnOCH(CH{=}CHR)CH(R')CH{=}CH_2$（R＝Me 或 Pr，和 R′＝Me）时，通过烯丙基锡的不饱和醛准备，通过分子间的反应（反应式 10）产生烯丙基醚的异构体混合物。

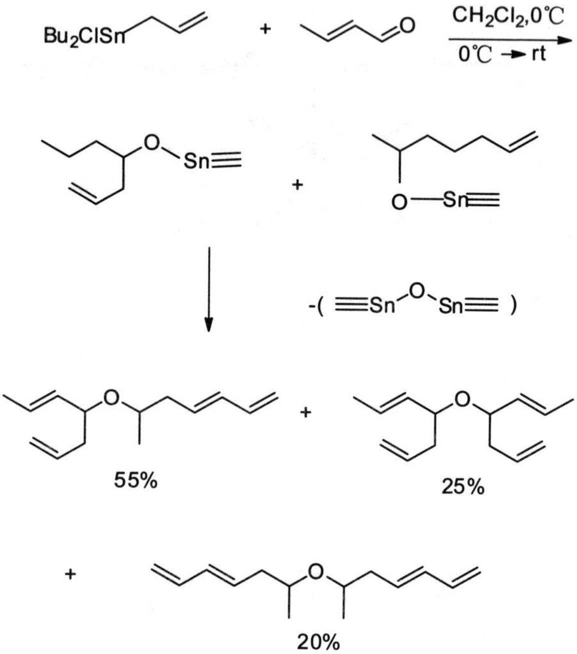

(10)

烯基-N-烷基氨基甲酸酯可通过一锅合成，把 $Bu_2ClSnCH_2CH{=}CH_2$、RCHO 和 EtNCO 进行反应制备(方程 11)[5]。加成物 A′通过两个不同的步骤形成：(a)对醛进行选择性烯丙基锡化生成加合物 A(不发生 EtNCO 插入到 Sn 的烯丙基键)及，而随后的步骤(b)是由生成锡醇氧化合物与异氰酸酯的反应生成产品[16]。

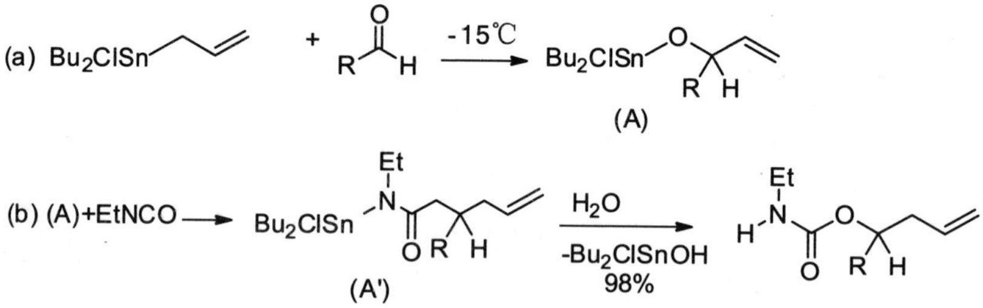

(11)

参考文献

1. (a) Harrison, P. G. The Chemistry of Tin; Chapman & Hall: New York, 1989. (b) Pereyre, M.; Quintard, J. - P.; Rahm, A. Tin In Organic Synthesis; Butterworths: London, 1987. (c) Tagliavini, G. Rev. Si, Ge, Sn, Pb 1985, 8, 237.

2. (a) Tagliavini, G.; Peruzzo, V.; Plazzogna, G.; Marton, D. Inorg. Chim. Acta 1977, 24, L47. (b) Peruzzo, V.; Tagliavini, G. J. Organomet. Chem. 1978, 162, 37. (c) Gambaro, A.; Peruzzo, V.; Plazzogna, G.; Tagliavini, G. J. Organomet. Chem. 1980, 197, 45. (d) Gambaro, A.; Marton, D.; Peruzzo, V.;

Tagliavini, G. J. Organomet. Chem. 1982, 226, 149. (e) Boaretto, A.; Marton, D.; Silvestri, R.; Tagliavini, G. Gazz. Chim. Ital. 1985, 115, 391. (f) Boaretto, A.; Marton, D.; Tagliavini, G. J. Organomet. Chem. 1987, 321, 199.

3. (a) Gambaro, A.; Boaretto, A.; Marton, D.; Tagliavini, G. J. Organomet. Chem. 1983, 254, 293. (b) Boaretto, A.; Marton, D.; Tagliavini, G. Inorg. Chim. Acta 1983, 77, L153. (c) Gambaro, A.; Boaretto, A.; Marton, D.; Tagliavini, G. J. Organomet. Chem. 1984, 260, 255. (d) Boaretto, A.; Furlani, D.; Marton, D.; Tagliavini, G.; Gambaro, A. J. Organomet. Chem. 1986, 299, 157. (e) Marton, D.; Furlani, D.; Tagliavini, G. Gazz. Chim. Ital. 1987, 117, 189.

4. Marton, D.; Furlani, D.; Tagliavini, G. Gazz. Chim. Ital. 1988, 118, 135.

5. Furlani, D.; Marton, D.; Tagliavini, G. Gazz. Chim. Ital. 1987, 117, 283.

6. Boaretto, A.; Marton, D.; Tagliavini, G. J. Organomet. Chem. 1985, 288, 283.

7. Peruzzo, V.; Tagliavini, G.; Gambaro, A. Inorg. Chim. Acta 1979, 34, L263.

8. Cauletti, C.; Furlani, C.; Grandinetti, F.; Marton, D. J. Organomet. Chem. 1986, 315, 287.

9. Rosenberg, S. D.; Debreczeni, E.; Weinberg, E. L. J. Am. Chem. Soc. 1959, 81, 972.

10. Gambaro, A.; Marton, D.; Peruzzo, V.; Tagliavini, G. J. Organomet. Chem. 1981, 204, 191.

11. Gambaro, A.; Marton, D.; Tagliavini, G. J. Organomet. Chem. 1981, 210, 57.

12. Sisido, K.; Takeda, Y. J. Org. Chem. 1961, 26, 2301.

13. (a) Gambaro, A.; Ganis, P.; Marton, D.; Peruzzo, V.; Tagliavini, G. J. Organomet. Chem. 1982, 231, 307. (b) Boaretto, A.; Marton, D.; Tagliavini, G. Inorg. Chim. Acta 1983, 77, L196.

14. (a) Boaretto, A.; Marton, D.; Tagliavini, G.; Gambaro, A. J. Organomet. Chem. 1985, 286, 9. (b) Boaretto, A.; Marton, D.; Tagliavini, G. J. Organomet. Chem. 1985, 297, 149. (c) Furlani, D.; Marton, D.; Tagliavini, G.; Zordan, M. J. Organomet. Chem. 1988, 341, 345. (d) Marton, D.; Tagliavini, G.; Vanzan, N. J. Organomet. Chem. 1989, 376, 269.

15. Mukaiyama, T.; Harada, T. Chem. Lett. 1981, 1527.

16. Davies, A. G.; Harrison, P. J. J. Chem. Soc. (C) 1967, 298.

氯化重氮苯(Benzenediazonium Chloride)

$$Ph-\overset{+}{N}\equiv N\ \overset{-}{Cl} \qquad (1)$$

[110-34-5]　$C_6H_5ClN_2$　(MW 140.567)

重氮化试剂，主要用于重氮化或偶氮化反应。通过和碳的连接和异亲核反应能够形成重氮化合物，用脱重氮反应能够得到一系列的苯的衍生物[1a,c,e,f]和芳香族取代的底物。

通用名：氯化重氮苯。

物理数据：无熔点(加热易爆炸)。

溶解度：易溶于水和冷的冰醋酸；溶于无水乙醇、丙酮；不溶于乙醚、氯仿、苯。

供应形式：针状无色固体，无法商购，纯盐极易引爆，因此，不能用该方法分离。一般用胺于水中或者放于有机溶剂中进行重氮化，然后直接使用。

试剂纯度分析：通常没有(现场制备)。

制备方法：在0～5℃将化学计算量的$NaNO_2$加入到胺和稀盐酸溶液中得到重氮盐的水溶液。要避免在反应过程中加入过量的亚硝酸根，亚硝酸根会降低重氮盐溶液的稳定性，而且会干扰下一步的反应转化。HNO_2是否过量可以采用KI试纸检测，如果显蓝色表示过量。如果不小心手接触溶液，马上用尿素和氨基磺酸处理破坏。各种各样的芳香重氮氯化合物和硫酸盐(使用H_2SO_4代替HCl)可以用胺重氮化方法制备；对于一些碱性稍弱，溶解度较差的芳香胺反应条件应该稍做调整[2]。在像乙酸、乙醇或二噁烷这样的有机溶剂中通过有机亚硝酸盐(特别是亚硝酸戊酯)进行重氮化时[3]，固态的重氮盐要么将它从溶液中分离要么添加非极性溶剂将它沉淀。同样的道理用有机亚硝酸盐和三甲基硅氯在干燥二氯甲烷形成的NOCl对$PhN(SiMe_3)_2$进行重氮化时，也应该按照上述操作[4]。

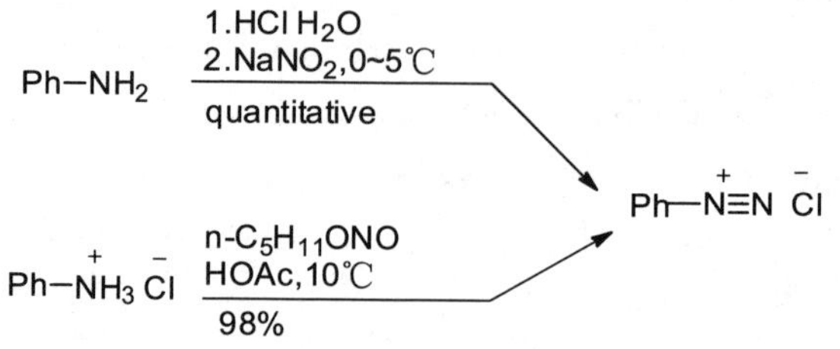

(1)

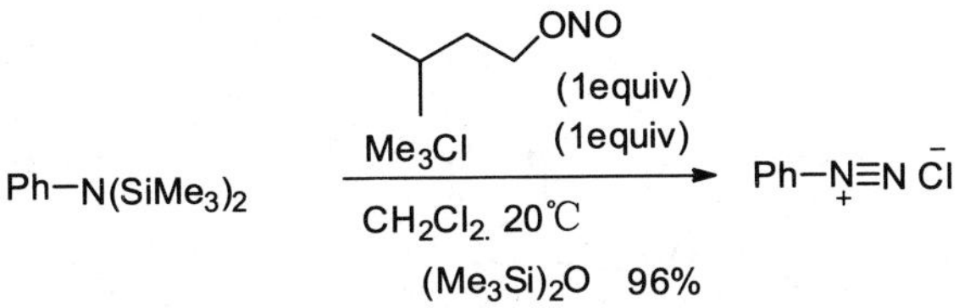

(2)

处理、储存和预防措施：干燥的重氮苯氯化物在加热、振荡、摩擦情况下会爆炸。在潮湿空气中易分解，但是在避光的干燥空气和0℃的水溶液中比较稳定。不同专家对$PhN_2^+Cl^-$的水溶液引起分解的温度和pH值进行了研究[5]。其硫酸盐的稳定性低于氯化物，在100℃以下不易爆炸，并且有较低的敏感震性。从$PhN_2^+Cl^-$和$ZnCl_2$中制备的$(PhN_2^+)_2ZnCl_4^-$盐被认为是稳定的重氮盐，但是还是被报道有爆炸的风险[6]。对于其他的一些芳基重氮盐，不管是吸电子还是给电子的对位取代基，或者是邻位的—NO_2、—Br和—Cl阻碍了脱重氮基反应，而邻位的—MeO和—alkyl却促进重氮基的离去[1a,d,7]。芳烃重氮盐和一些磺酸杯芳烃(特别是1-和2-萘磺酸类)[1a,8]、冠醚、聚乙二醇形成络合物时不管是以固体形式还是溶液都能够稳定存在[1e]。

共价偶氮化合物的合成

在亲核试剂的作用下芳基重氮盐离子在末端氮上发生反应[1a,c,7,9]。这种最重要的反应类型是通过和酚类化合物、萘酚类化合物、芳香胺类化合物、富电子的芳基类化合物耦合成联苯胺类化合物。富电子的芳香杂环和一些相关C-H酸性杂环化合物像芳香重氮盐也能够进行“重氮偶合反应”，生成各种各样的偶氮染料，或者用于药物和液晶材料的偶氮化合物[1a,b,f,10,11]。通常来说，芳香重氮盐是通过芳香胺的重氮化作用来制备，再和其他芳香胺在pH3.5～7.0水溶液中进行耦合，或者在pH5～9时和苯酚衍生物进行偶合。这个反应仅仅在苯胺或苯酚的*p*-和*o*-位发生。该SE反应的各个方面被普遍的研究过[12]。根据芳香基SE反应，取代苯酚和萘酚进行偶合反应的顺序是$O^- > NR_2 > NHR > OR \gg OH > Me$[1a,12]。鉴于1,3,5-三甲氧基苯耦合$PhN_2^+$，需要更亲电性的4-硝基和2,4-二硝基重氮苯正离子和1,3-二甲氧基苯、苯甲醚进行偶合[13]。用伯或仲的芳香胺，在弱酸性、中性或碱性溶液中偶氮偶合时氮原子的偶合和芳香上的碳偶合产生竞争，有时占据主导地位生成三氮烯。三氮烯在酸催化的作用下进行分子间重排[1a]形成联苯胺类化合物。这两步耦合有时比直接偶合更有优势，因此该技术很实用[14]。

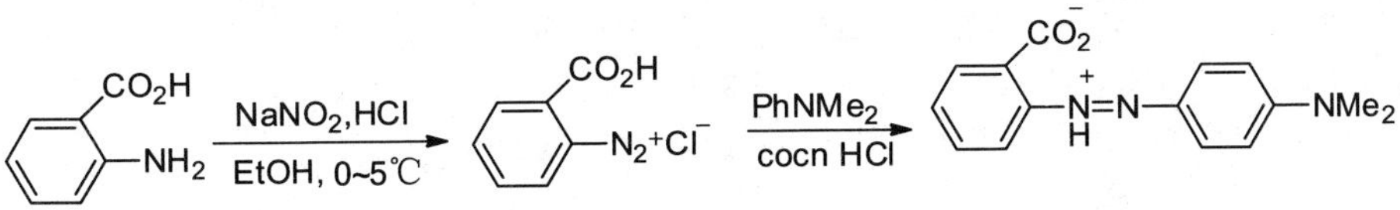

(3)

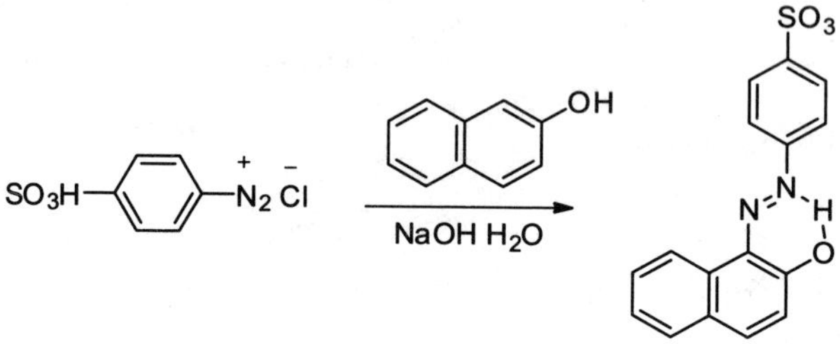

(4)

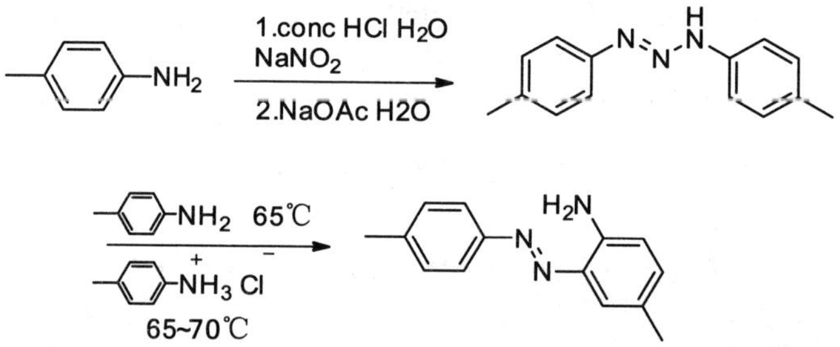

(5)

原位生成的芳基重氮盐可以直接对甘菊环[15]、2-氧基-1,6-甲醇环轮烯[16]和环庚三烯酚酮[1c]进行偶氮偶联反应。因为偶氮化合物能够还原裂分为两个胺,这个偶氮耦合反应能够区域选择性地引入 NH_2 到一个富含电子的芳基底物[17]。此外,由于偶氮基团的稳定性,在还原裂解前可以对芳香基团进行修饰[18]。用该方法可以把甘菊环转换成为1-氨基柑橘蓝[19];而环庚三烯酚酮转化成为5-氨基环庚三烯酚酮。

从 ArN_2^+ 和 CN^- 或者异性亲核试剂[1a,c,7,9]制备的共价偶氮化合物在有机合成中相对来说没有上述反应重要。其中像反式的偶氮芳烃氰化物、反式的偶氮芳烃磺酸盐和重氮膦酸酯都是热稳定性比较好的化合物,容易进行下一步的转化;而其他一些化合物就不是十分稳定,易放出氮气,通过均裂反应更容易生成芳基自由基。后者分解方式可以把 ArN_2^+ 盐转换官能化的芳香烃(反应式6)。

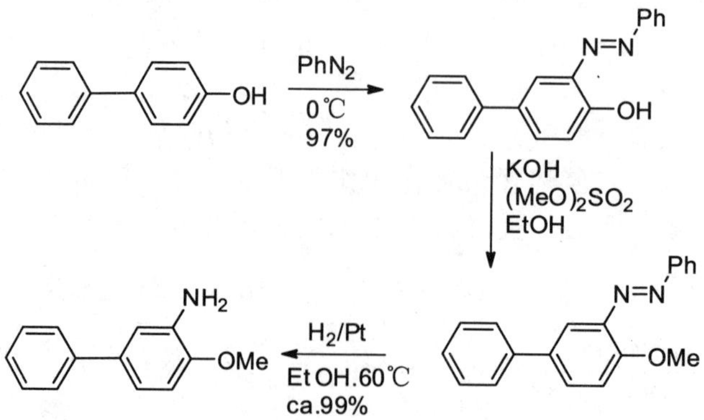

(6)

芳肼的还原

芳烃的重氮化盐可以转化成芳基肼，采用的还原剂一般优先选用 $SnCl_2/HCl$、Na_2SO_3 和 $Na_2S_2O_4$；或者先通过转化成 $ArN=N^- SO_3$ 或- $ArN=N P(O)(OR)_2$ 再用锌/乙酸进行还原[20]。$SnCl_2$ 在进行小批量还原时是最方便的还原剂，亚硫酸钠用作大批量制备时的还原剂[21]。

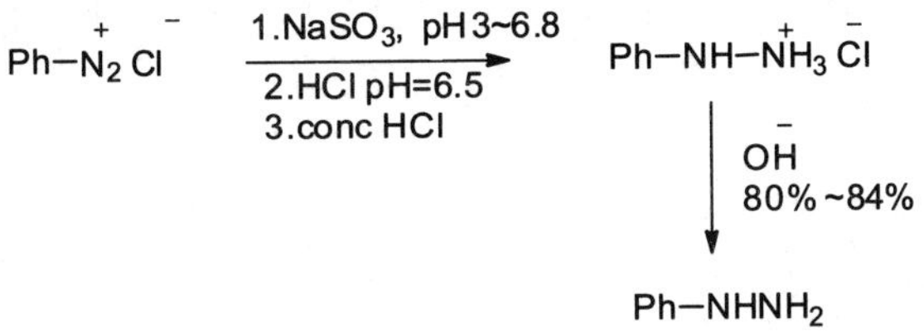

(7)

芳基腙和甲臜的形成

芳基重氮盐能够和一些活性亚甲基和次甲基化合物偶合，而且还可以和一些含有活泼氢的甲基反应[22]。这些反应通常在醋酸钠的缓冲溶液中进行。乙醇、吡啶、醋酸有时需加到反应体系中以增加反应物的溶解度。1,3-己二酮、酮基乙醛、酮酯、丙二酸二乙酯、腈酯、腈砜和丙二腈的活性亚甲基和重氮盐反应形成芳基腙[23]。氯重氮基苯和 2 当量的乙酰乙酸乙酯反应经脱去一分子的乙酰基后生成 3-乙氧羰基-1,5 二苯甲臜[24]，其他酮酯、草酰乙酸酯、酮酸、丙二酸单酯和乙酰乙酸乙酯也可以进行类似的重氮化反应，只不过后两者反应易消去二氧化碳[22]。丙酮和硝基甲烷也生成甲臜，然而高级的硝基烷烃(RCH_2NO_2)，活性的甲基化合物如 2-甲基吡啶和 9-甲基吖啶可生成正常的芳腙[22]。

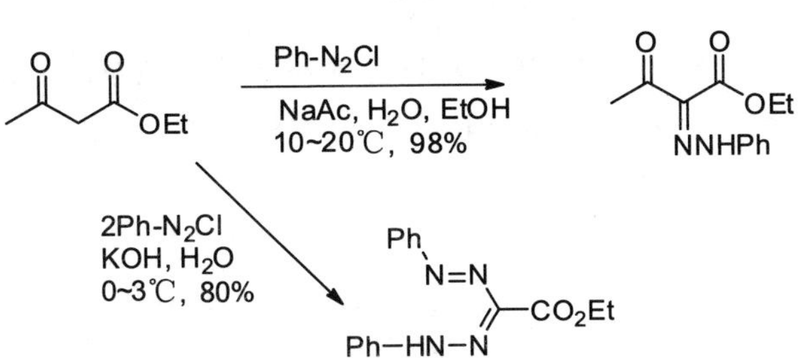

(8)

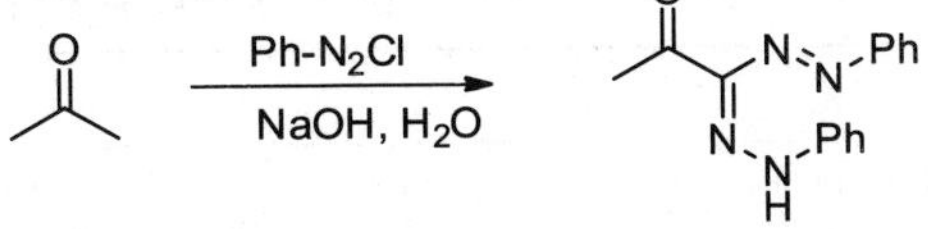

(9)

被两个吸电子基团活化的次甲基化合物与芳基重氮盐氯化物反应形成的偶氮

化合物,进行一个快速的(反式)1,3-二羰基体系的酸裂解,形成芳基腙(反应式10)[25]。有时加碱(氢氧化钠)促进该裂解反应,从乙酰乙酸乙酯生成的苯腙可被还原生成氨基酸甲酯,该酯可以被用于 Fischer 式吲哚的合成[1c,22]。相同地,环式的酮酯能够裂解成为非环式羰基-2-芳基亚联氨基羧酸酯,并且进一步转换成羰基氨基酸或者3-羧烃基吲哚(反应式11)[1c,22-24]。

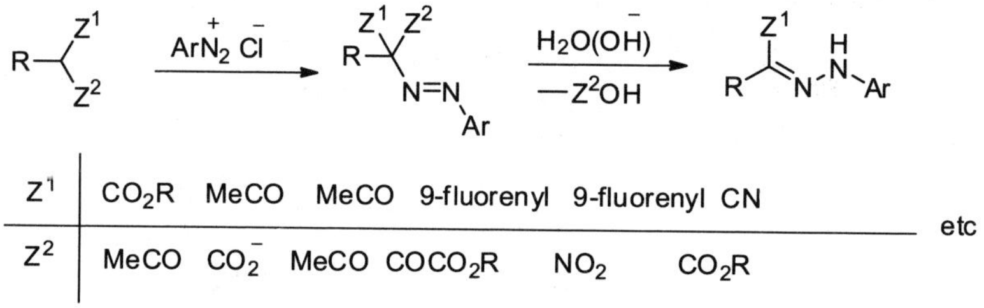

(10)

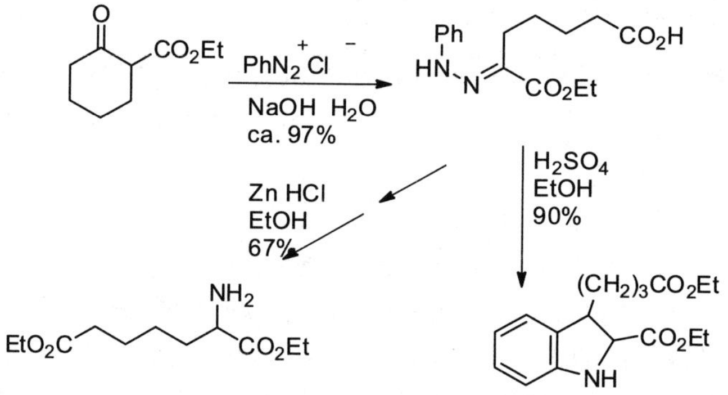

(11)

通过芳基重氮盐和芳香胺制备功能化的芳烃

芳基重氮盐中的 N_2^+ 基团能够被氢和各种各样的其他基团取代,这些直接的去重氮化反应能够通过异裂 SN1 反应和均裂芳炔机理进行[1d,7,26],表1列举了一些重要的转换,并且能在别处找到更多的例子[1c,1f,27],铜(Ⅰ)催化的芳基重氮卤化合物制备 ArCl 和 ArBr 反应,已经有多种改进方法来提高产率[28]。一个特别高效的方法是在无水乙腈水溶液中利用叔丁基亚硝酸酯和卤化铜将芳香胺转化成 ArCl 和 ArBr[29]。

表1 用 ArN_2^+ 盐制备芳烃化合物:H 和官能团来替换 N_{2+}

Reagent(s)	product
H_3PO_2 EtOH HCHO OH^-	ArH[1b,30]
CuX	ArX(X=Cl,Br)[31]

(续表)

Reagent(s)	product
HI(KI HCl)	ArI[32]
CuCN	ArCN[33]
H_2O conc H_2SO_4	ArOH[34]
Cu_2O $Cu(NO_3)_3$ H_2O	—
SO_2 $CuCl_2$ SO_2 HCl	$ArSO_2Cl$[35]
SO_2 CuCl HCl HOAc	—
NaN_3	ArN_3[36]

联芳基的合成

当芳基重氮盐氯化物的低温水溶液加入到氢氧化钠(15%～40%)或醋酸钠和芳香族溶剂组成的溶液中[37],就可以生成联苯,苯和许多的取代芳烃还有噻吩和吡啶都可以被用作耦合剂。有很好的证据证明这是一个自由基反应机理,芳基自由基作为活泼的反应基[7,38]。这个反应收率一般不超过45%,如用取代芳烃作原料可生成位置异构体[39]。如果该反应使用相转移催化反应进行芳基重氮化就可能得到较高的收率。考虑到所提及的弊端,Gomberg-Bachmann 反应应该由其他更有效的和选择性更高的反应来进行合成多取代的和官能化的联苯(反应式12)[40]。合适的取代芳基重氮盐能够进行分子内的芳基-芳基偶合形成菲的衍生物,收率也不错。二苯并茂、芴酮等能够以类似的方法制备[41]。这个环合反应经常用铜催化(反应式13),但是其他的一些方法也可以[40a,41],在丙酮中也可以用铜催化环化芳基重氮 BF_4 盐[42]。

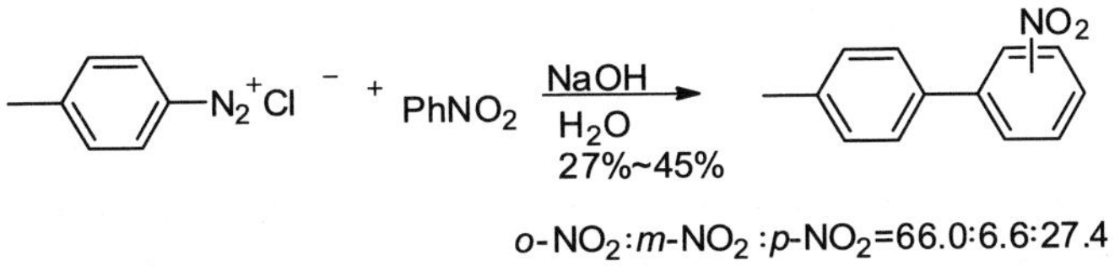

(12)

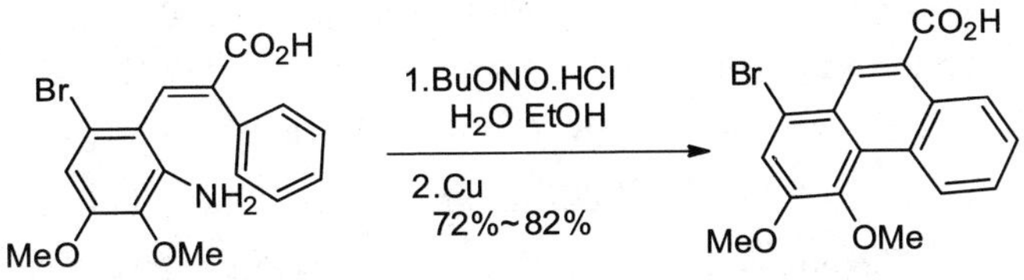

(13)

芳基的烯烃化

在含有一价铜或者二价铜存在的水溶液或者丙酮水溶液中，芳基重氮氯化物与烯烃进行反应，通过脱重氮基把芳基和氯加成到烯烃上[1b,1f,43]。一些活化的烯烃比如酰基、腈基、氯、芳基、乙烯基、炔烯烃都是非常适合这个反应（反应式14）[43,44]，这些都是通过芳基自由基进行的[43]。在这个反应条件下消除一分子的HCl就能够形成取代产物。不用先前的芳基重氮氯化物，这个米尔文芳基化产物能够直接从芳基胺和一分子的亚硝酸烷基酯，一分子的氯化铜乙腈或丙酮溶液反应进行制备，收率有所提高（反应式15）[45]。

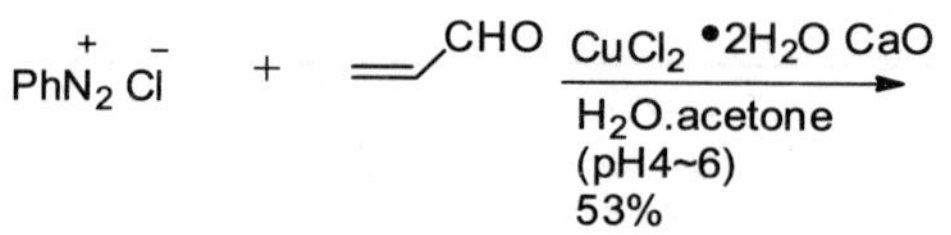

(14)

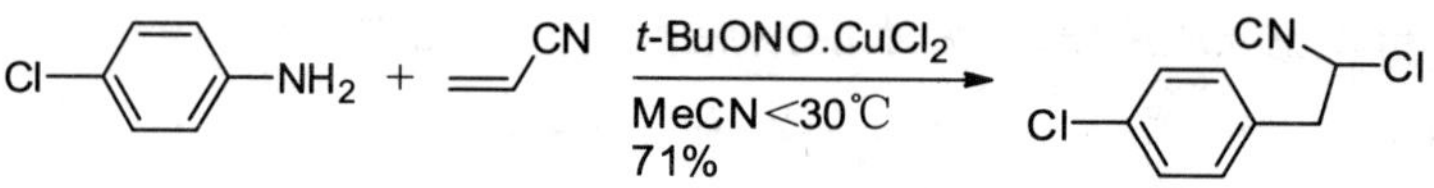

(15)

不饱和羰基化合物和丙烯腈能够在过量的三氯化钛水溶液，或者水有机混合溶液进行还原芳基化，用甲基乙烯酮作底物时收率最高（反应式16）[46]，由于立体和电子效应活泼的芳基自由基进攻羰基位置或其他位置，生成不同的产物[47]，对于不活泼的烯烃就用铂催化芳基化。和反应16相反，简单的羰基化合物不能够进行类似的芳基化。然而，在乙醛和一级芳香胺存在的条件下，芳基重氮盐可以被三氯化钛酸性水溶液分解生成N-苄基苯胺[48]。

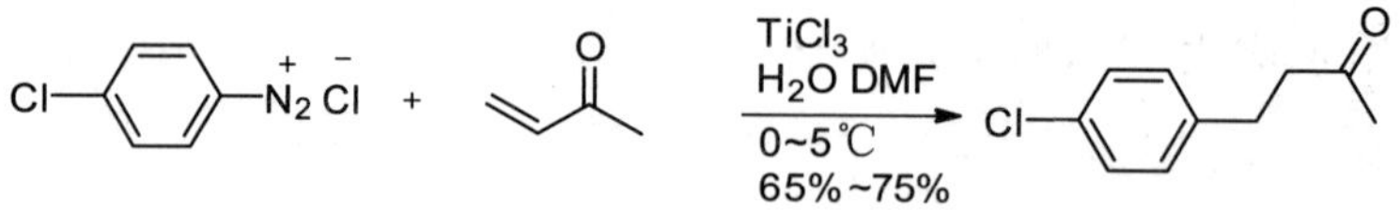

(16)

参考文献

1. (a) Zollinger, H. Azo and Diazo Chemistry - Aliphatic and Aromatic Compounds; Interscience: New York, 1961. Zollinger, H. Diazo Chemistry I - Aromatic and Heteroaromatic Compounds; VCH: Weinheim, 1994. (b) Pütter, R. Methoden Org. Chem. (Houben - Weyl) 1965, X/3, 7. (c) Wulfman, D. S. In The Chemistry of Diazonium and Diazo Groups, Part 1; Patai, S., Ed.; Wiley: Chichester, 1978; pp247 - 339. (d) Zollinger, H. In The Chemistry of Triple - Bonded Functional Groups, Part 1; Patai, S.; Rappoport, Z., Eds.; Wiley:

Chichester,1983;pp 603 – 669. (e) Bartsch, R. A. In The Chemistry of Triple – Bonded Functional Groups, Part 2; Patai, S.; Rappoport, Z., Eds.; Wiley: Chichester,1983;pp 889 – 915. (f) Engel, A. Methoden Org. Chem. (Houben – Weyl) 1990, E16a, 1052.

2. A representative collection of procedures for $PhN_2^+Cl^-$ and various other arene – diazonium salts is found in Ref. 1b. See also: Fierz, H. E.; Blangey, L. Grundle – gende Operationen der Farbenchemie, 8th ed.; Springer: Wien, 1952; p243.

3. (a) Hantzsch, A.; Jochem, E. Ber. Dtsch. Chem. Ges./Chem. Ber. 1901, 34, 3337. (b) Knoevenagel, E. Ber. Dtsch. Chem. Ges./Chem. Ber. 1890, 23, 2994. (c) Friedman, L.; Chlebowski, J. F. J. Org. Chem. 1968, 33, 1633.

4. Weiss, R.; Wagner, K. – G.; Hertel, M. Ber. Dtsch. Chem. Ges./Chem. Ber. 1984, 117, 1965.

5. See: Beilsteins Handbuch der Organischen Chemie, EIII, 4th ed.; Springer: Berlin, 1974; Vol. 16, Part 1, p 506.

6. Muir, G. D. Chem. Ind. (London) 1956, 58.

7. Hegarty, A. F. In The Chemistry of Diazonium and Diazo Groups, Part 2; Patai, S., Ed.; Wiley: Chichester, 1978, pp 511.

8. Saunders, K. H. The Aromatic Diazo – Compounds and their Technical Applications, 2nd ed.; E. Arnold & Co.: London, 1949; p 93.

9. Pütter, R. Methoden Org. Chem. (Houben – Weyl) 1965, X/3 511.

10. Lang – Fungmann, S. Methoden Org. Chem. (Houben – Weyl) 1992, Ed16, 1 – 2.

11. Heterocyclic coupling components: Schwander, H. R. Dyes Pigm. 1982, 3, 133.

12. Szele, I.; Zollinger, H. Top. Curr. Chem. 1983, 112, 1.

13. Auwers, K.; Michaelis, F. Ber. Dtsch. Chem. Ges./Chem. Ber. 1914, 47, 1275.

14. Ruggli, P.; Courtin, A. Helv. Chim. Acta 1932, 15, 75.

15. (a) Gerson, F.; Heilbronner, E. Helv. Chim. Acta 1958, 41, 1444, and ref. cit. (b) Gerson, F.; Schulze, J.; Heilbronner, E. Helv. Chim. Acta 1958, 41, 1463. (c) Nozoe, T.; Asao, T.; Kobayashi, M. Bull. Chem. Soc. Jpn. 1973, 46, 3266.

16. Neidlein, R.; Radke, C. – M.; Hädicke, E.; Gieren, A. Ber. Dtsch.

Chem. Ges. /Chem. Ber. 1983,116,2881.

17. Schröter,B. Methoden Org. Chem. (Houben - Weyl) 1957, 11/1, 522f - 529.

18. Tarbell,D. S. ;Hirschler,H. P. ;Hall,T. J. J. Am. Chem. Soc. 1953, 75,1985. The route via the azo compound proved more satisfactory than the one by reduction of 3 - nitro - 4 - methoxybiphenyl.

19. Schulze,J. ;Heilbronner,E. Helv. Chim. Acta 1958,41,1492.

20. (a)Müller,N. Methoden Org. Chem. (Houben - Weyl) 1990,E16a(Part 1),656. (b)Enders,E. Methoden Org. Chem. (Houben - Weyl) 1967,X/2(Part 2),180f.

21. Coleman,G. H. Org. Synth. ,Coll. Vol. 1942,1,442. (b)Stephenson, E. F. M. Org. Synth. ,Coll. Vol. 1955,3,475.

22. Parmerter,S. M. Org. React. 1959,10,1.

23. Bülow, C. ; Neber, P. Ber. Dtsch. Chem. Ges. /Chem. Ber. 1912, 45,3732.

24. Bamberger,E. ;Wheelwright,E. W. JPR [2] 1902,65,123.

25. Phillips,R. R. Org. React. 1959,10,143.

26. Zollinger,H. Angew. Chem. ,Int. Ed. Engl. 1978,17,141.

27. Such transformations are discussed in different volumes of MOC; for cross - references, see: Methoden Org. Chem. (Houben - Weyl), 1965, X/3 113, and Methoden Org. Chem. (Houben - Weyl) 1990, E16a 1082.

28. (a) Hodgson, H. H. Chem. Rev. 1947, 40, 251. (b) Cowdrey, W. A. ; Davies,D. S. Q. Rev. ,Chem. Soc. 1952,6,358. (c)Galli,C. Tetrahedron Lett. 1980,4515.

29. Doyle,M. P. ; Siegfried, B. ; Dellaria, Jr. , J. F. J. Org. Chem. 1977, 42,2426.

30. Kornblum,N. Org. React. 1944,2,262.

31. (a)(X = Cl) Marvel, C. S. ; McElvain, S. M. Org. Synth. , Coll. Vol. 1941,1,134. (b)(X=Br): Bigelow, L. A. Org. Synth. ,Coll. Vol. 1941,1,70. (c)(X=Br): Hartwell,J. L. Org. Synth. ,Coll. Vol. 1955,3,185.

32. Example: Lucas, H. J. ; Kennedy, E. R. Org. Synth. , Coll. Vol. 1943, 2,295.

33. Clarke,H. T. ;Read,R. R. Org. Synth. ,Coll. Vol. 1941,1,436.

34. (a)Lambooy,J. P. J. Am. Chem. Soc. 1950,72,5327. (b)Ungnade,H.

E. ;Orwoll,E. F. Org. Synth. ,Coll. Vol. 1955,3,130. (c)Cohen,T. ;Dietz,A. G. ;Miser,J. R. J. Org. Chem. 1977,42,2053.

35. (a) Meerwein, H. ; Dittmar, G. ; Göllner, R. ; Hafner, K. ; Mensch, F. ; Steinfort,O. Ber. Dtsch. Chem. Ges. /Chem. Ber. 1957,90,841. (b) Yale, H. L. ; Sowinski, F. J. Org. Chem. 1960, 25, 1824. (c) Hoffman, R. V. Org. Synth. ,Coll. Vol. 1990,7,508.

36. Smith,P. A. S. ;Boyer,J. H. Org. Synth. ,Coll. Vol. 1963,4,75.

37. (a) Bachmann, W. E. ; Hoffman, R. A. Org. React. 1944, 2, 224. (b) Rüchardt,C. Dermer,O. C. ;Edmison,M. T. Chem. Rev. 1957,57,77.

38. (a)Rüchardt,C. ;Dermer,O. C. ;Edmison,M. T. Chem. Rev. 1957,57, 77. (b)Rüchardt,C. ;Freudenberg,B. Tetrahedron Lett. 1964,3623.

39. (a) Hey, D. H. ; Nechvatal, A. ; Robinson, T. S. J. Chem. Soc 1951, 2892. (b) Ito, R. ; Migita, T. ; Morikawa, N. ; Simamura, O. Bull. Chem. Soc. Jpn. 1963,36,992.

40. (a) Sainsbury, M. Tetrahedron 1980, 36, 3327. (b) Bringmann, G. ; Walter, R. ; Weirich, R. Angew. Cheml 1990, 102, 1006; Angew. Chem. , Int. Ed. Engl. 1990,29,977.

41. (a)DeTar,D. F. Org. React. 1957,9,409. (b)Floyd,A. J. ;Dyke,S. F. ;Ward,S. E. Chem. Rev. 1976,76,509.

42. Hey,D. H. Q. Rev. ,Chem. Soc. 1971,25,483.

43. Rondestvedt,C. S. ,Jr. Org. React. 1976,24,225; Org. React. 1960, 11,189.

44. Dombrovskii,A. V. ;Yurkevich,A. M. ;Terent'ev,A. P. Zh. Obshch. Khim. 1957,27,3047(Chem. Abstr. 52:8087).

45. Doyle,M. P. ;Siegfried,B. ;Elliott,R. C. ;Dellaria,J. F. ,Jr. J. Org. Chem. 1977,42,2431.

46. (a)Citterio,A. Org. Synth. ,Coll. Vol. 1990,7,105. (b)Citterio,A. ; Vismara,E. Synthesis 1980,291.

47. Citterio,A. ;Minisci,F. ;Vismara,E. J. Org. Chem. 1982,47,81.

48. Clerici,A. ;Porta,O. Tetrahedron Lett. 1990,31,2069.

四氟硼酸苯重氮盐(Benzenediazonium Tetrafluoroborate)[1]

$$Ph-\overset{+}{N}\equiv N\ \overset{-}{BF_4}$$

[369－57－3]　$C_6H_5BF_4N_2$　(MW 191.92)

重氮化试剂，主要用于重氮或偶氮化反应，比相应的氯化物有更高的稳定性。

四氟硼酸苯重氮盐对于震动不敏感；经常使用纯的分离的芳基重氮盐[2]；试剂主要用于引入芳基、芳基偶氮基、芳基腙或氨基基团；加热时形成氟代芳烃[3]；用于构建杂环化合物。

替代名称：苯基重氮四氟硼酸盐。

物理数据：重结晶后为无色固体；在 80℃ 下变成粉红色；在 114～116℃ 下分解。

溶解性：较易溶解于极性溶剂，如乙腈、丙酮、吡啶、DMF、DMSO 和 HMPA，但是也易产生分解；稍溶于水；不溶于碳氢化合物和乙醚；可溶于非极性介质如冠醚化合物。

供应形式：对硝基苯四氟硼酸重氮盐是被广泛使用的无色固体；一系列不同的芳基重氮四氟硼酸盐较易从芳香胺制备而成。

制备方法：最常用的方法包括芳香胺的重氮化作用[4]。$ArNH_2$ 与 $NaNO_2$ 在 HCl 或 H_2SO_4 进行反应，而后再向沉淀的盐中添加 $NaBF_4$ 或氟硼酸盐[5]。另外，上述重氮化可直接在 40%～50% 含水 HBF_4 中进行。不溶于无机酸中的芳香胺可以在无水有机溶剂或液态 SO_2 中与 $NO^+BF_4^-$ 进行反应[6]。这种方法还可以用于 N-(三甲硅烷基)苯胺类化合物[7]和制备那些不易从水中分离出来的盐[8]。一改进的高收率的一锅法[9]是用 $ArNH_2$、t－BuONO 和 $BF_3 \cdot Et_2O$ 在无水的溶剂如 CH_2Cl_2 进行反应。

运输、储存注意事项：干燥的母盐在室温事可储存一个月以上，在暗处－20℃ 和氮气保护下可储存好几年，但是当它暴露在阳光直射时就会分解。从温水或乙腈-乙醚中快速结晶，可以不被分解。芳基重氮四氟硼酸盐与氯盐相比，热稳定性有所增强，抗击性不敏感，还应该采取一些保护措施。一些众所周知的盐在干燥时分解，例如 3－甲氧基苯重氮正离子、2－甲基苯重氮正离子、和某些杂原子芳基重氮四氟硼酸盐[10]，应避免与金属接触。

一般反应模式

类似于氯化盐，芳基重氮四氟硼酸盐通过加入亲核试剂可被转化成共价偶氮化合物,也可以通过取代重氮基得到的各种官能芳烃。而氯盐通常是在酸性水溶液与乙醇溶液中原位制备,四氟硼酸盐通常可以被分离出来,使用时用纯化合物在合适的溶剂或悬浮液中进行反应。在非极性有机溶剂中溶解度低可能会给反应带来问题,但是可以通过相转移技术克服上述问题[11]。

对不饱和化合物进行保留氮的加成反应

二芳香的偶氮化合物可由芳基重氮盐和富电子的(杂)芳族底物进行偶联反应制备。这些重要的偶氮偶联反应绝大多数都是在盐酸或硫酸与亚硝酸钠水溶液和芳香胺进行重氮化后的反应溶液体系中进行,由原位产生芳基重氮氯化物和四氟硼酸盐(分离后其盐单独使用),其反应活性很少进行比较[12]。因此 4-硝基重氮苯氯化物只能缓慢地和吲哚以及吲哚的 1-、2-、3-衍生物在中性水溶液中缓慢地进行反应,而其 BF_4 盐在水-乙醇中迅速进行偶氮偶联反应,并且是定量(反应式 1)[13a]。

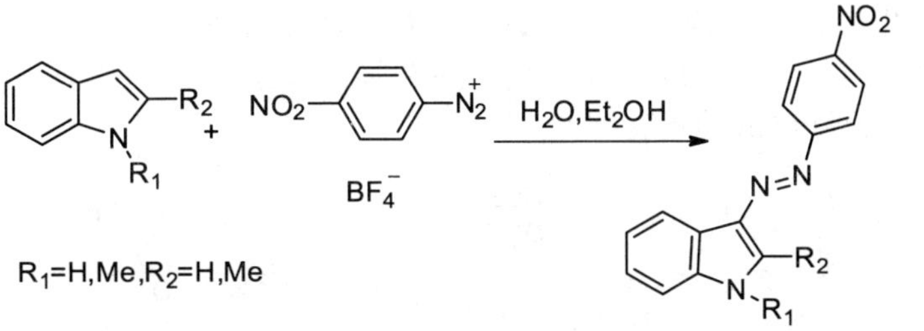

(1)

同样地其他芳基重氮四氟硼酸与 2-氨基-4-(烷基或芳基)-1,3-恶唑在 $NaHCO_3$ 水溶液顺利进行偶联反应,而在中性或弱酸性溶液进行重氮化却生成难以处理的产物混合物[13b]。在其他情况下,使用纯的无水 $ArN_2^+BF_4^-$ 盐溶解在有机溶剂中进行反应可能是必要的,或者可以得到更好产率。其反应例子包括 $PhN_2^+BF_4^-$ 与 2-二甲氨基吡唑在乙腈中进行的偶氮反应[14],以及与膦化合物在 MeOH-苯体系中进行的偶氮化反应(反应式 2)[15]。其他一些不常见的化合物如杯芳烃[16]、亚甲基环戊二烯[17]、倍半富瓦烯[18]和共轭的环辛四烯[19]也可以进行此类反应。各种相转移催化剂对偶氮偶联起促进作用,如冠醚[20,21]、醋酸钠[22]、四甲基氯化铵[23]和 $Na[B(3,5-di-CF_3-C_6H_3)_4]$[24]。

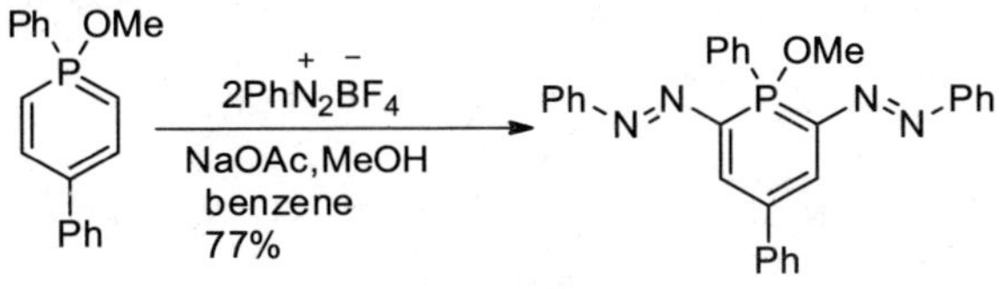

(2)

芳基重氮 BF^{4-} 或 PF^{6-} 盐和各种不同的非环状甲基或芳基取代的 1,3-二烯进行一[2+4]协同环加成反应,生成 1,6 -二氢哒嗪可从体系中分离(反应式 3)[25,26]。与此相反,和环戊二烯进行反应的产品是通过一个重氮偶联反应过程进行的,其产品也可体系中分离[27]。

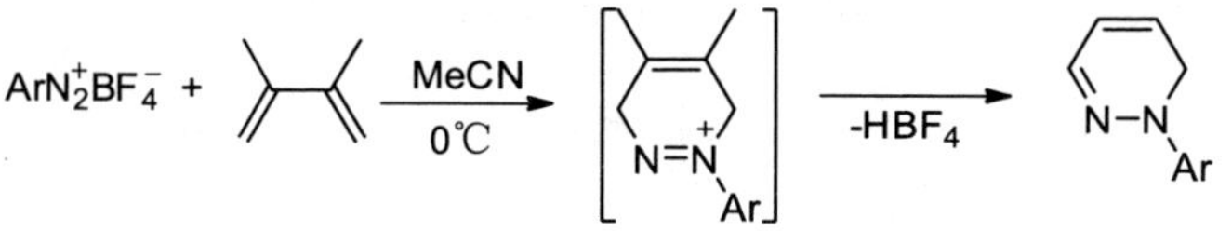

(3)

甲亚胺叶立德和其他 1,3 -偶极子同样可以和重氮盐生成一环加成产物[28]。对烯型与不饱和内酯进行重氮化的反应也有类似的报道[29]。

对不饱和化合物进行脱氮的加成反应(引入芳基)

通过重氮盐对烯烃化合物进行芳基化,产生的饱和或不饱和的产品,被称为米尔文反应(Meerwein reaction),该反应通常是由铜盐进行催化。该操作可以有效地应用于分子内的环化反应(反应式 4)[30]。在碘离子的存在下,反应在不含铜盐的情况也可以发生[31]。钛(Ⅲ)盐也有利于对烯烃化合物进行加成反应,生成一还原产品(反应式 5)[32]。二茂铁基取代的炔和烯烃在进行芳基化时,在没有上述催化剂的情况下也可以成功进行[33]。

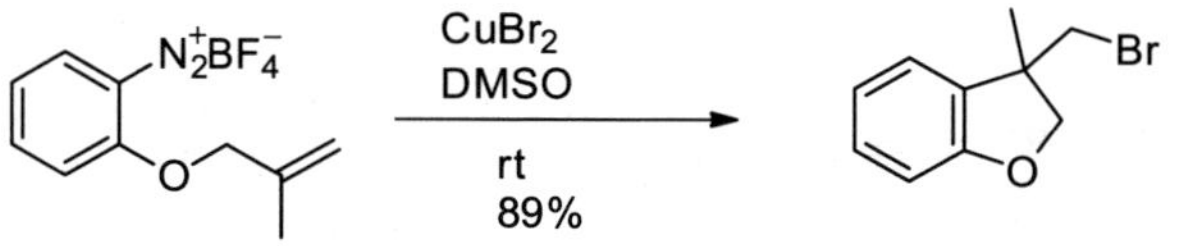

(4)

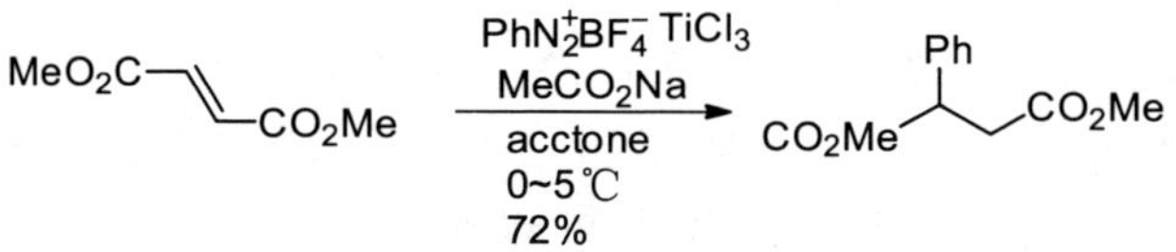

(5)

当 $ArN_2^+BF_4^-$ 在吡啶存在下进行热分解时,自由基机理方式生成联芳基,收率高达 30%~40%,产物中不存在 ArF[34]。当芳基重氮 BF_4^- 或 PF_6^- 盐在 KOAc 和相转移催化剂的存在下可生成非对称联芳烃,收率比前者高得多(反应式 6)[35]。该反应过程往往比经典冈伯格-巴赫曼-海伊反应,即采用芳基重氮氯化物在两相体系进行反应收率更好。该方法也有希望适用于芳基-芳基偶联分子内反应(普朔尔环化)。钛(Ⅲ)盐在对酚类化合物进行芳基化时提高邻位选择性[36]。

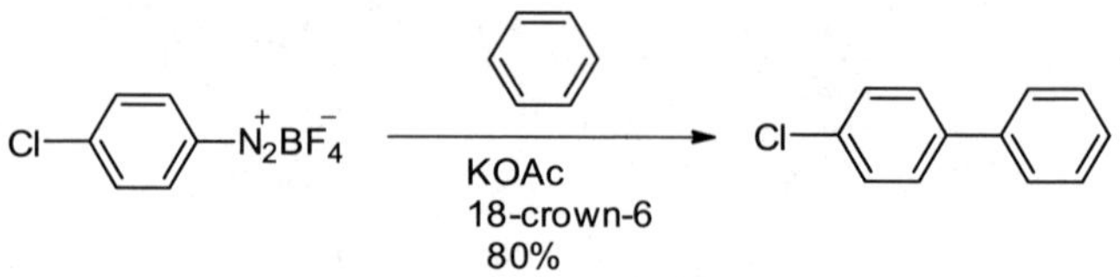

(6)

重氮盐对腈进行加成反应,失去一分子氮,生成 N-芳基腈正离子,该正离子可进一步地与亲核试剂或芳烃进行反应。因此,从邻位取代的重氮盐开始发生分子内环化反应(反应式 7 和 8);使用的取代基是叠氮基[37]、羧基[38]、烃硫基[39]、羟基甲基[40]和芳基[41]。

在这方面,羧酸盐对 nitrilium 离子进行分子间加成给出不对称 N-芳酰亚胺[42]。除了腈类化合物,异腈类也发生邻位取代的重氮盐分子内的环化反应[43]。在高压下和一氧化碳[44]或与四羰基镍[45]反应生成羧酸衍生物。

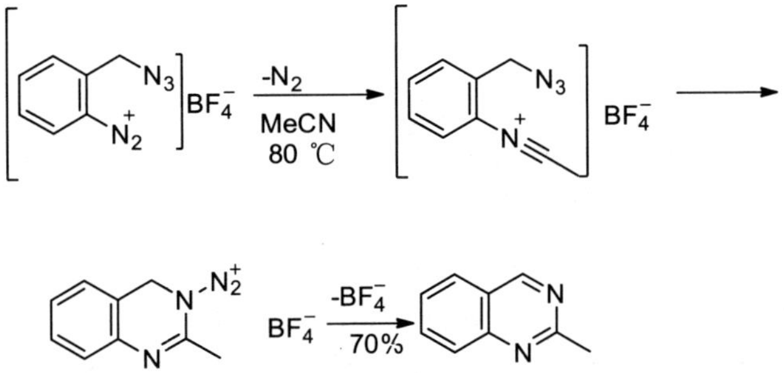

(7)

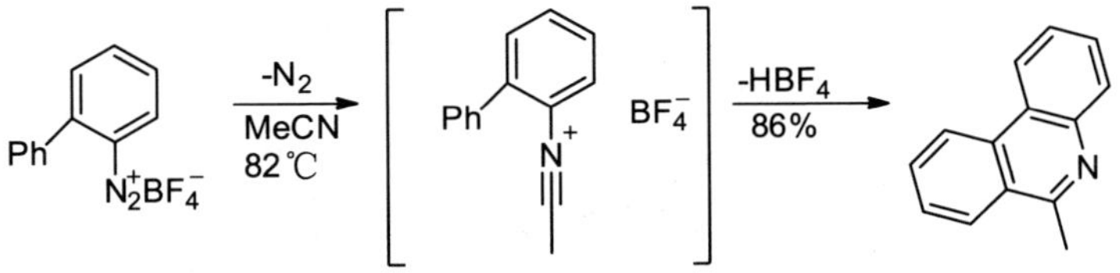

(8)

保留 N_2 的与亲核试剂耦合(引入偶氮或肼基团)

重氮盐与活泼亚甲基化合物的耦合称为杰甫-克林曼反应(Japp-Klingemann reaction),适用于核苷的合成[46]。另一方面,通过对烯酮硅缩醛形成偶氮或肼酯进行加氢反应,可对简单的酯进行胺化反应(反应式 9)[47]。

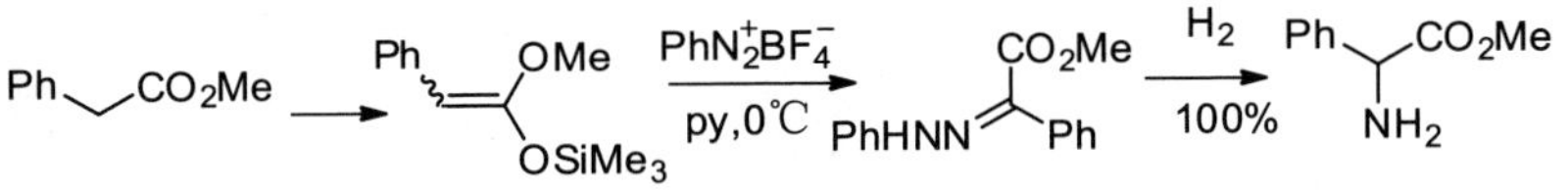

(9)

与烯胺反应同样可以生成亚胺腙,后者容易进行重新生成杂环化合物(反应式 10)[48]。对甲基苯磺酸甲基异氰酸酯的亲核加成也容易进行环化反应,得到三唑[49]。此外,取代的酮烯醇锂盐[50]、格氏试剂[51]、有机锌试剂[52,53]和烯硅烷[54]反应可生成相应的偶氮或肼基的化合物。

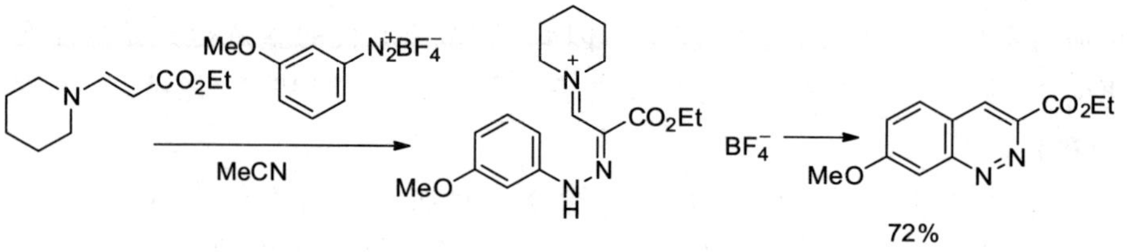

(10)

氰化钾在 18-冠-6 的存在下生成重氮氰化物，该试剂在 Diels-Alder 反应中作为有效的亲二烯体(反应式 11)[55]。

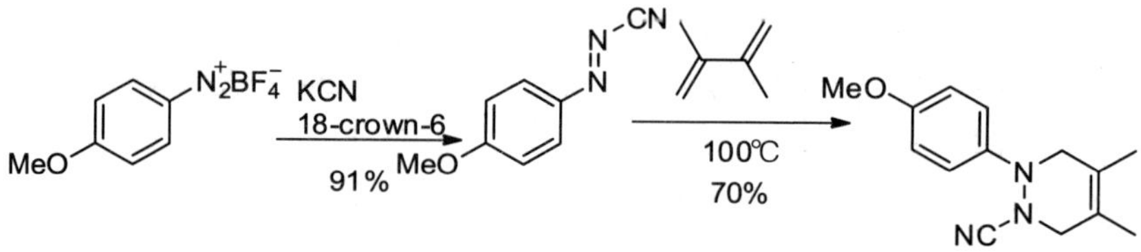

(11)

胺结合重氮盐的终端氮形成三氮烯类(反应式 12)[56]，一个文献综述对其用途进行了总结[57]。和二氟胺或异丙基的氟氨基甲酸酯进行的偶合反应可通过三氮烯作为中间体生成叠氮化物[58]。与肼叉甲磺酸酯或胍衍生物的反应生成五元偶氮环化物[59]。亚磺酸钠的加成反应生成芳基偶氮砜[60]。

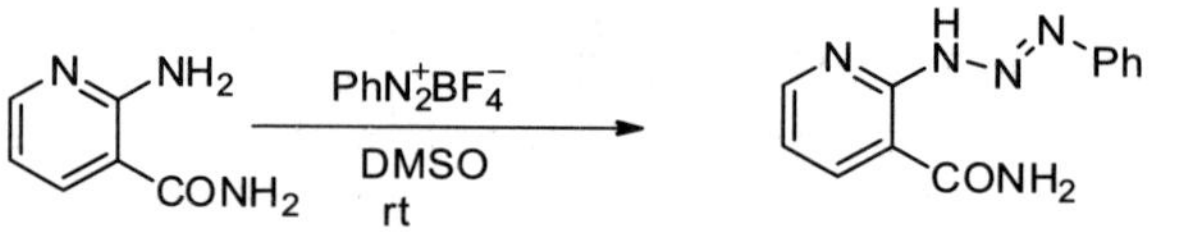

(12)

脱氮的亲核试剂偶联反应(引入芳基基团)

芳基重氮盐作为芳基阳离子能够和各种亲核试剂进行反应。从芳基酮衍生的烯醇硅醚与重氮四氟硼酸盐在吡啶中反应生成芳基酮(反应式 13)[61]。

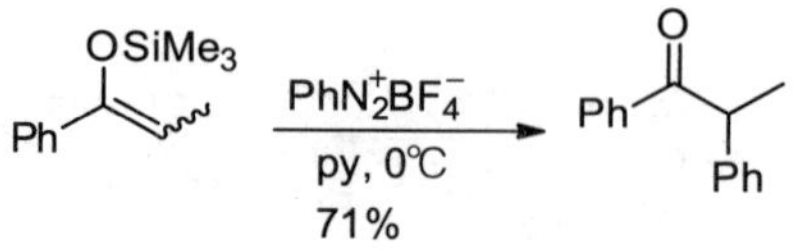

(13)

重氮四氟硼酸盐在三氟甲磺酸形成的溶剂化作用可生成芳基三氟甲磺酸酯(反应式 14)[62]。同样，在甲醇[63]或三氟乙酸[64]的分解导致相应的醚或酯；后者用于苯酚的合成。吡啶 N-氧化物在氧原子上的反应生成 N-(芳氧基)吡啶四氟硼酸盐[65]苯基醚和酯可通过硅醚和酯和 PhN_2BF_4 反应制备[66]。

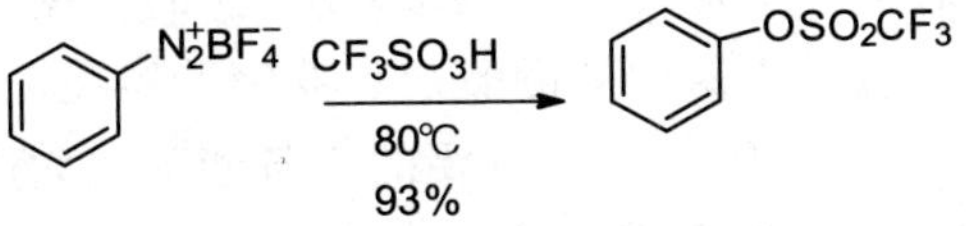

(14)

在 DMSO 中重氮氟硼酸盐和芳基硫醇钠反应可生成非对称二芳基硫化物(反应式 15)[67]。同样,使用硫代羧酸可形成芳基硫酚酯[68]。二芳基硒醚和二芳基碲化物可由芳基重氮盐与硒化钠和碲化钠反应得到(反应式 16)[69]。

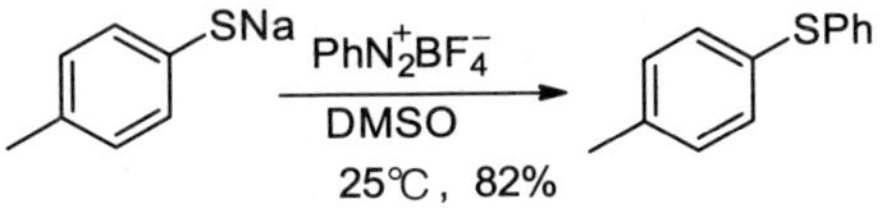

(15)

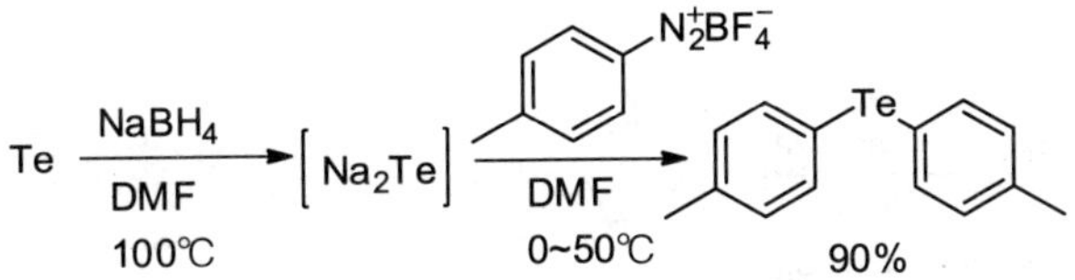

(16)

干燥的芳香重氮四氟硼酸盐控制的热分解生成氟芳香化合物,通常收率较高(巴尔茨-席曼反应,Balz - Schiemann reaction 反应式 17)。通常情况下,该反应是用固体盐进行反应,据报道在悬浮液中或在溶液中[70]的反应容易分解。硝基重氮 BF_4^- 盐通常用砂、氟化钠或硫酸钡混合,避免进行剧烈分解。BF_3 乙醚络合物可有用作为反应的有效转化剂[71]。

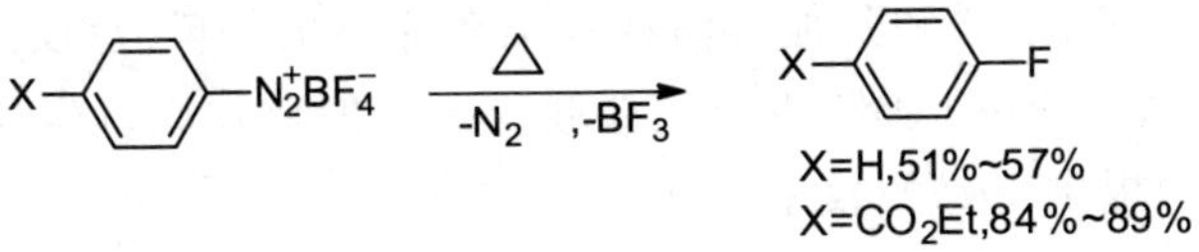

(17)

氟代芳烃的形成是经由芳阳离子中间体,通过与 BF_4^- 反应形成离子对而进行制备[72],并可以通过光解来加速制备[73]。在某些情况下,使用六氟锑酸根离子或六氟磷酸盐其收率更好[74]。另一方面,通过在 DMSO 中与碘化钾-碘反应可制备芳基碘化物[75]。该反应与三甲基卤化硅或三甲基硅叠氮化合物可分别制备芳卤或芳基叠氮化物(反应式 18)[76]。有机卤化物如 $BrCCl_3$ 和碘甲烷也被用作卤源进行反应[77]。

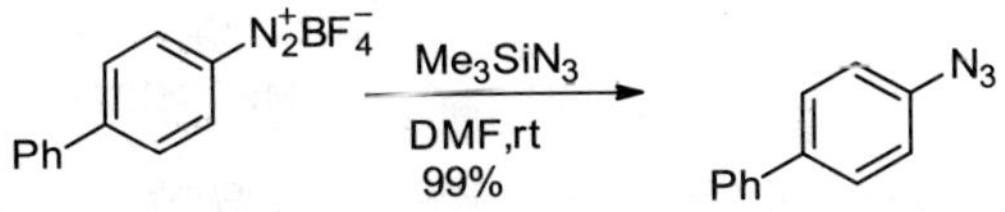

(18)

氟硼酸重氮盐可把亚氨膦转化为其鏻盐[78]。同样,砜可被转化为氧化锍盐,后者可原位用硼氢化钠还原成亚砜[79]。在Cu(Ⅰ)盐的存在下,重氮盐的亲核取代反应称为Sandmeyer反应。重氮四氟硼酸盐和亚硝酸钠在铜粉的存在下顺利发生硝化-脱重氮化反应(反应式19)。一个重要的制备芳基磷酸途径是通过由Cu(Ⅰ)盐催化的$ArN_2^+BF_4^-$盐与磷(Ⅲ)氯化物在一合适的有机溶剂中反应,随后进行水解(反应式20)[80]。该方法允许一系列取代基芳香化合物的形成[81]。芳基重氮盐在氧化亚铜与大量过量$Cu(NO_3)_2$的存在下,在稀水溶液中进行热分解,可生成酚,收率较高;值得注意的是,这种方法不需要强酸性介质[82]。

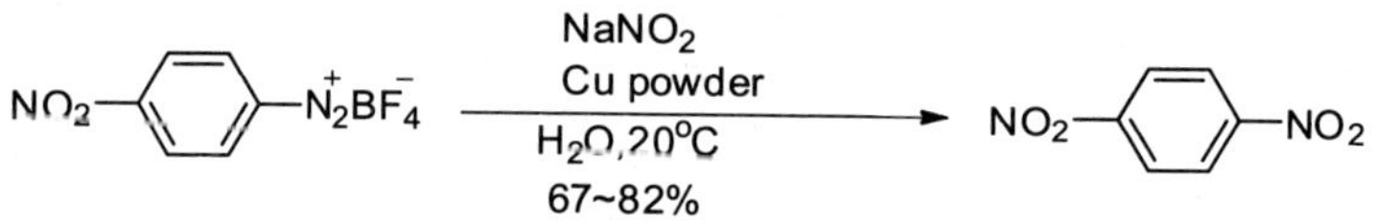

(19)

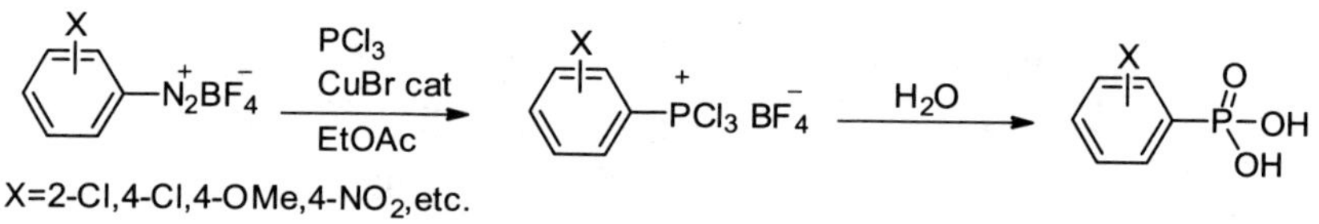

(20)

钯催化反应

钯催化重氮盐反应通常放出氮气,这提供了一种温和引入芳基基团的方法。而经典的铜催化的对烯烃进行芳基化反应(Meerwein芳基化反应)需要由一个吸电子取代基对烯烃的激活[83](见氯化重氮苯),钯催化修饰方法不仅成功与丙烯醛、酯,而且与苯乙烯、乙烯和其他非活性环烯和非环烯烃反应(反应式21和22)引入芳基[84]。和分离的$PhN_2^+BF_4^-$进行的偶联反应一般比在原位生成的盐PhN_2+X($X=Cl$或-OAC)提供更好的收率。

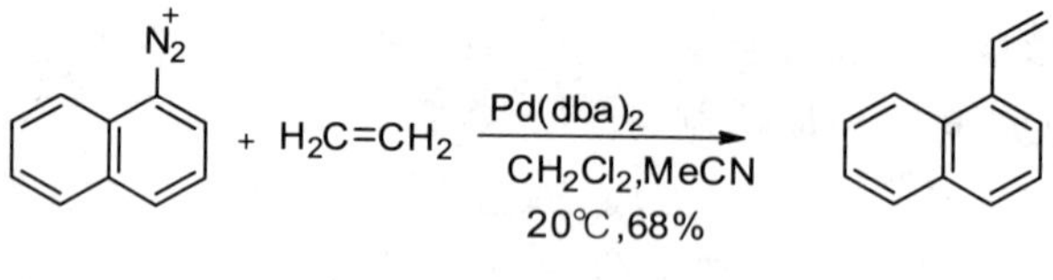

(21)

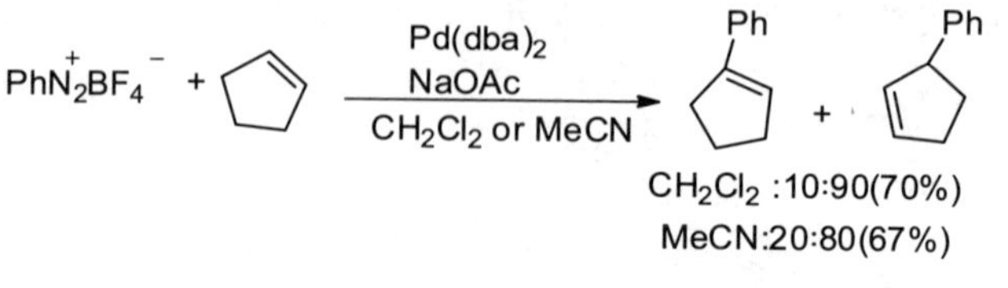

(22)

在一个类似的反应,硅、锗、锡烷基取代的烯烃导致杂原子取代基的脱去(式23)[85-87]。

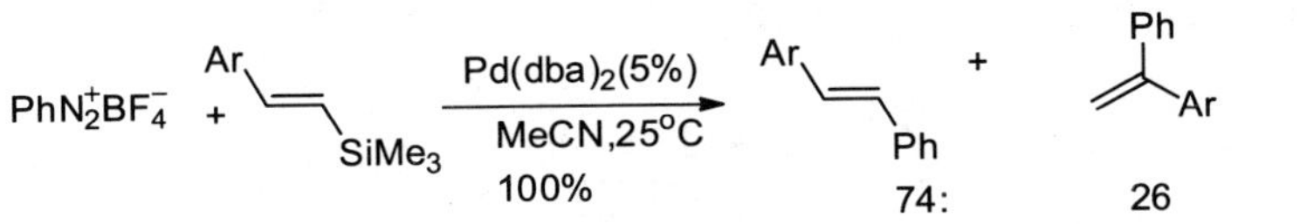

(23)

钯催化的芳基重氮四氟硼酸盐在 Et_3SnH 或(聚)甲基氢硅油存在下与 CO 进行的羰基化反应可生成取代苯甲醛(反应式 24)[88]。副反应的产品是 ArH,但它在 2 - nitro 芳香烃的情况下可能是主要产品(81%)。在相关的钯催化反应,二芳基酮(反应式 25)[89]、芳基烷基酮[89]、取代苯甲酸[90]和混合芳烃烷基羧酸酐(反应式 26)[91]可以用该方法进行制备生成。后者进行的热歧化反应可用来制备同芳基羧酸酐[91]。

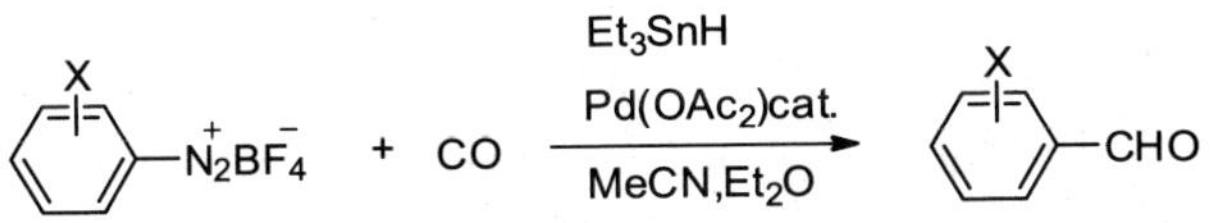

(24)

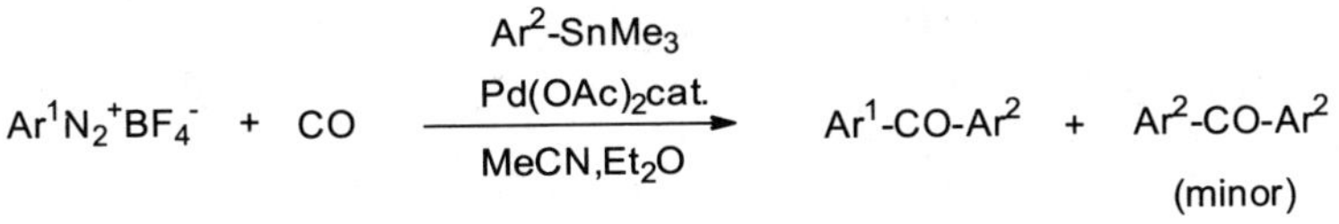

(25)

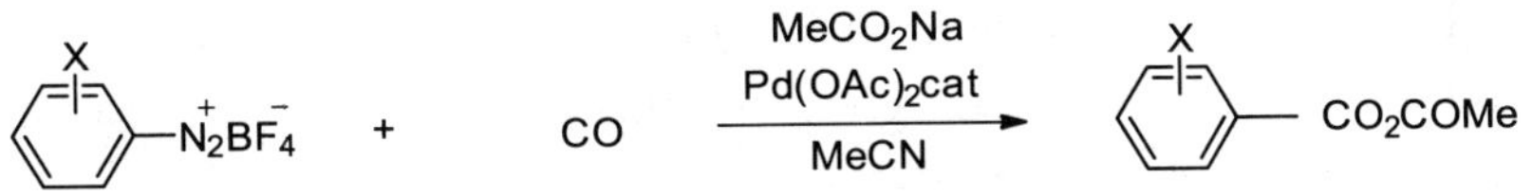

(26)

X=4-I(68%).3-NO2(49%),4-NO2(65%),etc.

还原成芳烃

通过还原性的脱重氮化是芳香核脱氨基一个重要合成方法。与其他苯胺重氮盐一样,同样的有许多方法可应用于 BF_4^- 盐,但与 H_3PO_2 的自由基链反应是一个特别好的方法(反应式 27)[92]。用硼氢化钠在甲醇溶液[93]氢化脱重氮也是一相当简洁的方法,但总是有副产物生成[94]。其他有效的易得还原剂如苯硫酚[95]、氢硅烷[96]和水合锡烷[96]。在六甲基磷酸酰胺[97]分解或在冠醚[98]的存在下也能给出较好的效果,在 DMF 中铑膦络合物进行催化似乎不是很有效[99]。

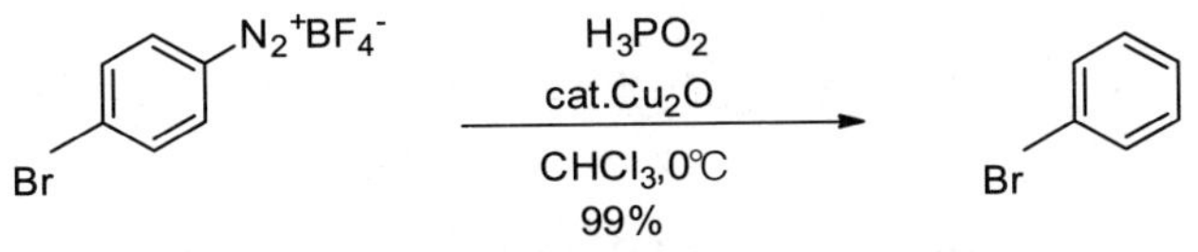

(27)

苯硒醇是一种独特的试剂,可把重氮硼酸盐转化为苯肼(反应式 28),该反应适用于从邻氨甲酰重氮盐来制备吲唑酮[100]。

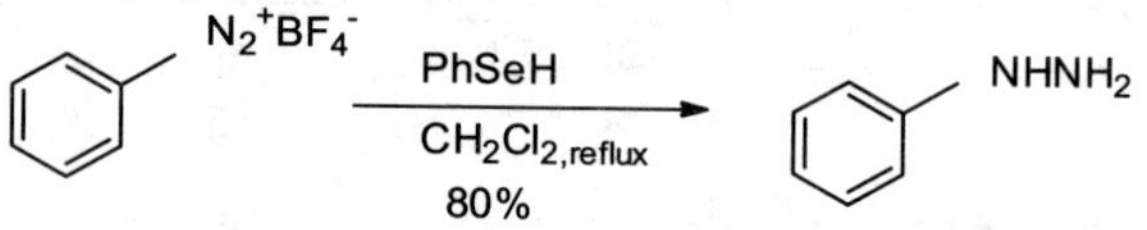

(28)

自由基引发

重氮氟硼酸盐可用作自由基引发剂。应用的实例是芳杂环与烷基碘化物进行的烷基化反应[101]和端烯化合物进行的聚合反应[102]。

参考文献

1. (a) Pütter, R. Methoden Org. Chem. (Houben - Weyl) 1965, X/3, 7. (b) Wulfman, D. S. In The Chemistry of Diazonium and Diazo Groups, Part 2; Patai, S., Ed.; Wiley: Chichester, 1978; pp 247. (c) Bartsch, R. A. In The Chemistry of Triple - Bonded Functional Groups, Part 2; Patai, S.; Rappoport, Z., Eds.; Wiley: Chichester, 1983; pp 889. (d) Engel, A. Methoden Org. Chem. (Houben - Weyl) 1990, E16a, 1052. (e) Galli, C. Chem. Rev. 1988, 88, 765.

2. (a) Wilke - Dörfurt, E.; Balz, G. Ber. Dtsch. Chem. Ges. /Chem. Ber. 1927, 60, 115. (b) Balz, G.; Schiemann, G. Ber. Dtsch. Chem. Ges. /Chem. Ber. 1927, 60, 1186. (c) Starkey, E. B. Org. Synth. 1939, 19, 40; Org. Synth., Coll. Vol. 1943, 2, 225.

3. Roe, A. Org. React. 1949, 5, 193.

4. Suschitzky, H. Adv. Fluorine Chem. 1965, 4, 1.

5. (a) Flood, D. T. Org. Synth., Coll. Vol. 1943, 2, 295. (b) Schiemann, G.; Winkelmüller, W. Org. Synth., Coll. Vol. 1943, 2, 188, 299.

6. Wannagat, U.; Hohlstein, G. Ber. Dtsch. Chem. Ges. /Chem. Ber. 1955, 88, 1839.

7. Weiss, R.; Wagner, K. - G.; Hertel, M. Ber. Dtsch. Chem. Ges. /Chem. Ber. 1984, 117, 1965.

8. Vonznesenskii, S. A.; Kurskii, P. P. Zh. Obshch. Khim. 1938, 8, 524 (Chem. Abstr. 1938, 32, 8379).

9. Doyle, M. P.; Bryker, W. J. J. Org. Chem. 1979, 44, 1572.

10. Doak, G. O.; Freedman, L. D. Chem. Eng. News 1967, 45(53), 8.

11. Gokel, G. W.; Ahern, M. F.; Beadle, J. R.; Blum, L.; Korzeniowski, S. H.; Leopold, A.; Rosenberg, D. E. Israel J. Chem. 1985, 26, 270.

12. Szele, I.; Zollinger, H. Top. Curr. Chem. 1983, 112, 1.

13. (a) Jackson, A. H.; Lynch, P. P. J. Chem. Soc., Perkin Trans. 2 1987, 1483. See also: Jackson, A. H.; Prasitpan, N.; Shannon, P. V. P.; Tinker, A. C. J. Chem Soc., Perkin Trans. 1 1987, 2543. (b) Crank, G.; Mekonnen, B. J. Heterocycl. Chem. 1992, 29, 1469.

14. Gompper, R.; Guggenberger, R.; Zentgraf, R. Angew. Cheml 1985, 97, 998; Angew. Chem., Int. Ed. Engl. 1985, 24, 984.

15. Märkl, G.; Liebl, R. Synthesis 1978, 846.

16. Shinkai, S.; Araki, K.; Shibata, J.; Tsugawa, D.; Manabe, O. J. Chem. Soc., Perkin Trans. 1 1990, 3333.

17. Lakshmikantham, M. V.; Cava, M. P.; Albeck, M.; Engman, L.; Wudl, F.; Aharon - Shalom, E. Chem. Commun. /J. Chem. Soc., Chem. Commun. 1981, 828.

18. Araki, S.; Butsugan, Y. Tetrahedron Lett. 1984, 25, 441.

19. Connelly, N. G.; Lucy, A. R.; Whiteley, M. W. Chem. Commun. /J. Chem. Soc., Chem. Commun. 1979, 985.

20. Hashida, Y.; Kubota, K.; Sekiguchi, S. Bull. Chem. Soc. Jpn. 1988, 61, 905.

21. Butler, A. R.; Shepherd, P. T. J. Chem. Res. (S) 1978, 339.

22. Anderson, Jr., A. G.; Grina, L. D.; Forkey, D. M. J. Org. Chem. 1978, 43, 664.

23. Korzeniowski, S. H.; Gokel, G. W. Tetrahedron Lett. 1977, 1637.

24. Kobayashi, H.; Sonoda, T.; Iwamoto, H. Chem. Lett. 1981, 579.

25. Carlson, B. A.; Sheppard, W. A.; Webster, O. W. J. Am. Chem. Soc. 1975, 97, 5291.

26. Bronberger, F.; Huisgen, R. Tetrahedron Lett. 1984, 25, 57.

27. Huisgen, R. Bronberger, F. Tetrahedron Lett. 1984, 25, 61.

28. Bronberger, F.; Huisgen, R. Tetrahedron Lett. 1984, 25, 65.

29. (a) Boyd, G. V.; Monteil, R. L.; Lindley, P. F.; Mahmoud, M. M. J. Chem. Soc., Perkin Trans. 1 1978, 1351. (b) Baydar, A. E.; Boyd, G. V. J. Chem. Soc., Perkin Trans. 1 1978, 1360.

30. Meijs, G. F.; Beckwith, A. L. J. J. Am. Chem. Soc. 1986, 108, 5890.

31. Beckwith, A. L. J.; Meijs, G. F. J. Org. Chem. 1987, 52, 1922.

32. Citterio, A.; Cominelli, A.; Bonavoglia, F. Synthesis 1986, 308, 4.

33. Nock,H. ;Schottenberger,H. J. Org. Chem. 1993,58,7045.

34. (a) Abramovitch, R. A. ; Saha, J. G. Tetrahedron 1965, 21, 3297. (b) Abramovitch,R. A. ;Koleoso,O. A. JCS(B)1968,1292.

35. Beadle,J. R. ;Korzeniowski,S. H. ;Rosenberg,D. E. ;Garcia - Slanga, B. J. ;Gokel,G. W. J. Org. Chem. 1984,49,1594;Korzeniowski,S. H. ;Blum, L. ;Gokel,G. W. Tetrahedron Lett. 1977,22,1871;Rosenberg,D. E. ;Beadle,J. R. ;Korzeniowski,S. H. ;Gokel,G. W. Tetrahedron Lett. 1980,21,4141.

36. Caronna,T. ;Ferrario,F. ;Servi,S. Tetrahedron Lett. 1979,657.

37. Kreher,R. ;Bergmann,U. Tetrahedron Lett. 1976,4259.

38. Schmidt,R. R. ;Schneider,W. Tetrahedron Lett. 1970,5095.

39. Lankin,D. C. ;Petterson,R. C. ;Velazquez,R. A. J. Org. Chem. 1974, 39,2801.

40. Schmidt, R. R. ; Schneider, W. ; Karg, J. ; Burkert, U. Ber. Dtsch. Chem. Ges. /Chem. Ber. 1972,105,1634.

41. Petterson,R. C. ;Bennett,J. T. ;Lankin,D. C. ;Lin,G. W. ;Mykytka, J. P. ;Troendle,T. G. J. Org. Chem. 1974,39,1841. See also Ref. 40.

42. Kikukawa,K. ;Kono,K. ;Wada,F. ;Matsuda,T. Bull. Chem. Soc. Jpn. 1982,55,3671.

43. Schmidt,R. R. ;Vatter,H. Tetrahedron Lett. 1971,1925.

44. Ravenscroft,M. D. ;Skrabal,P. ;Weiss,B. ;Zollinger,H. Helv. Chim. Acta 1988,71,515.

45. Clark,J. C. ;Cookson,R. C. J. Chem. Soc 1962,686.

46. Kozikowski,A. P. ;Floyd,W. C. Tetrahedron Lett. 1978,19 ,19.

47. (a)Sakakura,T. ;Tanaka,M. Chem. Commun. /J. Chem. Soc. ,Chem. Commun. 1985,1309. (b)As for amino cation equivalents,see also Erdik,E. ;Ay, M. Chem. Rev. 1989,89,1947.

48. (a) Kanner, C. B. ; Pandit, U. K. Tetrahedron 1981, 37, 3513. (b) Manhas,M. S. ;Brown,J. W. ;Pandit,U. K. ;Houdewind,Tetrahedron 1975, 31,1325. (c) Katritzky,A. R. ;ürögdi,L. ;Patel,R. C. J. Chem. Soc. ,Perkin Trans. 1,1982,1349.

49. van Leusen, A. M. ; Hoogenboom, B. E. ; Houwing, H. A. J. Org. Chem. 1976,41,711.

50. Garst,M. E. ;Lukton,D. Synth. Commun. 1980,10,155.

51. Stang,P. J. ;Mangum,M. G. J. Am. Chem. Soc. 1977,99,2597.

52. Curtin, D. Y.; Tveten, J. L. J. Org. Chem. 1961, 26, 1764.

53. Examples: Enders, E. Methoden Org. Chem. (Houben - Weyl) 1965, X/3, 477.

54. Mayr, H.; Grimm, K. J. Org. Chem. 1992, 57, 1057.

55. (a) Ahern, M. F.; Leopold, A.; Beadle, J. R.; Gokel, G. W. J. Am. Chem. Soc. 1982, 104, 548. (b) Gapinski, D. P.; Ahern, M. F. Tetrahedron Lett. 1982, 23, 3875.

56. (a) Debeljak - Sus˘tar, M.; Stanovnik, B.; Tisler, M.; Zrimek, Z. J. Org. Chem. 1978, 43, 393. (b) Baldwin, J. E.; Harrison, P.; Murphy, J. A. Chem. Commun. /J. Chem. Soc., Chem. Commun. 1982, 818. Julliard, M.; Vernin, G.; Metzger, J. Synthesis 1980, 116.

57. Vaughan, K.; Stevens, M. F. G. Chem. Soc. Rev. 1978, 7, 377.

58. Baum, K. J. Org. Chem. 1968, 33, 4333.

59. (a) Hanley, R. N.; Ollis, W. D.; Ramsden, C. A. J. Chem. Soc., Perkin Trans. 11979, 736. (b) Baydar, A. E.; Boyd, G. V.; Lindley, P. F.; Walton, A. R. J. Chem. Soc., Perkin Trans. 1 1985, 415.

60. Ref. 55a and Kobayashi, M.; Gotoh, M.; Yoshida, M. Bull. Chem. Soc. Jpn. 1987, 60, 295.

61. Sakakura, T.; Hara, M.; Tanaka, M. Chem. Commun. /J. Chem. Soc., Chem. Commun. 1985, 1545.

62. Yoneda, N.; Fukuhara, T.; Mizokami, T.; Suzuki, A. Chem. Lett. 1991, 459.

63. Broxton, T. J.; Bunnett, J. F.; Paik, C. H. J. Org. Chem. 1977, 42, 643.

64. Horning, D. E.; Ross, D. A.; Muchowski, J. M. Can. J. Chem. 1973, 51, 2347.

65. (a) Abramovitch, R. A.; Alvernhe, G.; Bartnik, R.; Dassanayake, N. L.; Inbasekaran, M. N.; Kato, S. J. Am. Chem. Soc. 1981, 103, 4558. (b) Abramovitch, R. A.; Inbasekaran, M. N.; Kato, S.; Singer, G. M. J. Org. Chem. 1976, 41, 1717.

66. Olah, G. A.; Wu, A. Synthesis 1991, 204.

67. Petrillo, G.; Novi, M.; Garbarino, G.; Dell'erba, C. Tetrahedron 1986, 42, 4007.

68. Petrillo, G.; Novi, M.; Garbarino, G.; Filiberti, M. Tetrahedron 1989,

45,7411.

69. (a)Li,J. ;Lue,P. ;Zhou,X. - J. Synthesis 1992,281. (b)Chen,C. ;Qiu, M. ;Zhou,X. J. Synth. Commun. 1991,21,1729.

70. (a)Swain,C. G. ;Rogers,R. J. J. Am. Chem. Soc. 1975,97,799. (b) Becker,H. G. O. ;Israel,G. J. Prakt. Chem. 1979,321,579. (c)Abramovitch, R. A. ;Saha,J. G. Can. J. Chem. 1965,43,3269.

71. Shinhama, K. ; Aki, S. ; Furuta, T. ; Minamikawa, J. Synth. Commun. 1993,23,1577.

72. (a) Hegarty, A. F. In The Chemistry of the Diazo and Diazonium Groups,Part 2,Patai,S. ,Ed. ;Wiley:Chichester,1978;pp 511. (b)Zollinger,H. In The Chemistry of Triple - Bonded Functional Groups, Part 1, Patai, S. ; Rappoport,Z. ,Eds. ;Wiley:Chichester,1983;pp 603.

73. (a)Kirk,K. L. ;Nagai,W. ;Cohen,L. A. J. Am. Chem. Soc. 1973,95, 8389. (b) Petterson, R. C. ; DiMaggio, III A. ; Hebert, A. L. ; Haley, T. J. ; Mykytka,J. P. ;Sarkar,I. M. J. Org. Chem. 1971,36,631.

74. (a) Sellers, C. ; Suschitzky, H. J. Chem. Soc. (C) 1968, 18, 2317. (b) Rutherford,K. G. ;Redmond,W. ;Rigamonti,J. J. Org. Chem. 1961,26,5149.

75. Citterio,A. ;Arnoldi,A. Synth. Commun. 1981,11,639.

76. Keumi,T. ;Umeda,T. ;Inoue,Y. ;Kitajima,H. Bull. Chem. Soc. Jpn. 1989,62,89.

77. Korzeniowski,S. H. ;Gokel,G. W. Tetrahedron Lett. 1977,40,3519.

78. Takeishi,M. ;Shiozawa,N. Bull. Chem. Soc. Jpn. 1989,62,4063.

79. Still,I. W. J. ;Szilagyi,S. Synth. Commun. 1979,9,923.

80. Doak,G. O. ;Freedman,L. D. J. Am. Chem. Soc. 1951,73,5658.

81. Examples:Sasse,K. Methoden Org. Chem. (Houben - Weyl)1963,12/1,368.

82. Cohen, T. ; Dietz, A. G. , Jr. ; Miser, J. R. J. Org. Chem. 1977, 42,2053.

83. Rondestvedt,C. S. Org. React. 1960,11,189 - 260;Org. React. 1977, 24,225.

84. (a) Kikukawa, K. ; Nagira, K. ; Terao, N. ; Wada, F. ; Matsuda, T. Bull. Chem. Soc. Jpn. 1979, 52, 2609. (b) Kikukawa, K. ; Nagira, K. ; Wada, F. ; Matsuda,T. Tetrahedron 1981, 37, 31; (c) Yong, W. ; Yi, P. ; Zhuangyu, Z. ; Hongwen,H. Synthesis 1991,967.

85. Kikukawa, K.; Umekawa, H.; Matsuda, T. J. Organomet. Chem. 1986, 311, C44.

86. Ikenaga, K.; Kikukawa, K.; Matsuda, T. J. Chem. Soc., Perkin Trans. 1, 1986, 1959.

87. Ikenaga, K.; Matsumoto, S.; Kikukawa, K.; Matsuda, T. Chem. Lett. 1990, 185 and references cited therein.

88. Kikukawa, K.; Totoki, T.; Wada, F.; Matsuda, T. J. Organomet. Chem. 1984, 270, 283.

89. Kikukawa, K.; Idemoto, T.; Katayama, A.; Kono, K.; Wada, F.; Matsuda, T. J. Chem. Soc., Perkin Trans. 1 1987, 1511.

90. Nagira, K.; Kikukawa, K.; Wada, F.; Matsuda, T. J. Org. Chem. 1980, 45, 2365.

91. Kikukawa, K.; Kono, K.; Nagira, K.; Wada, F.; Matsuda, T. J. Org. Chem. 1981, 46, 4413.

92. Korzeniowski, S. H.; Blum, L.; Gokel, G. W. J. Org. Chem. 1977, 42, 1469.

93. Hendrickson, J. B. J. Am. Chem. Soc. 1961, 83, 1251.

94. Severin, T.; Schmitz, R.; Loske, J.; Hufnagel, J. Ber. Dtsch. Chem. Ges./Chem. Ber. 1969, 102, 4152.

95. Shono, T.; Matsumura, Y.; Tsubata, K. Chem. Lett. 1979, 8, 1051.

96. Nakayama, J.; Yoshida, M.; Simamura, O. Tetrahedron 1970, 26, 4609.

97. Tröndlin, F.; Rüchardt, C. Ber. Dtsch. Chem. Ges./Chem. Ber. 1977, 110, 2494.

98. Hartman, G. D.; Biffar, S. E. J. Org. Chem. 1977, 42, 1468.

99. Marx, G. S. J. Org. Chem. 1971, 36, 1725.

100. James, F. G.; Perkins, M. J.; Porta, O.; Smith, B. V. Chem. Commun./J. Chem. Soc., Chem. Commun. 1977, 131.

101. Minisci, F.; Vismara, E.; Fontana, F.; Morini, G.; Serravalle, M. J. Org. Chem. 1986, 51, 4411.

102. Druliner, J. D. Macromolecules 1991, 24, 6079.

吡啶 N-氧化物(Pyridine N-Oxide)

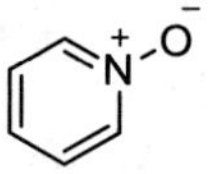

[694-59-7]　C_5H_5NO　(MW 95.11)

温和的氧化试剂,可对一些特定底物进行氧化。氧化卤代烃为醛,对某些羧酸、酸酐和卤代酸进行氧化脱羧,对羧酰胺类化合物进行脱氢氧化。

物理性质:熔点 66℃,沸点 270℃。

溶解度:溶于水和大多数的有机溶剂。

供应形式:吸湿性的无色固体。

试剂纯度分析:^{1}H NMR(CCl_4):7.35(3H,m),8.35(3H,m)。

形状:金黄色的晶体。

提纯:在减压下进行蒸馏。

使用、储存和注意事项:试剂有吸湿性和刺激性,应在通风橱里使用。

氧化脱羧

某些取代的羧酸和酸酐在吡啶 N-氧化物的甲苯和二甲苯溶液中进行回流,可进行脱羧并氧化生成醛和酮(反应式 1~3)。如果是酸反应的话先需要等量的乙酸酐先脱水生成相应的酸酐再进行反应[1-2]。

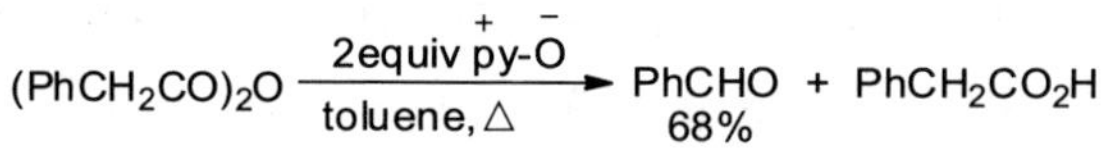

(1)

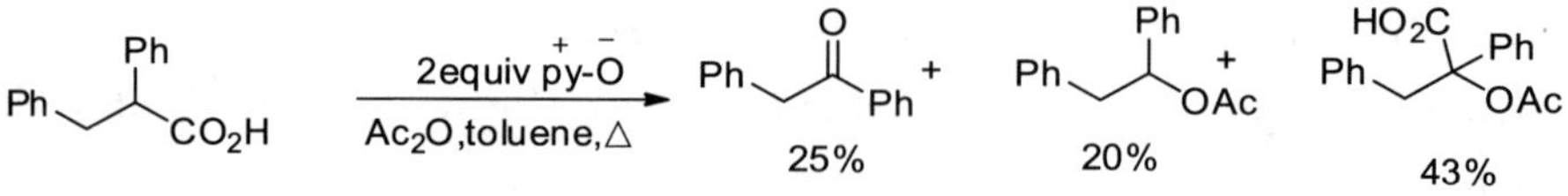

(2)

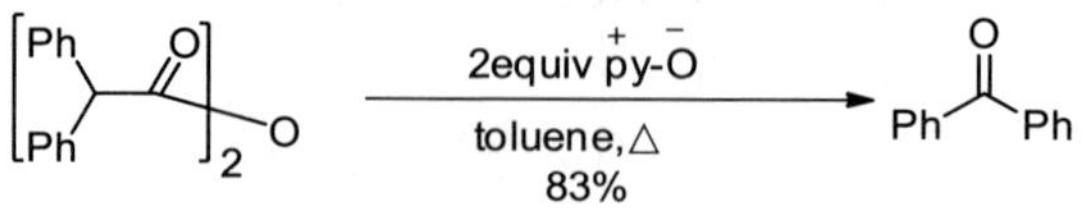

(3)

从合成角度上更有意义的是,卤代羧酸在 4 当量的吡啶 N-氧化物的作用下,生成少一个碳原子的醛和酮(反应式 4~6)[3-4]。

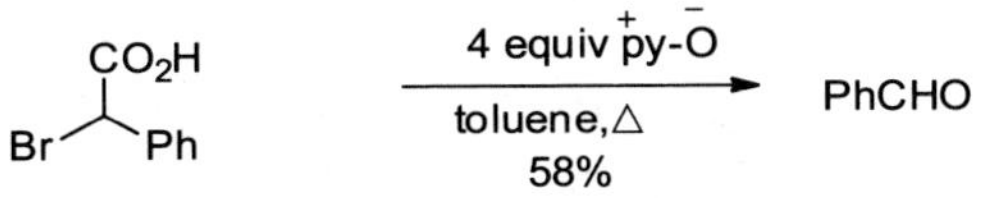

(4)

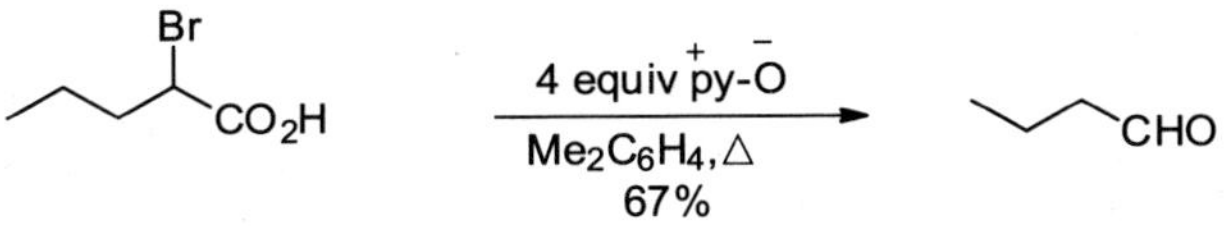

(5)

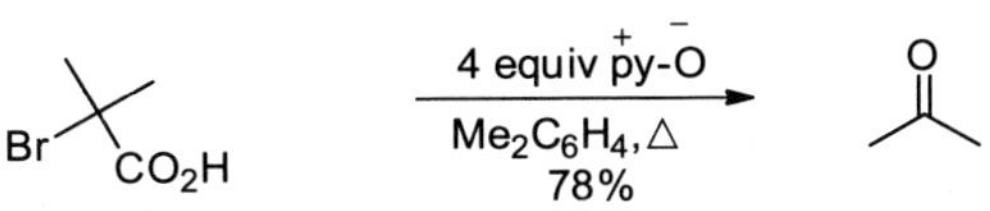

(6)

氧化卤代烃

吡啶 N-氧化物可以氧化卤代烃,甚至不活泼的卤代烃至相应的羰基化合物。后一点尤为重要,因为多数的氧化方法如 Kröhnke 和 Kornblum 氧化通常只能氧化活泼的卤代烃,该氧化操作可用两种方式进行:第一种,卤代烃和吡啶 N-氧化物反应,在碱如碳酸氢钠的存在下进行;第二种,中间体 N-烃氧吡啶先分离,而后用碱处理[5-7]。2-甲基吡啶 N-氧化物也可进行类似的反应[8]。

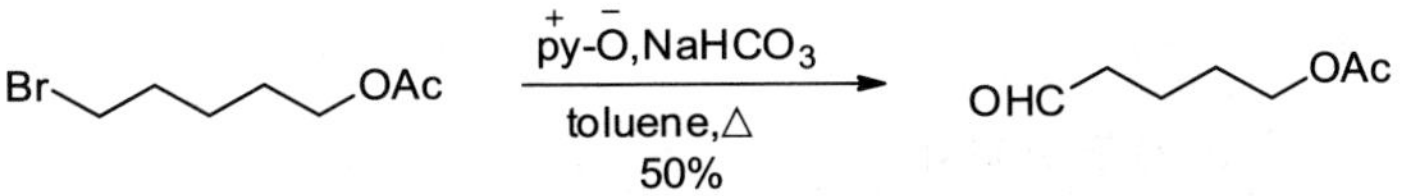

(7)

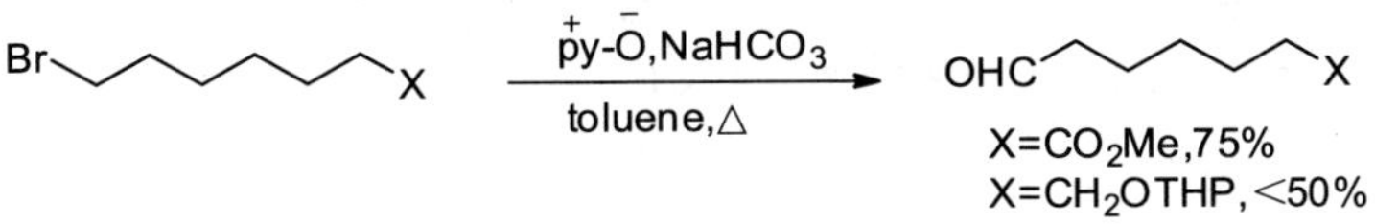

(8)

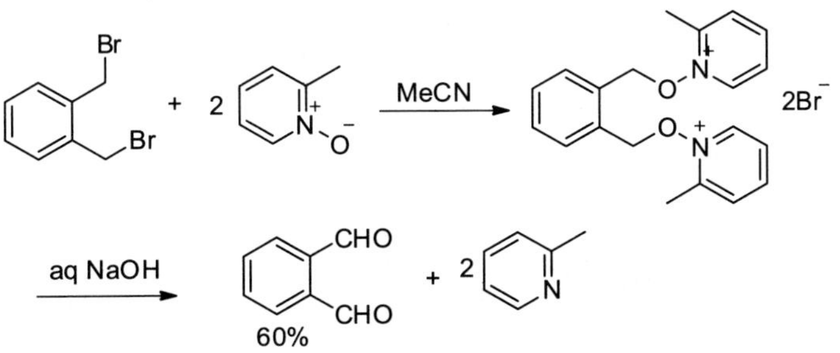

(9)

该方法非常适合用来合成酮酯[9]。在反应式 10 和 11 中,溴代酯或酸和吡啶 N-氧化物,硝酸银在 0℃反应可得目标产物。用弱碱对分离的盐进行分解就得到二羰基化合物,收率相当高。

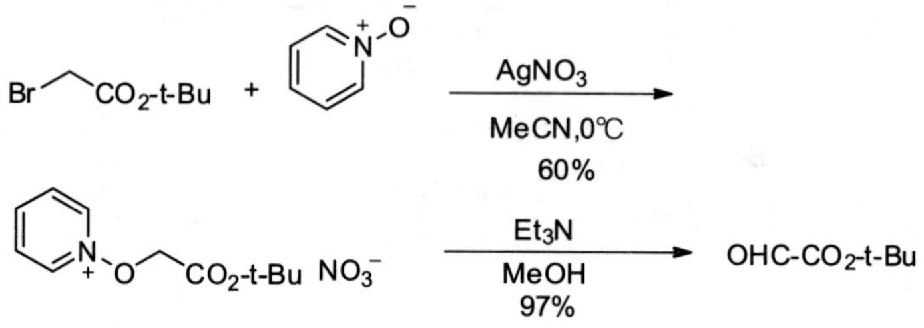

(10)

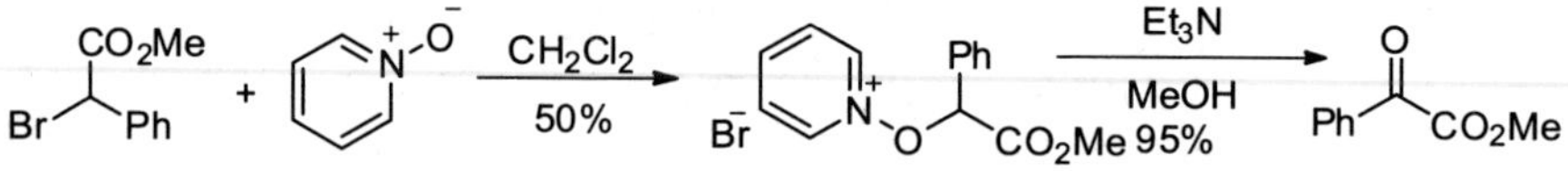

(11)

在某些情况下,当用溴代物做底物时,不一定要加硝酸银,如反应式 11。对于二级卤代烃来说,用更加亲核性的吡啶类氧化物如 DMAP 1-oxide 更加有优势(反应式 12)[10]。但是对于卤代环己烷的氧化一直没有成功,因为该反应易发生消除。

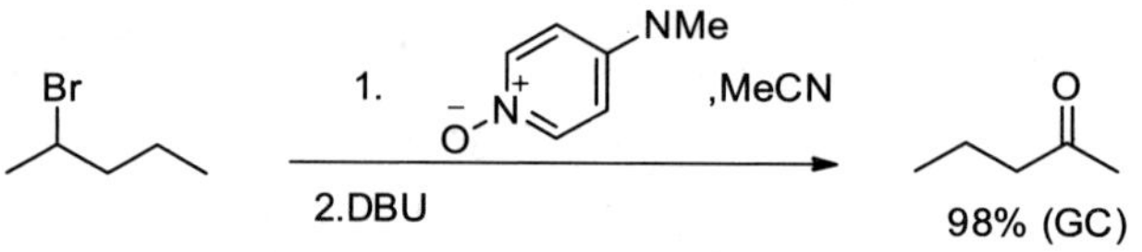

(12)

(12)

羧酰胺类化合物的脱氢氧化

叔胺的氯肟类化合物和吡啶 N-氧化物的氯仿溶液进行反应,在三乙胺的存在下进行脱氢氧化,生成不饱和的酰胺(反应式 13~15)[11]。

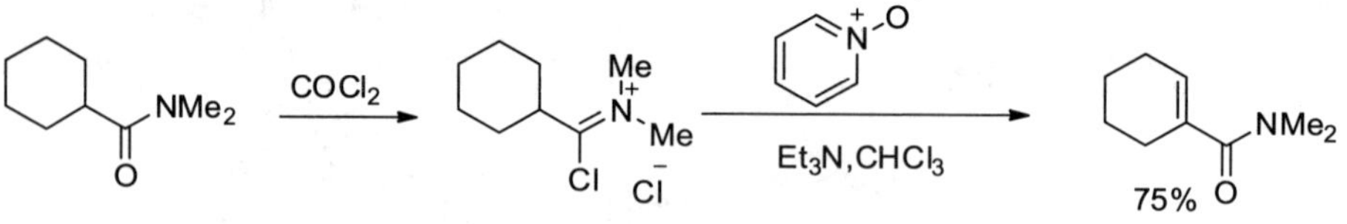

(13)

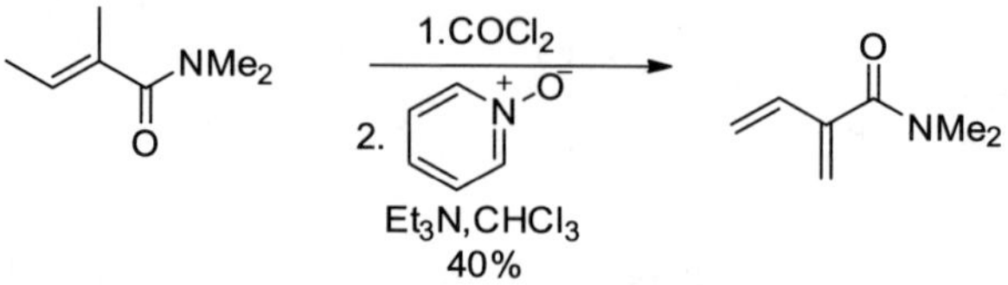

(14)

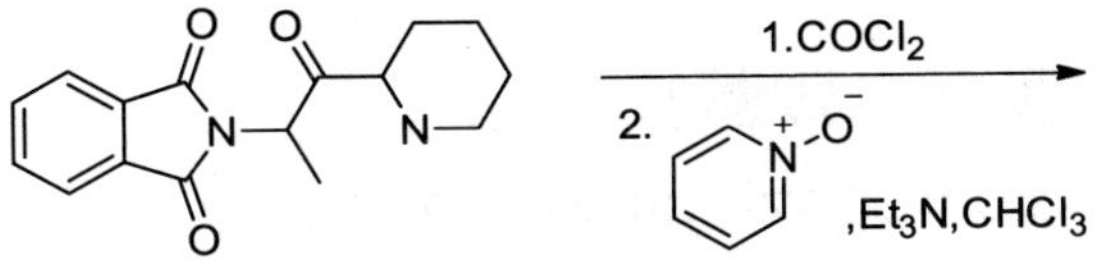

(15)

二苯基亚砜也可用作氧化剂,但是产品不易提纯。用吡啶氧化物来合成脱氢氨基酸的衍生物非常有价值(如反应式 15)。进行该类反应时,底物的 α-位置必须有支链,否则只能生成氯代酰胺(反应式 16)[12]。

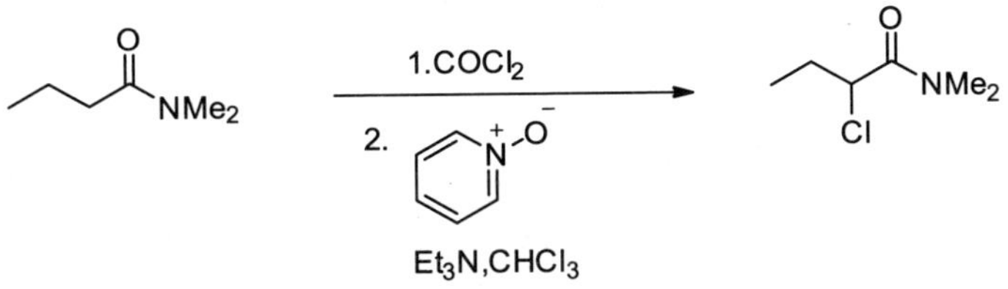

(16)

参考文献

1. Cohen, T.; Shaw, C. K.; Jenkins, J. A. J. Org. Chem. 1973, 38, 3737.

2. Rüchardt, C.; Eichler, S.; Krätz, O. Tetrahedron Lett. 1965, 233.

3. Cohen, T.; Song, I. H. J. Org. Chem. 1966, 31, 3058.

4. Cohen, T.; Song, I. H.; Fager, J. H.; Deets, G. L. J. Am. Chem. Soc. 1967, 89, 4968

5. Stowell, J. C. J. Org. Chem. 1970, 35, 244.

6. Henrick, C. A. Tetrahedron 1977, 33, 1845.

7. Feely, W.; Lehn, W. L.; Boekelheide, V. J. Org. Chem. 1957, 22, 1135.

8. Traynelis, V. J.; Kimball, J. P. J. Org. Chem. 1975, 40, 2365.

9. Kilényi, S. N. Comprehensive Organic Synthesis 1991, 7, 653.

10. Sliwa, H.; Tartar, A. J. Org. Chem. 1976, 41, 160.

11. Mukaiyama, S.; Inanaga, J.; Yamaguchi, M. Bull. Chem. Soc. Jpn. 1981, 54, 2221.

12. Da Costa, R.; Gillard, M.; Falmagne, J. B.; Ghosez, L. J. Am. Chem. Soc. 1979, 101, 4381.

1,1'-(偶氮二羰基)二哌啶
(1,1 -(Azodicarbonyl)dipiperidine)

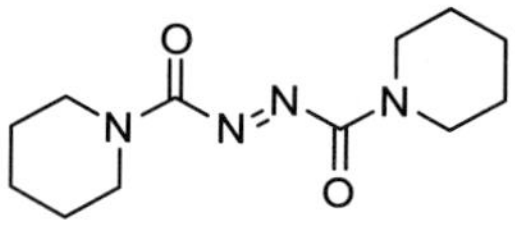

[10465 - 81 - 3]　$C_{12}H_{20}N_4O_2$　(MW 252.32)

温和的氧化试剂,通过偶氮羰基对底物进行脱氢氧化作用。相较于前者,该试剂在碱性的条件下选择性地氧化一系列的醇至相应的醛和酮[1]。

物理性质:熔点 134～135℃。

形状:金黄色的晶体。

溶解度:不溶于石油醚,微溶于甲醇,溶于乙醇、乙醚和四氢呋喃。

试剂纯度分析:^{1}H NMR(CCl_4):1.47～1.88(12H,br),3.15～3.77(8H,br);IR(KBr)1705 cm^{-1}。

提纯:己烷:苯(10∶1)的混合溶剂重结晶。

用途:可作为温和氧化剂,氧化醇为醛和酮。

许多种类一级和二级醇经格式试剂处理后一般是用 1.2 当量的正丙基溴化镁或叔丁醇溴化镁处理后转化其溴化镁盐,然后用 1.2 当量的 1,1'-(偶氮二羰基)二哌啶氧化成相应的醛或酮(反应式 1)[1]。

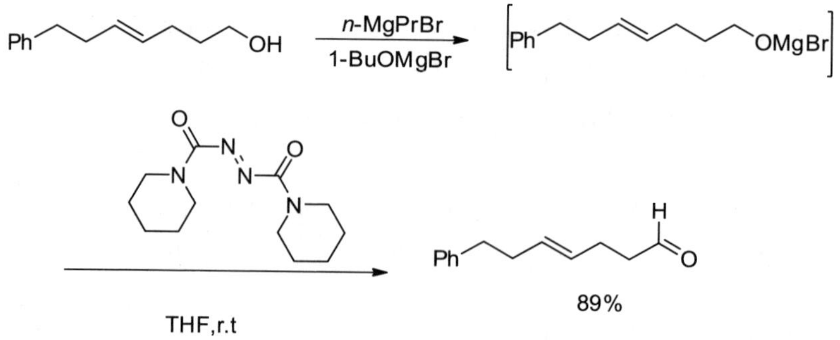

(1)

如果底物容易和格式试剂反应,就推荐使用叔丁醇溴化镁。如睾酮的氧化可顺利的制备 4 -雄烯- 3,17 -二酮(反应式 2)[1]。

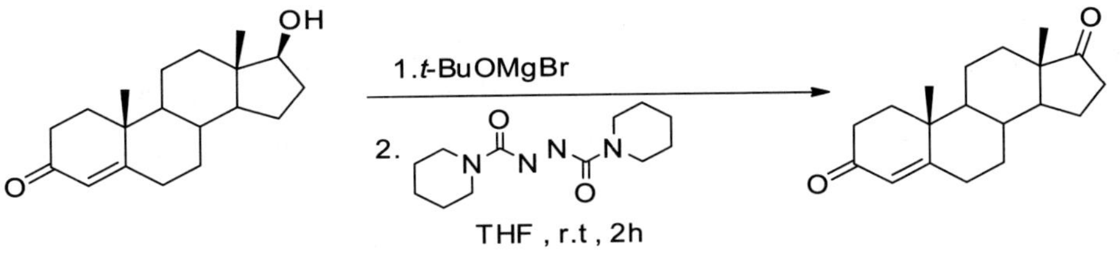

(2)

该方法被广泛地用来合成含有其他官能团的醇，如含有双键、环氧基、胺、硫醚(反应式 3)[2]。烯丙基锡烷烃类化合物(反应式 4 和反应式 5)[3,4]、丙二烯的锡烷烃类化合物(反应式 6)[5]、酰基锡烷烃类化合物也可以通过氧化 1-锡烷基醇的锂盐来进行制备(反应式 7)[6]。

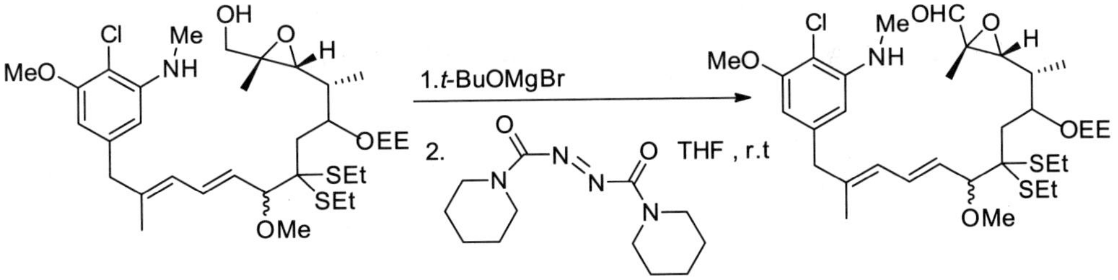

(3)

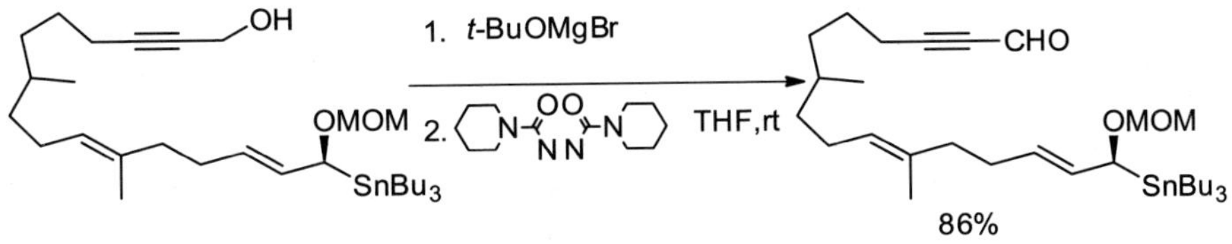

(4)

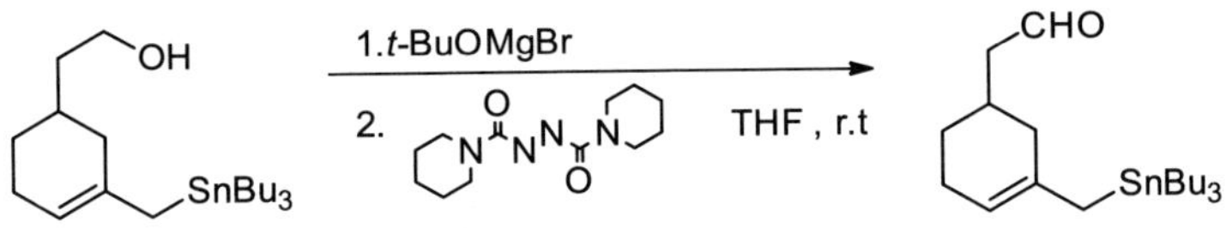

(5)

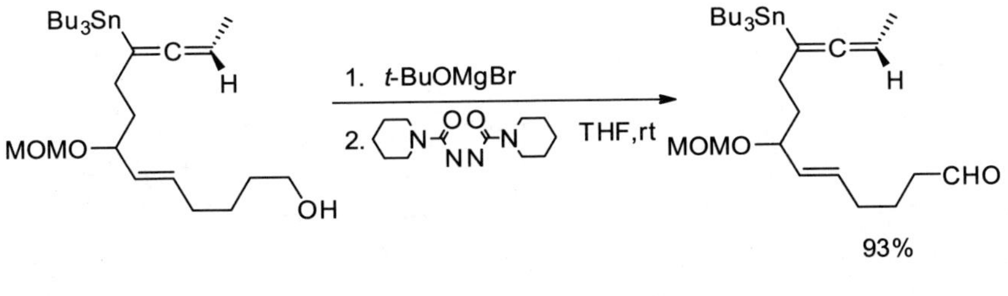

(6)

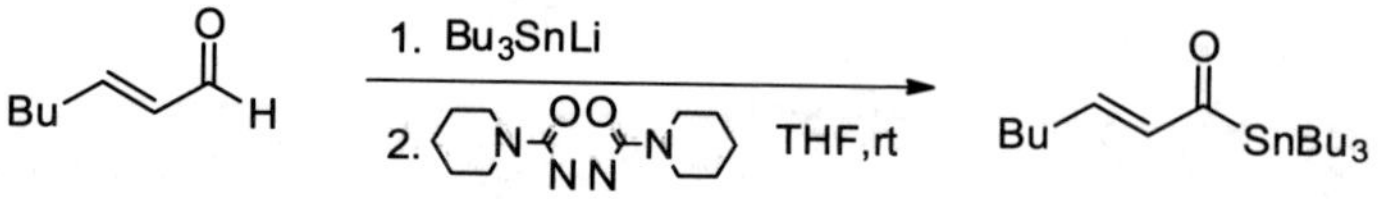

(7)

参考文献

1. Narasaka, K. ; Morikawa, A. ; Saigo, K. ; Mukaiyama, T. Bull. Chem. Soc. Jpn. 1977, 50, 2773.

2. Meyers, A. I. ; Comins, D. L. ; Roland, D. M. ; Henning, R. ; Shimizu, K. J. Am Chem. Soc. 1979, 101, 7104.

3. Marshall, J. A. ; Gung, B. W. Isr. J. Chem. 1991, 31, 199.

4. Denmark, S. E. ; Weber, E. J. J. Am. Chem. Soc. 1984, 106, 7970.

5. Marshall, J. A. ; Wang, X. -J. J. Org. Chem. 1992, 57, 3387.

6. Marshall, J. A. ; Gung, W. Y. Tetrahedron 1989, 45, 1043.

3-苄基噻唑溴鎓盐(3-Benzylthiazolium Bromide)[1]

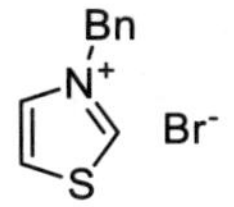

[75066-50-1]　$C_{10}H_{10}BrNS$　(MW 256.16)

温和的氧化试剂,通过内鎓盐的形式起氧化反应;该试剂和前者的区别是把醛氧化成酸。

当与碱结合时是一种氧化还原催化剂,用于氧化醛类物质,但也可以用于还原有机化合物[2]。

物理数据:熔点 155~156℃。

溶解度:与甲醇互溶;溶于乙醇、二甲基亚砜和二甲基亚酰胺;微溶于氯仿、二氯甲烷和丙酮;不溶于四氢呋喃、苯、乙酸乙酯。

商品形状:白色柱状晶体。

试剂纯度分析:核磁共振氢谱(DMSO-d_6,270 MHz)5.82(s,2H,CH_2),7.41~7.53(m,5H,C_6H_5),8.37(dd,1H,H-5,J 为 3.7 和 2.4 Hz),8.61(dd,1H,H-4,J 为 3.7 和 1.8 Hz);10.40(dd,1H,H-2,J 为 2.4 和 1.8 Hz)。

提纯:用 5∶1 苯/乙醇溶液重结晶。

使用、储存和注意事项:试剂稍有吸湿性,应在使用前干燥。

氧化醛生成甲基酯

3-苄基噻唑溴鎓盐,在甲醇溶液中,作为催化剂进行氧化还原反应,醛被氧化为甲酯,而另外一些有机化合物如吖啶、吩嗪、偶氮苯和硝基苯却被还原成相应的还原产物[2]。通常进行的氧化还原反应如下:三乙胺(5 mmol)和底物(4 mmol)被加入到醛(6 mmol)和 3-苄基噻唑溴鎓盐(1 mmol)在 10mL 甲醇形成的冷冻液中。该溶液融化后在氩气保护下室温搅拌 20h。为了提高反应的收率,一般加入过量的醛。甲醇里如存在空气易把醛氧化成甲酯。

这个反应的机理如方应式 1 所示。噻唑盐先通过与三乙胺作用转化为内鎓盐[3],然后该内鎓盐与醛作用形成加成物(活性醛)[4],接着该加成物与甲醇中的有机底物发生氧化还原反应生成甲酯,而底物被还原成相应的还原产物。

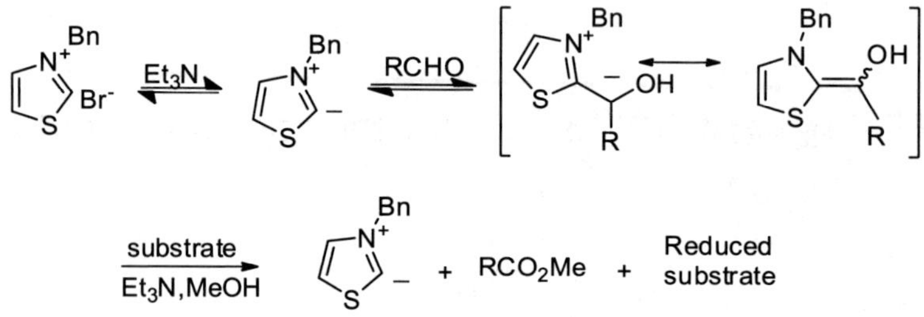

(1)

在 3 -苄基溴化噻唑和三乙胺的去氧甲醇溶液中,吖啶被苯甲醛、糠醛和庚醛还原成 9,9′-二吖啶,并且反应收率相当高,醛被氧化为相应的甲基酯(反应式 2)[2]。过量的醛发生安息香缩合转化成羟基酮[5]。该氧化还原反应被认为是电子从活泼的醛转移到吖啶。

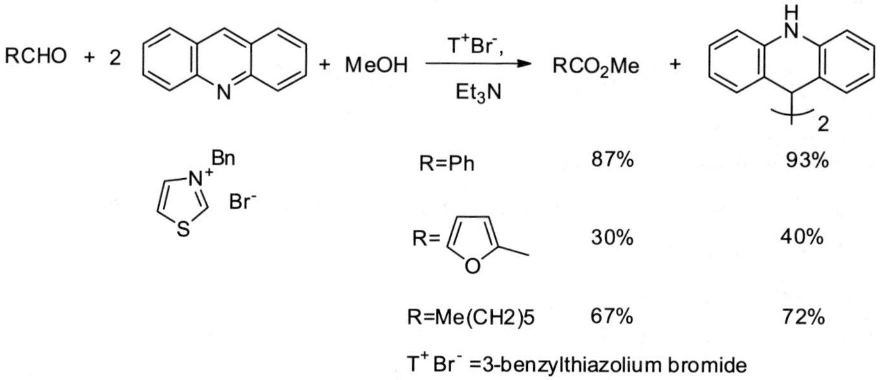

(2)

在类似的条件下,吩嗪和偶氮苯也被分别还原成 5,10 -二氢吩嗪(反应式 3)和氢化偶氮苯(反应式 4);后者与盐酸反应后得到联苯胺[2]。硝基苯被还原为苯胺和 N -苯甲酰- N -苯基羟胺(反应式 5)[2,6]。

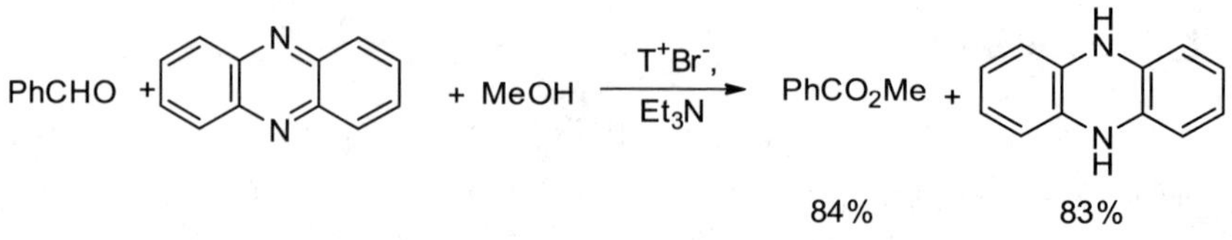

(3)

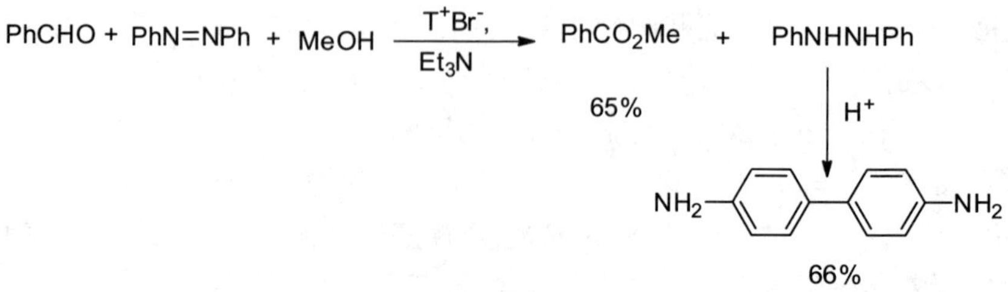

(4)

$$\mathrm{PhNO_2} \xrightarrow[\mathrm{T^+Br^-,Et_3N}\atop \mathrm{MeOH}]{\mathrm{PhCHO}} \underset{25\%}{\mathrm{PhNH_2}} + \underset{22\%}{\mathrm{PhN(OH)COPh}} \qquad (5)$$

参考文献

1. (a)Ugai, T.; Tanaka, S.; Dokawa, S. J. Pharm. Soc. Jpn. 1943, 63, 269. (b)Metzger, J. V. Thiazole and its Derivatives; Interscience: New York, 1979; Part 1. (c)Metzger, J. V. In Comprehensive Heterocyclic Chemistry; Katritzky, A. R.; Rees, C. W., Eds.; Pergamon: Oxford, 1984; 6, 235.

2. Inoue, H.; Higashiura, K. Chem. Commun./J. Chem. Soc., Chem. Commun. 1980, 549

3. Katritzky, A. R.; Lagowski, J. M. In Comprehensive Heterocyclic Chemistry; Katritzky, A. R.; Rees, C. W., Eds.; Pergamon: Oxford, 1984, 5, 63

4. Stetter, H. Angew. Chem., Int. Ed. Engl. 1976, 15, 639

5. (a)Hassner, A.; Rai, K. M. L. Comprehensive Organic Synthesis 1991, 1, 541. (b)Laird, T. In Comprehensive Organic Chemistry; Barton, D. H. R.; Ollis, W. D., Eds.; Pergamon: Oxford, 1979; 1, p 1142. (c)Breslow, R. J. Am. Chem. Soc. 1958, 80, 719.

6. Inoue, H.; Tamura, S. Chem. Commun./J. Chem. Soc., Chem. Commun. 1985, 141.

偶氮二异丁腈(Azobisisobutyronitrile)

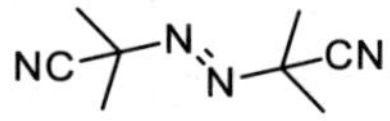

[78-67-1]　$C_6H_{12}N_4$　(MW 164.21)

自由基反应的引发剂,属于偶氮类的自由基引发剂。

又名:AIBN。

物理数据:熔点 103～104 ℃。

可溶于:苯、甲苯。

供应形式:白色粉末,可商购。

制备方法:可以用相应的肼被亚硝酸氧化制备。

提纯方法:乙醚重结晶。

处理、存储和预防措施:试剂避免接触光和热;存储在避光的冰箱或冰柜里。AIBN 是有害的,放久了的样品或不正确存储的样品可能存在爆炸的风险。

制备方法

偶氮二异丁腈(AIBN)和类似物可以由一个两步过程进行制备,第一步在氰化钠的存在下肼和酮进行反应,然后对形成的肼进行氧化(反应式 1)[1,2]。

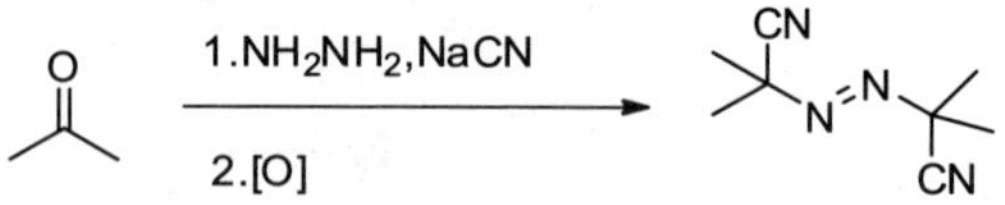

(1)

自由基引发的化学反应的应用

AIBN 引发剂最多应用在自由基反应,特别是那些使用三正丁基锡烷的反应。AIBN 在温度高于 60℃,进行氮分解生成异丁基腈的自由基,从而引发自由基化学反应,通常是通过脱去 Bu_3SnH 氢原子或其他供体而引起自由基反应。AIBN 的有效的工作温度范围是 60～120℃,在 80℃的半衰期是 1 h。在许多应用中涉及 C—C 键的形成,自由基的化学反应通常是通过连锁反应进行,所以只需要少量(通常是 0.1 当量)的引发剂。为达到最佳效果,特别是在较高的温度时,AIBN 最好分批添加或通过注射泵添加。

典型的三正丁基锡烷为中介的反应，一般以 AIBN 为引发剂，涉及烷基和乙烯自由基环化(方应式 2 和 3)[3,4]。

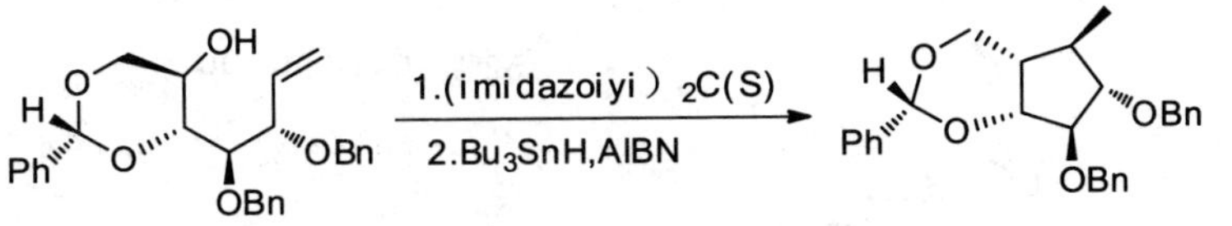
(2)

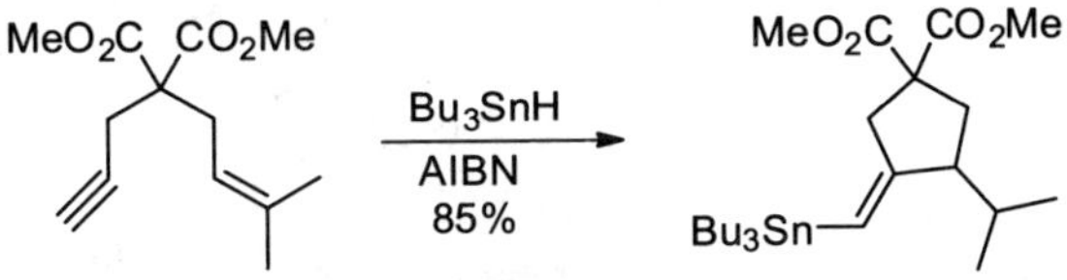
(3)

在反应式 2 中，烷基自由基是通过三丁基锡自由基攻击巴顿衍生物而得到的，而在反应式 3 中，乙烯自由基的生成是通过三丁基锡自由基对炔的加成而得到的。这种类型的环化已经扩展到许多类型的底物，其中包括化合物中的一个羰基充当受体(反应式 4)，以及和其他类型的发生自由基的重排或发生裂解(反应式 5)[5,6]。后者其反应顺序包括最初形成的自由基对相邻的羰基进行的加成，接着是形成的环丙基自由基进行区域选择性的开裂，形成一个碳环扩张反应，收率良好。

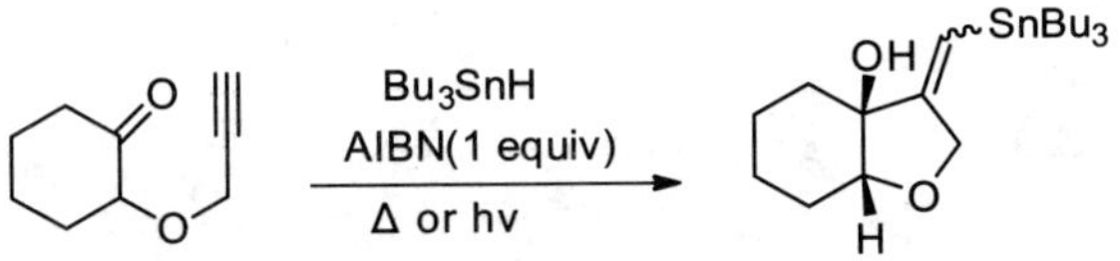
(4)

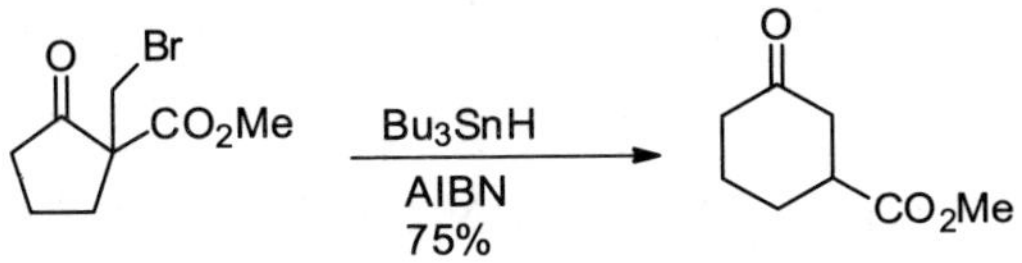
(5)

除了应用 Bu_3SnH 以外 AIBN 也可以与许多其他类型的自由基产生系统结合使用。包括使用三(三甲基硅烷基)硅烷[7]、苯硫[8]、二苯基膦[9]，以及用 Ph_3GeH 和 CO 在高压下形成的羰基自由基，用这些自由基都可以进行环化反应(反应式 6～9)[10]。

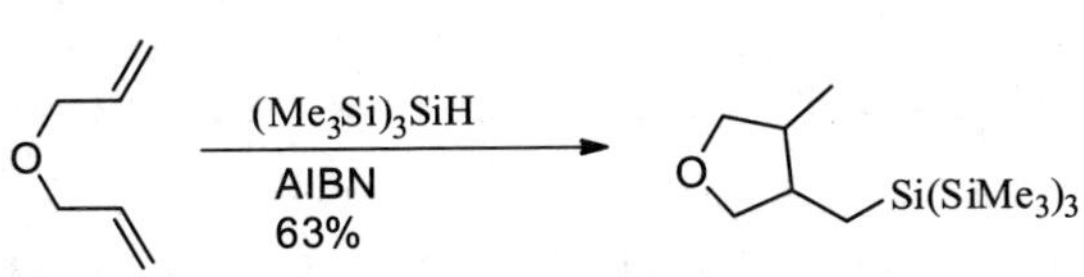
(6)

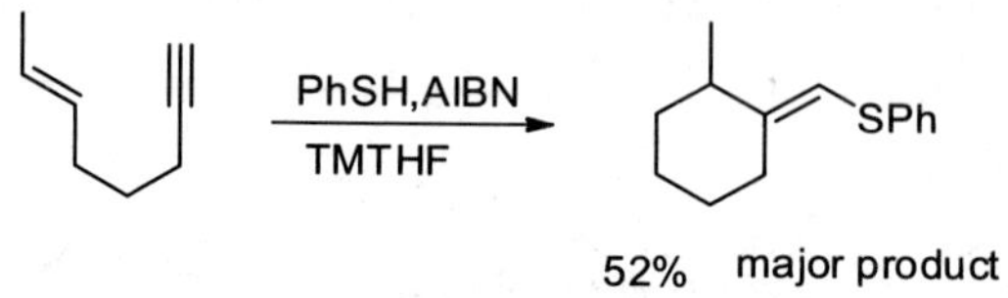

(7)

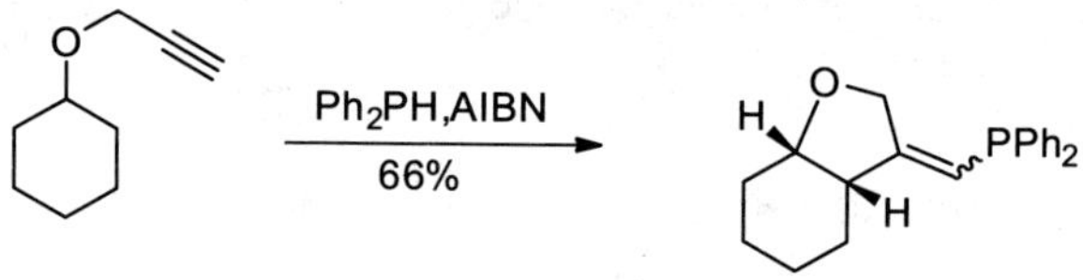

(8)

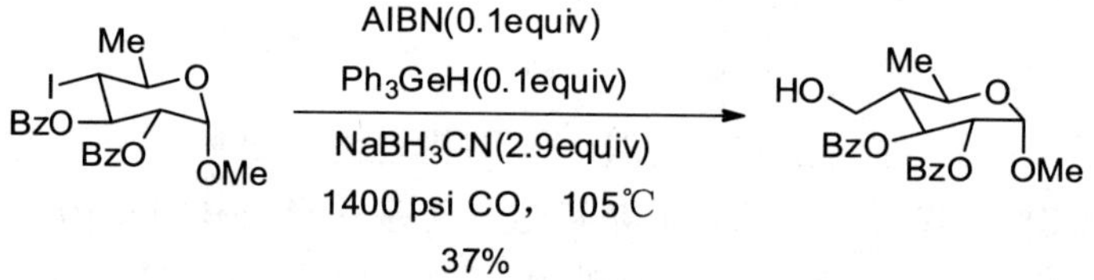

(9)

对于某些类型的自由基反应，AIBN 可能不是最好的选择。凯克和伯内特发现在 PGF2 合成中低侧链的引入，包括自由基对锡烷的烯酮进行加成，在 65℃当用 AIBN 作引发剂时反应效果很差。而如果在回流的甲苯(110℃)反应，并用 1,1 偶氮双环己烷腈(ACN)取代 AIBN，加成效果明显好得多(反应式 10)[11]。

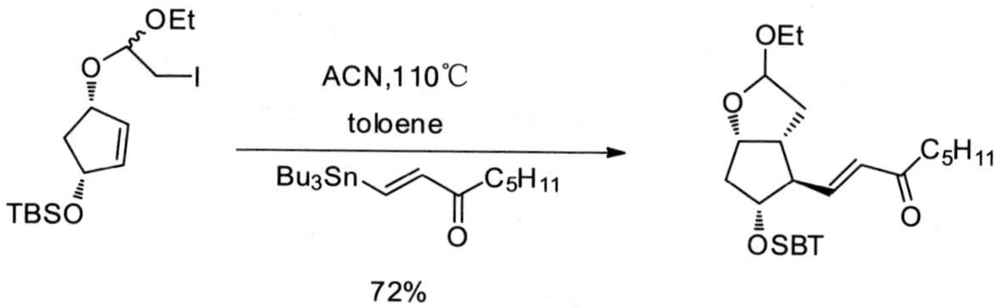

(10)

反应温度需要高于苯的回流温度，ACN 其分解速度显著低于 AIBN，所以在该情况下通常可能是一个有用的 AIBN 替代物，尽管这种可能性还没有进行详细实验研究。在更高的温度下，其他引发剂如二烷基过氧化物和过氧化酯等也应被考虑，虽然这些试剂生成的自由基反应活性和 AIBN 生成的异丁腈自由基的反应活性完全不同。

参考文献

1. Thiele, J.; Heuser, K. Justus Liebigs Ann. Chem./Liebigs Ann. Chem. 1896, 290, 1.

2. Overburger, C. G.; O'Shaughnessy, M. T.; Shalit, H. J. Am. Chem.

Soc. 1949,71,2661.

3. RajanBabu,T. V. J. Am. Chem. Soc. 1987,109,609.

4. Stork,G. ;Mook,Jr. ,R. J. Am. Chem. Soc. 1987,109,2829.

5. Nishida,A. ; Takahashi, H. ; Takeda, H. ; Takada, N. ; Yonemitsu, O. J. Am. Chem. Soc. 1990,112,902.

6. Dowd,P. ;Choi,S. -C. Tetrahedron 1989,45,77.

7. Kopping,B. ; Chatgilialoglu, C. ; Zehnder, M. ; Giese, B. J. Org. Chem. 1992,57,3994.

8. Broka,C. A. ;Reichert,D. E. C. Tetrahedron Lett. 1987,28,1503.

9. Brumwell,J. E. ; Simpkins, N. S. ; Terrett, N. K. Tetrahedron Lett. 1993,34,1215.

10. Gupta,V. ;Kahne,D. Tetrahedron Lett. 1993,34,591.

11. Keck,G. E. ;Burnett,D. A. J. Org. Chem. 1987,52,2958.

1,1-二-叔丁基 过氧化物(1,1-Di-*t*-butyl Peroxide)[1-3]

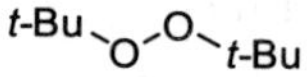

[110-05-4]　$C_8H_{18}O_2$　(MW 146.23)

类同于 AIBN,过氧化物类的自由基引发剂。可进行 HX 对烯烃的反马氏加成[4]。通过脱氢,引发自由基对下列活泼碳氢双键的加成:①脱氢二聚反应[5,6];②对烯烃、炔烃、羰基进行的分子内[7]和分子间[3,8,9]的加成;③对质子化的杂环进行加成反应[10,11];④裂解[12,13]。在硅烷还原酯的反应中用过氧化物可引发醇的脱氧[14],四氯化钛合烯烃的反应形成氯乙醇[15]。

别名:叔丁基过氧化物,DTBP。

物理数据:沸点 109 ℃(760 mmHg),63 ℃(119 mmHg);d 0.796 g/cm³。

溶解性:可溶于大多数有机溶剂。

供应的形式:透明无色液体。

试剂纯度分析:Kropf 描述的可以用不同的方法(化学方法或色谱方法)分析过氧化物。

处理、存储和预防措施:易爆;如果通过呼吸或皮肤接触对人身体有害,强氧化剂,易燃,避免接触热源。所有有关过氧化物的反应应在安全罩内进行,并在通风橱里进行反应。

叔丁基过氧化物是一常用的自由基反应的引发剂。它进行单分子的热分解成叔丁基氧的自由基,而后进一步分解成甲基自由基和丙酮。DTBP 自由基的半衰期在 140℃时是 3 小时,在 120℃是 24 小时,所以反应一般温度在 110～150℃进行,这样可以维持一定浓度的自由基,烃氧基自由基是亲电性的,通过对杂原子相邻的碳进行脱氢引发自由基反应,生成的自由基可以引发一系列的碳-碳键形成反应,包括高分子聚合反应[16]。

DTBP 引发的自由基反应

DTBP 引发的自由基反应通常对醚和胺的杂原子相邻的碳氢进行脱氢反应,这样的相邻的杂原子为通过亲电的氧自由基引起脱氢的过渡态提供一个极性共轭作用,Ingold 和其同事曾对 DTBP 引发的异头碳自由基进行过研究,如反应式 1[17],也应用该反应合成取代基的呋喃(反应式 2)[18]。

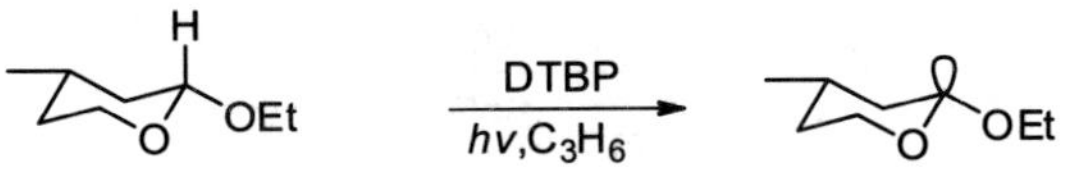

(1)

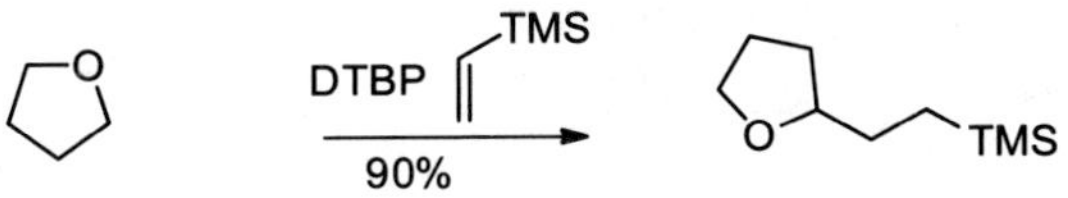

(2)

从氨基酸衍生物进行的自由基脱氢反应比较可行,因为从捕获的自由基来看具有相当的稳定性。丙氨酸的衍生物和DTBP反应生成一含有甲基化产物和手性二聚体的混合物(反应式3)[19]。第一个产物的形成是由氨基酸的自由基和甲基自由基组合成的,而其中甲基的自由基是由叔丁基氧自由基分解得到的。用这种方法也可以对保护的二肽进行取代反应。包括在反应体系中用甲苯作为烃基化试剂(反应式4)[20]。该反应必须依靠光引发剂2,3-丁二酮的作用。脱氢的位置一般在甘氨酸基这一端。

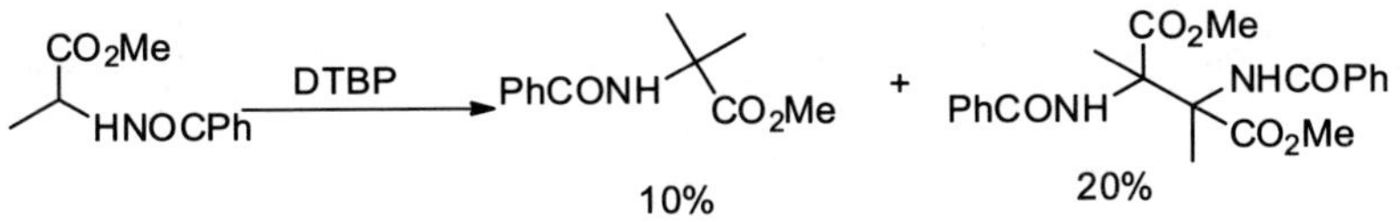

(3)

$$\text{Tfa-Gly-Gly-OMe} \xrightarrow[\text{biacetyl,toluene}]{\text{DTBP}} \underset{30\%}{\text{Tfa-Phe-Gly-OMe}} + \underset{29\%}{\text{Tfa-Gly-Phe-OMe}} + \underset{10\%}{\text{Tfa-Phe-Phe-OMe}}$$

(4)

在热分解条件下由DTBP引发和亚磷酸二乙酯反应形成以磷为中心的自由基反应,如反应式5[21]。

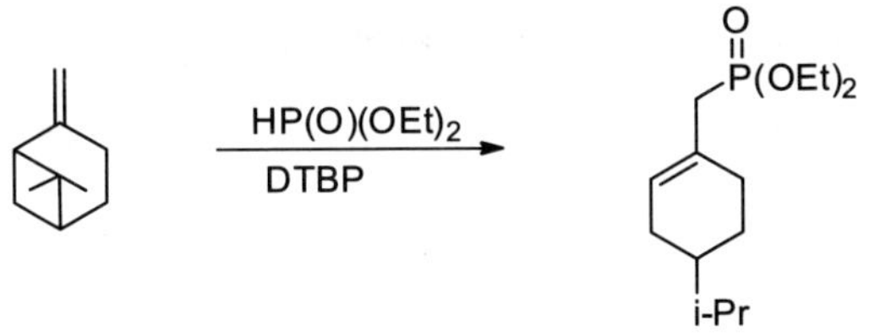

(5)

分子间的加成

在一系列由DTBP引发的自由基加成反应例子中,比较著名的有丙二酸二乙酯对烯烃和炔烃的加成反应(反应式6)[9]、1,3-二氧环戊烷对甲醛的加成反应(反应式7)[22]和s-构型的醇对烯烃的加成反应(反应式8)[23]。

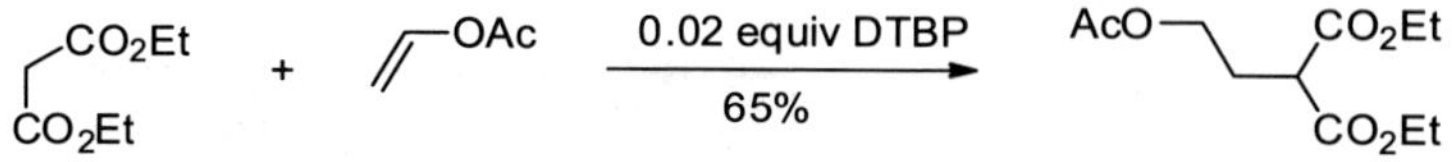

(6)

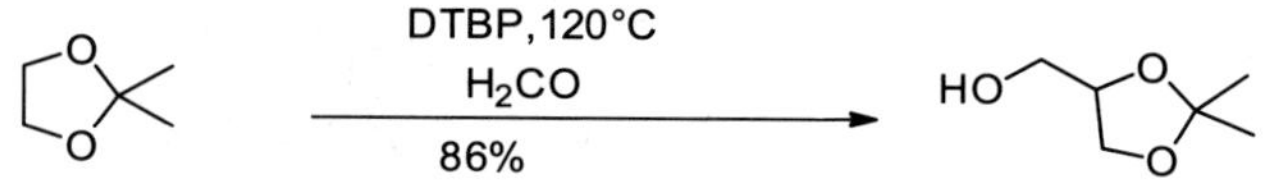

(7)

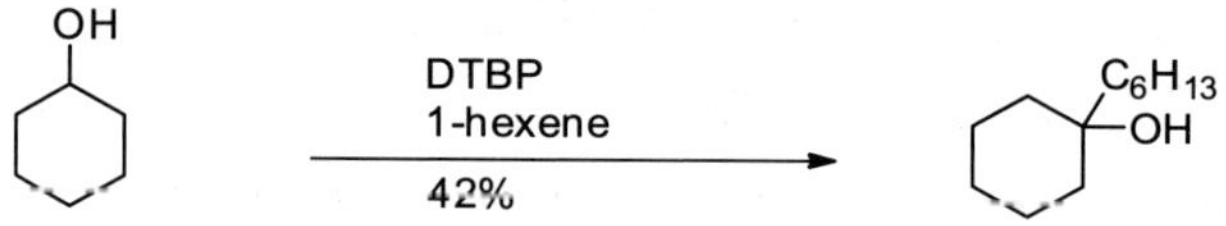

(8)

由 DTBP 引发的也可以进行新型的二肽的自由基烃基化反应(反应式 9 和 10)[20]。

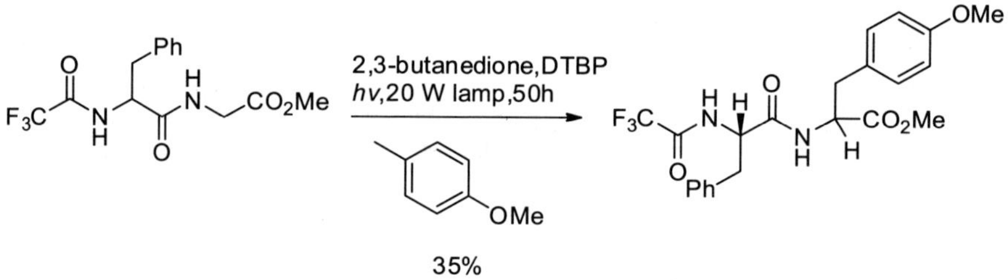

(9)

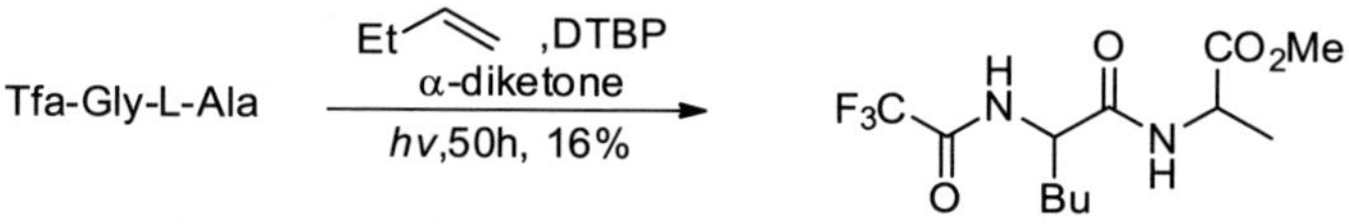

(10)

分子内的加成反应

早期由 Julia 和其同事进行的己烷和庚烷自由基进行的环化反应(反应式 11),在自由基合成方法学中起了一个关键的作用。其中的许多反应是由过氧化物作为引发剂[7]。

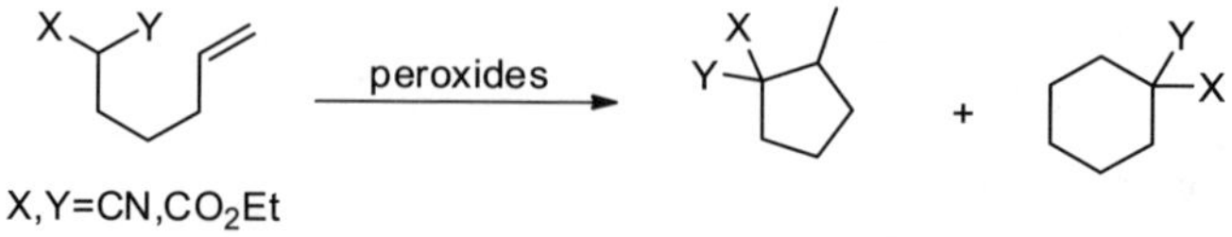

(11)

对稳定的自由基进行的环化反应如丙二酸二乙酯或氰酯基自由基是可逆的,其关环的过程可以选择一定反应前体和反应条件进行调控。在反应式 12 中氰乙酸酯和 2mol 的 DTBP 反应生成如图所示的产品[24]。而在动力学控制的反应条件下，即使用锡化氢方法，则生成不同比例的产品(反应式 13)。

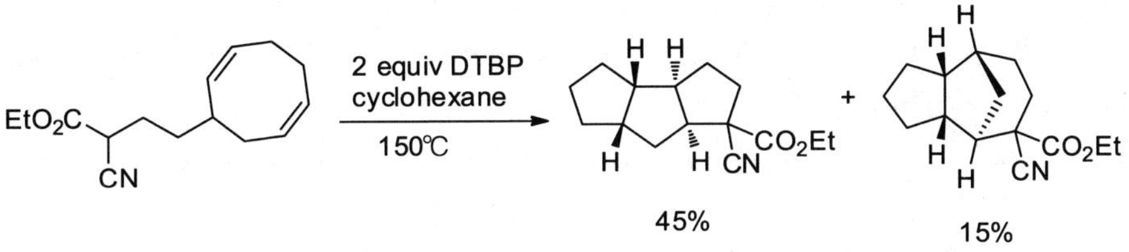

(12)

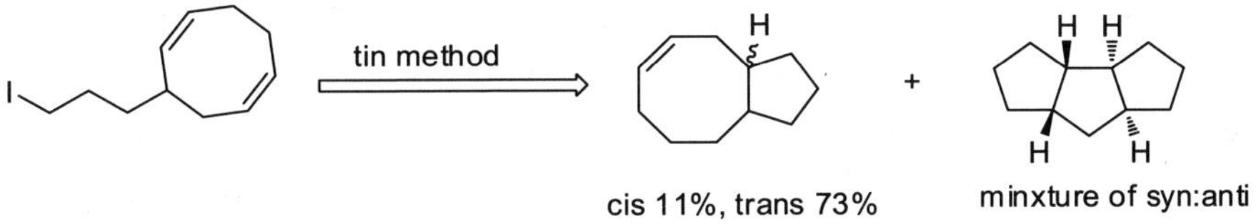

(13)

参考文献

1. (a) Sheldon, R. A. In The Chemistry of Functional Groups, Peroxides; Patai, S., Ed.; Wiley: New York, 1983; p 161. (b) Kropf, H., Methoden Org. Chem. (Houben-Weyl) 1988; E13.

2. Walling, C., Tetrahedron 1985, 41, 3887.

3. Ghosez, A.; Giese, B.; Zipse, H., Methoden Org. Chem. (Houben-Weyl) 1989, EXIXa, 533.

4. Stacey, F. W.; Harris, J. F., Jr., Org. React. 1963, 13, 150.

5. Naarmann, H.; Beaujean, M.; Merényi, R.; Viehe, H. G., Polym. Bull. 1980, 2, 363.

6. Naarmann, H.; Beaujean, M.; Merényi, R.; Viehe, H. G., Polym. Bull. 1980, 2, 417.

7. Julia, M., Acc. Chem. Res. 1971, 4, 386. See also: Beckwith, A. L. J., Tetrahedron 1981, 37, 3073.

8. Walling, C.; Huyser, E. S., Org. React. 1963, 13, 91.

9. Vogel, H., Synthesis 1970, 99. For an attractive organometallic variation of several of the reactions described in this article, see Heiba, E. I.; Dessau, R. M.; Rodewald, P. G., J. Am. Chem. Soc. 1974, 96, 7977. See also: Fristad, W. E.; Peterson, J. R.; Ernst, A. B.; Urbi, G. B., Tetrahedron 1986, 42, 3429.

10. Minisci, F., Synthesis 1973, 1.

11. Arnone, A.; Cecere, M.; Galli, R.; Minisci, F.; Perchinunno, M.; Porta, O.; Gardini, G., Gazz. Chim. Ital. 1973, 103, 13.

12. Wallace,T. J. ;Gritter,R. J. ,J. Org. Chem. 1962,27,3067.

13. Huyser,E. S. ;Garcia,Z. ,J. Org. Chem. 1962,27,2716.

14. Sano, H. ; Takeda, T. ; Migata, T. , Chem. Lett. 1988, 119. See also: Sano,H. ;Ogata,M. ;Migita,T. ,Chem. Lett. 1986,77.

15. Klunder,J. M. ; Caron, M. ; Uchiyama, M. ; Sharpless, K. B. , J. Org. Chem. 1985,50,912.

16. Polymerization is favored under low concentrations of chain transfer agents. The polymer forming reactions are beyond the scope of this article and more appropriate reviews and monographs should be consulted for further information. See for example: Hodge, P. In Comprehensive Organic Chemistry; Barton,D. H. R. , Ed. ; Pergamon: Oxford, 1991; Vol. 5, p 833 and references cited therein

17. (a) Malatesta, V. ; McKelvey, R. D. ; Babcock, B. W. ; Ingold, K. U. , J. Org. Chem. 1979, 44, 1872. (b) Malatesta, V. ; Ingold, K. U. , J. Am. Chem. Soc. 1981,103,609.

18. Gevorgyan, V. ; Priede, E. ; Liepins, E. ; Gavars, M. ; Lukevics, E. , J. Organomet. Chem. 1990,393,333.

19. Burgess,V. A. ;Easton,C. J. ;Hay,M. P. ,J. Am. Chem. Soc. 1989, 111,1047.

20. Schwarzberg, M. ; Sperling, J. ; Elad, D. , J. Am. Chem. Soc. 1973, 95,6418.

21. Battiste,D. R. ;Haseldine,D. L. ,Synth. Commun. 1984,14,993.

22. Sanderson,J. R. ;Lin,J. J. ;Duranleau,R. G. ;Yeakey,E. L. ;Marquis, E. T. ,J. Org. Chem. 1988,53,2859.

23. Urry,W. H. ;Stacey,F. W. ;Huyser,E. S. ;Juveland,O. O. ,J. Am. Chem. Soc. 1954,76,450

24. Winkler,J. ;Sridar,V. ,J. Am. Chem. Soc. 1986,108,1708.

三氟甲磺酸苯硫酯(Benzenesulfenyl triflate)

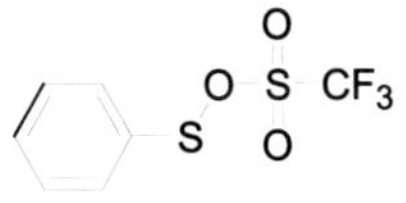

[84224-65-7] $C_7H_5F_3O_3S_2$ (MW 258.23)

三氟甲磺酸类化合物,强亲电试剂,用于进行糖苷化反应有效试剂。

其他名称:BST,PST。

制备方法:BST是由苯硫基氯与三氟甲磺酸银反应制备[1-2]。最简便的制备方法如下:在-78℃时将苯硫基氯冷溶液(0℃,39.1mg,0.27m mol)的1.5mL二氯甲烷溶液中加入三氟甲磺酸银(83.2mg,0.32m mol)的二氯甲烷(1.5mL)溶液(反应式1)。在-78℃下剧烈搅拌5分钟后,所产生的BST可用于进一步反应[3-6]。反应物苯硫基氯,可由硫代乙酸苯酯、苯硫酚或二苯基二硫化合物合成。苯硫基氯可以由下列经典方法制备:10分钟内,在0℃下将二氯亚砜(13.3mL,164m mol)加入硫代乙酸苯酯(25g,164m mol)的四氯化碳(10mL)溶液。然后在室温下继续搅拌反应30分钟,减压浓缩蒸馏得红色液体苯硫基氯[2,7]。从硫代苯酚或二苯二硫化合物出发,苯硫基氯可以按照相同的操作来制备[8,9]。苯硫基氯在4℃,氮气保护下很稳定,可以放置数月[2]。

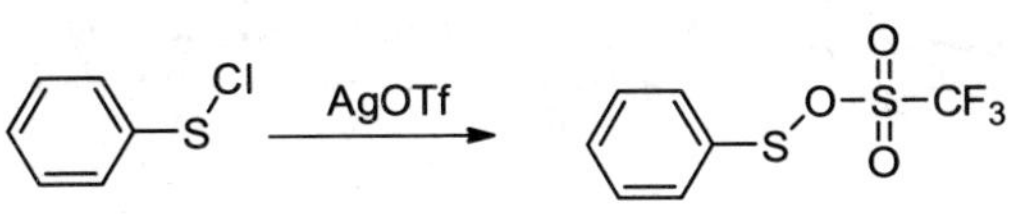

(1)

BST作为强有力的亲电化试剂在糖基化反应中活化硫代糖苷。

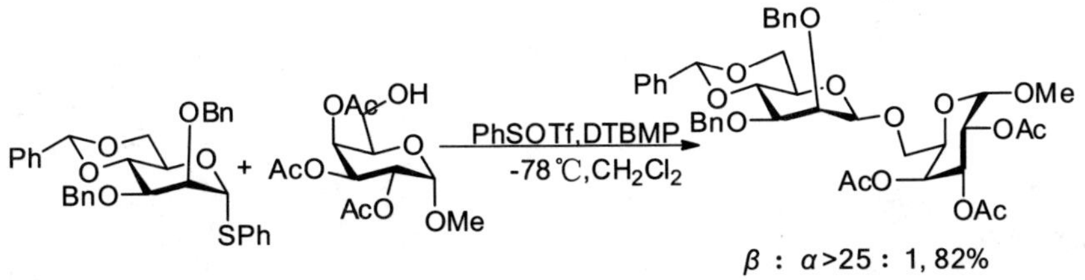

(2)

这种方法可以使得甘露糖和其他有位阻的和不活泼的醇进行苷化时都能有很高的收率(反应式3),其反应过程是通过BST活化硫代糖苷,形成糖基三氟甲磺酸酯的中间体来进行的[4]。

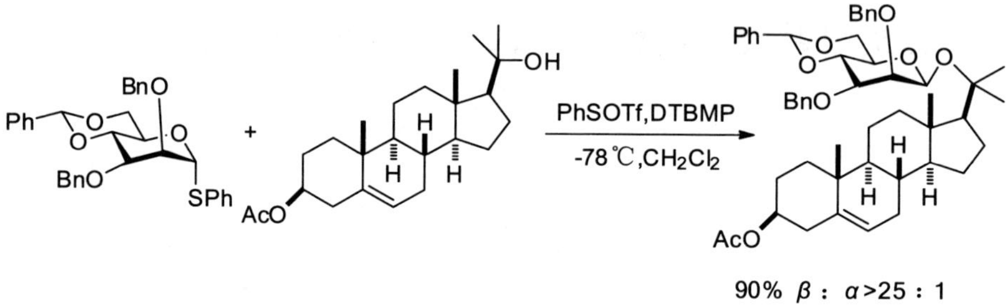

(3)

一个典型的糖苷化反应如下：在－78℃下，将 PhSCl(39.1mg,0.27m mol)，和硫代糖苷(0.11m mol)溶液加入到 AgOTf 溶液(83.2 mg,0.32 mmol,1.5 mL 合适溶剂)，再在 5 分钟内逐滴加入 1.5mL 的 2,6－二－叔丁基－4－甲基吡啶(66.8mg,0.33m mol)溶液，反应 5 分钟后，向溶液中缓慢加入 1.5mL 糖基受体(0.22m mol)。将反应混合物温度缓慢升高到－20℃，反应 40 分钟，然后用饱和碳酸氢钠水溶液淬灭反应。抽滤反应液，用盐水洗涤，并用硅胶柱分离糖苷，多数情况下可得到超过 80％的收率[4-6]。

除了甘露糖硫代糖苷，BST 也可以在糖基化反应用来活化唾液酸黄原酸酯(反应式 4)[2]，在标准反应条件下也可以活化一系列不受保护的硫代糖苷。在这方面特别有趣的例子是活化恶唑烷酮保护的氨基葡萄糖供体，完全偶合生成二糖(反应式 5)[10]。

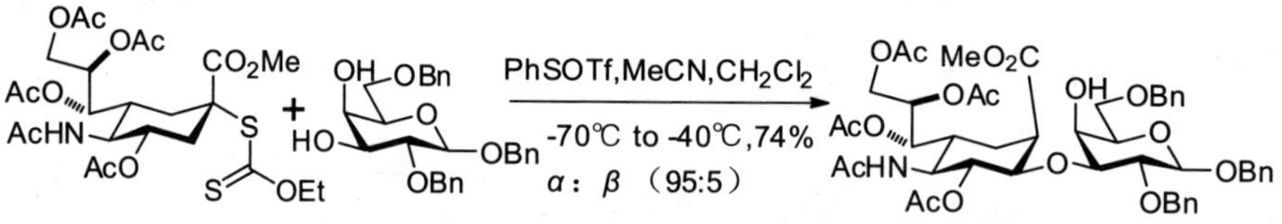

(4)

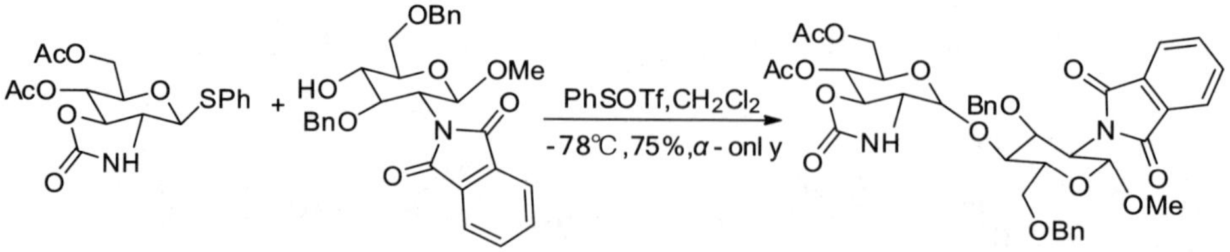

(5)

相关试剂

MeSOTf[11-12]；PhSeOTf[13-14]；1 － Benzenesulfinyl Piperidine [15]；sand diphenyl sulfoxide[16]。

参考文献

1. Effenberger, F. ; Russ, W. , Chem. Ber. 1982, 115, 3719.

2. Martichonok, V. ; Whitesides, G. M. , J. Org. Chem. 1996, 61, 1702.

3. Crich, D. ; Sun, S. , J. Am. Chem. Soc. 1997, 119, 11217.

4. Crich, D. ; Sun, S. , J. Am. Chem. Soc. 1998, 120, 435.

5. Crich, D. ; Cai, W. ; Dai, Z. , J. Org. Chem. 2000, 65, 1291.

6. Crich, D. ; Sun, S. , Tetrahedron 1998, 54, 8321.

7. Thea, S. ; Cevasco, G. , Tetrahedron Lett. 1988, 29, 2865.

8. Barrett, A. G. M. ; Dhanak, D. ; Graboski, G. G. ; Taylor, S. J. , Org. Synth. 1989, 68, 8.

9. Hursthouse, M. B. ; Malik, K. M. A. ; Hibbs, D. E. ; Roberts, S. M. ; Seago, A. J. H. ; Sik, V. ; Storer, R. , J. Chem. Soc. , Perkin Trans. 1 1995, 2419.

10. Benakli, K. ; Zha, C. ; Kerns, R. J. , J. Am. Chem. Soc. 2001, 123, 9461.

11. Dasgupta, F. ; Garegg, P. J. , Carbohydr. Res. 1988, 177, C13.

12. Dasgupta, F. ; Garegg, P. J. , Carbohydr. Res. 1990, 202, 225.

13. Ito, Y. ; Ogawa, T. , Tetrahedron Lett. 1988, 29, 1061.

14. Ito, Y. ; Ogawa, T. ; Numata, M. ; Sugimoto, M. , Carbohydr. Res. 1990, 202, 165.

15. Crich, D. ; Smithm, M. , J. Am. Chem. Soc. 2001, 123, 9015.

16. Codée, J. D. ; Litjens, R. E. J. N. ; den Heeten, R. ; Overkleeft, H. S. ; van Boom, J. H. ; van der Marel, G. A. , Org. Lett. 2003, 5, 1519.

三氟甲磺酸苯硒酯

(Benzeneselenenyl Trifluoromethanesulfonate)

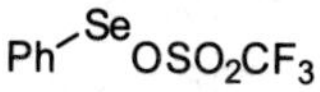

[112238-64-9] $C_7H_5F_3O_3SSe$ (MW 305.13)

三氟甲磺酸类化合物,强亲电试剂。该试剂和前者的区别是形成一个亲电性硒试剂[2-8],进行亲电性反应,也可以用于糖苷化反应。

制备方法:通常通过苯硒氯与三氟甲磺酸化银(Ⅰ)在二氯甲烷或甲苯溶液中反应制备[2]。另外两个实用制备方法:一是从苯硒氯和三氟甲磺酸的混合物中除去氯化氢[3];二是苯亚硒酸酐(见苯亚硒酸)和二苯二硒在三氟甲磺酸酐的存在下进行缩合反应得到三氟甲磺酸苯硒酯[4]。

处理、存储和注意事项:对湿气敏感。在无氯化银和水的条件下,在二氯甲烷溶液,避光条件下可以在室温下储存几个星期[5]。

加成反应

三氟甲磺酸苯硒酯是一种高度亲电试剂硒试剂,由于三氟甲磺酸阴离子的亲核性较差。它和分子内具有羧基或羟基基团的烯烃进行加成反应可生成环状产物。不饱和羧酸与三氟甲磺酸苯硒酸酯的二氯甲烷溶液反应,得到高收率的内酯(反应式 1)[2]。在类似的反应条件下,5-烯醇和 6-烯醇可转换生成外式环化四氢呋喃或吡喃衍生物(反应式 2)[5,6]。该反应对于无环萜烯醇及其衍生物的一步法转化成单环或多环化合物非常有用。在与苯乙炔的反应中,三氟甲磺酸苯硒酸酯给出了一个反式加成产物-乙烯基三氟甲磺酸酯,收率很高,可以很容易地水解成酮(反应式 3)[4]。

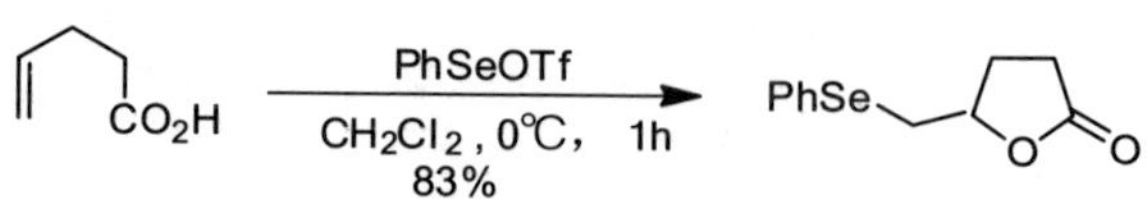

(1)

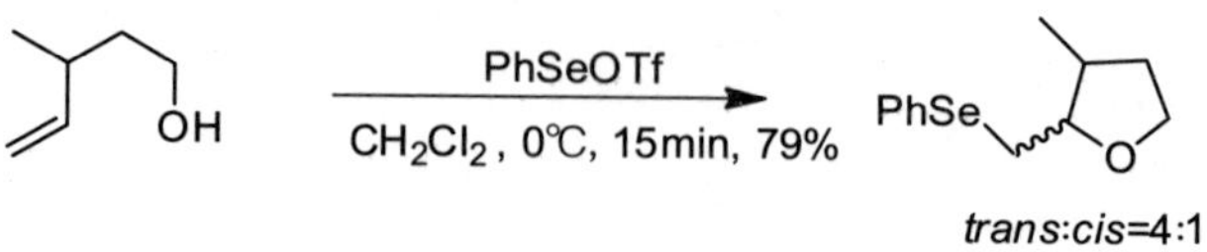

(2)

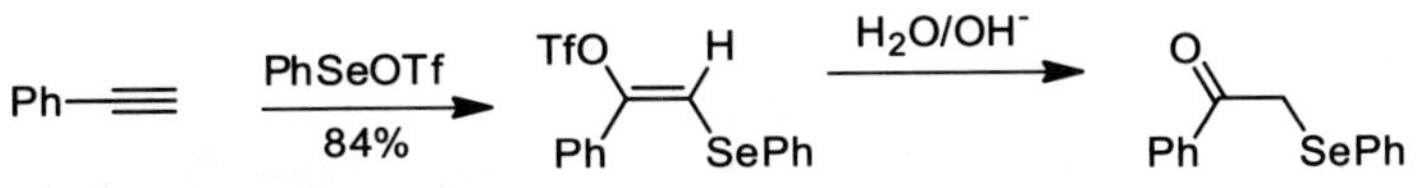

(3)

硒的 Polonovski 反应

胺 N -氧化物和三氟甲磺酸苯硒酯反应形成硒铵盐,在有机碱的存在下进行重排得到硒胺[3]。该产品可容易地转化成仲胺或叔胺的衍生物(反应式 4)。

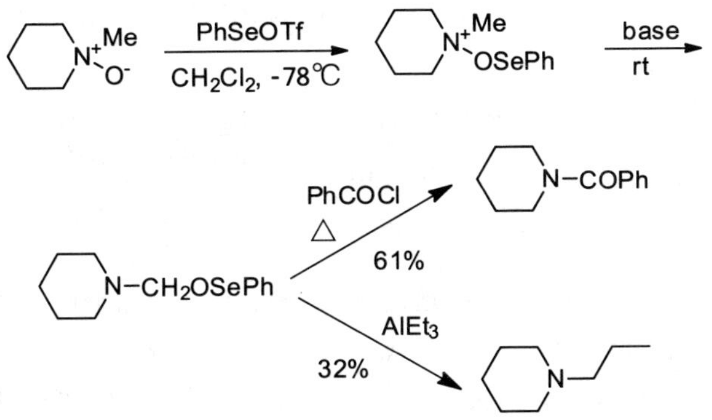

(4)

O -糖基化

醇在温和的条件下通过和 1 -硫代糖苷和三氟甲磺酸苯硒酯反应高效地进行 O -糖基化反应(反应式 5)[8],该反应可应用于立体和区域选择性合成环糊精衍生物[9]。

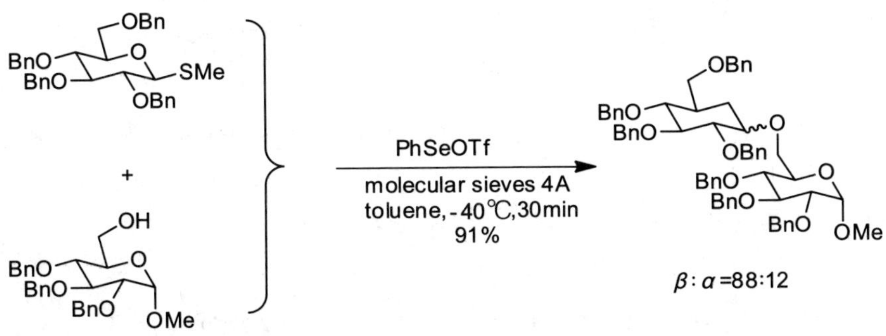

(5)

亲电硒试剂,包括三氟甲磺酸苯硒酯已被广泛研究,并在过去十年中已应用于分子间和分子内的加成反应和扩环反应。许多亲电硒试剂的加成反应,包括三氟甲磺酸苯硒酯,其详细讨论和评论已见之于多篇文章[10]。

加成反应

由三氟甲磺酸苯硒酯介导形成内酯(反应式 1)和内酰胺的反应已经扩展到多个区域选择性和立体选择性环化反应。例如,非对映选择性合成羟基亚酰或羟基酯可以通过 5 -内或 6 -内 α -羟基酸的环化反应,或通过羟基酯的 5 -外或 6 -外的环化反应,而该中间体可通过对 α -羟基酸和羟基酯进行非对映选择的羟基硒化制备[11]。例如,从 5 -外关环形成内酯的途径可以对 6 -外和 6 内环化路径形成有效地竞争[12]。一个潜在的由不饱和 N -酰基脯氨酰胺制备其对应氨基酸的合成途径,可根据基于烯烃酰胺的三氟甲磺苯硒酸酯诱导的非对映的内酰化反应(反应式 6)[13,14]。

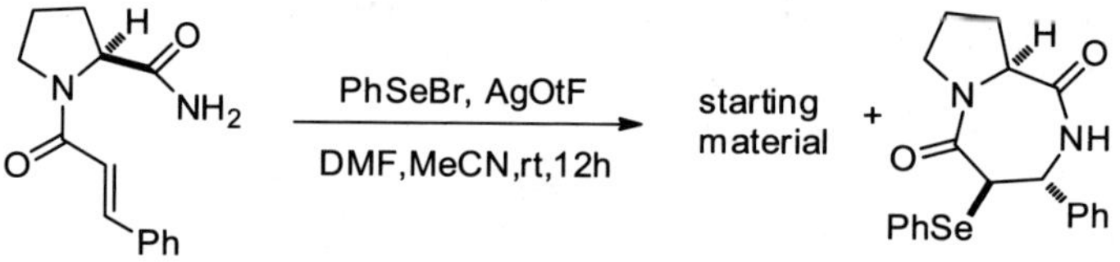

(6)

三氟甲磺苯硒酸酯介导的由羟基烯烃环化合成呋喃和吡喃的反应已经被应用到朝着多取代的环醚的立体选择性合成[15]。四元杂环芳环系统,包括内酯和氧杂环丁烷,在对三氟甲磺苯硒酸酯促进的 3 -丁烯酸和 3 -丁烯醇环化反应中已被观察到[10c]。许多由三氟苯硒酸酯促进较新的分子内的加成反应已经报道,该方法可用于制备各种双环和杂环系统。如顺式稠合双环二噁烷和噁嗪,可通过分子内环的氧硒化反应制备(反应式 7)[16,17]。

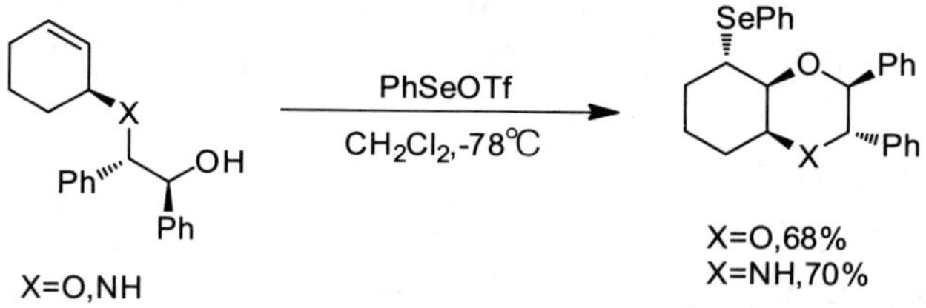

(7)

在硅胶和三氟甲磺酸的存在下由三氟甲磺苯硒酸酯促进烯丙基 O -甲基异脲的环化已被用来制备各种 5,6 -二氢- 1,3 -噁嗪系列化合物(反应式 8)[18]。三氟甲磺苯硒酸酯诱导的对烯丙基 1,1 -二甲基尿素进行的亲电环化反应可生成取代唑啉衍生物(反应式 9)[19]。

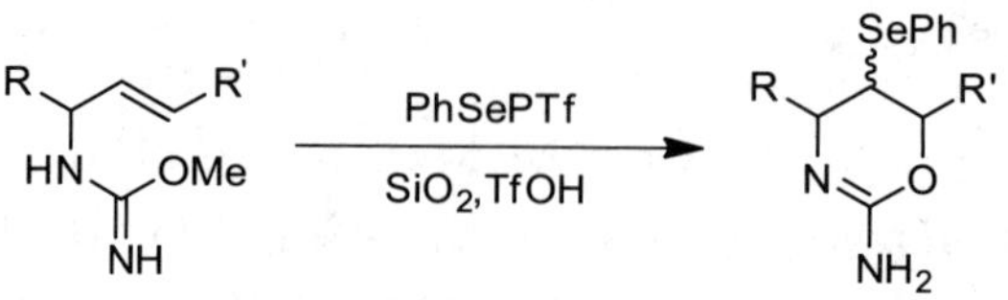

(8)

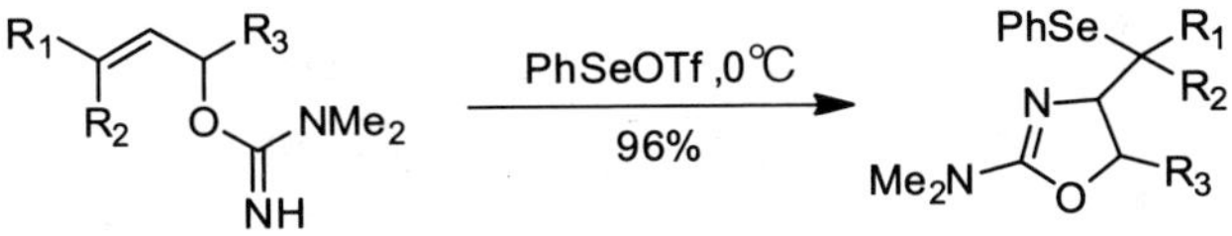

(9)

另外一条合成纯噁唑啉对映体的途径是采用樟脑硒硫酸酯对含有烯烃的酰胺进行硒化反应,随后进行三氟甲磺酸酯介导的分子内亲核取代反应,然后对合成纯的乙酰氨基硒化物对映体进行脱硒化反应(反应式 10)[20]。三氟甲磺苯硒酸酯诱导的分子内亲核脱硒已被用来制备各种取代杂环(反应式 11)[21]。

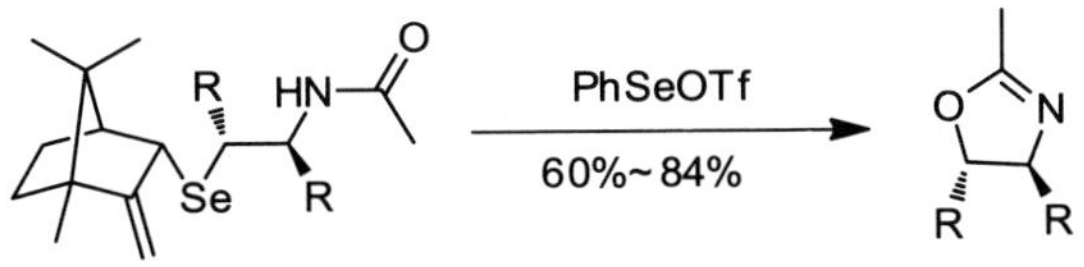

(10)

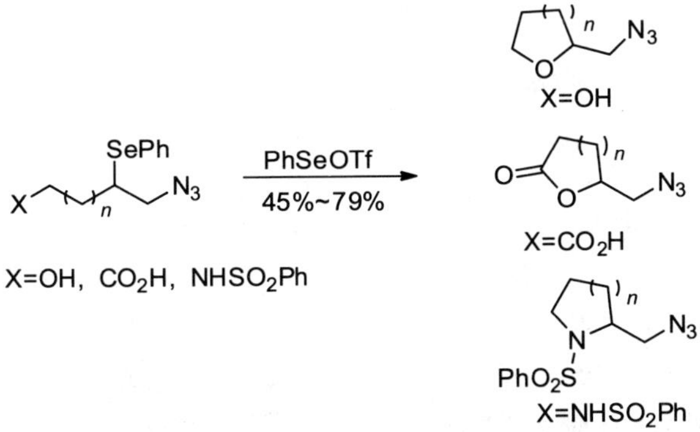

(11)

该反应通过形成一个非常活泼的苯硒盐进行[22],该活泼中间体可以由内部或外部亲核试剂捕获(反应式 12)[21,23]。生成的二苯基二硒化物非常容易回收并可以重复使用。

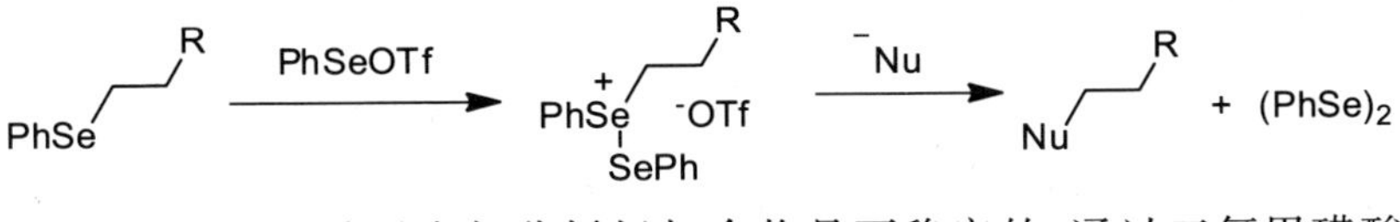

(12)

而三氟甲磺酸苯硒酯对大部分烯烃加合物是不稳定的,通过三氟甲磺酸苯硒酯对一个不饱和肟进行的加成反应生成一个可分离的三氟甲磺酸 2 -苯硒烃酯加合物。马氏加成物,用碳酸钾处理后生成通过 5 - *exo* - trig 和 6 - *endo* - trig 环化反应生成硝酮和噁嗪杂环。当等当量的不饱和肟与溴苯硒进行反应时可形成定量的马氏加成物(二氯甲烷,25℃,16h),但该产物如用碳酸钾处理,主要得到硝酮[24]。

三氟甲磺酸苯硒酯和一个不饱和肟反应,再用碱进行处理可生成马氏加成物和一六元硝酮(反应式 14)[24]。

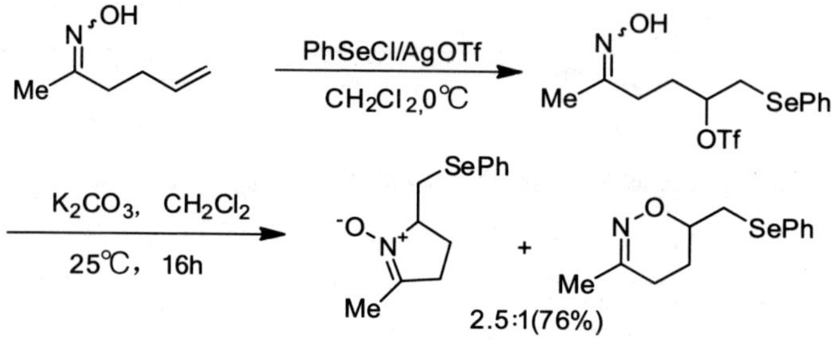

(13)

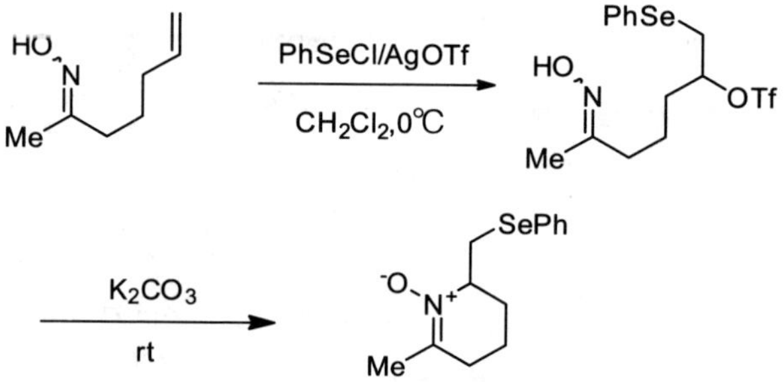

(14)

三氟甲磺酸苯硒酯与 1,3 -二烷氧基戊- 4 -烯- 2 -醇衍生物反应生成 5 -内环化产物;而 4 -外环化产品很少出现[25]。而对于 3 -烷氧基 4 -烯- 1,2 -戊二醇的硒环化反应,两个羟基在环化中可能产生竞争。在二异丙基乙胺(DIPEA)存在下通过对三氟甲磺酸苯硒酯和 4 -烯- 1,2,3 -戊三醇的加成反应的非对映选择性研究,揭示显著的反应特征(反应式 15 和 16)[15a]。三氟甲磺酸苯硒酯与 N -邻苯二甲酰亚胺和碘的活性比较,其反应活性最强,不管什么样的保护基碘总是生成 5 -外环化产物。第二,硒试剂根据不同的伯羟基是否被受保护,可以生成 5 -内或 5 -外的环化反应。第三,当伯醇被保护,环化可以通过使用碘或硒试剂,分别向 5 -外或 5 -内方向环化反应进行。

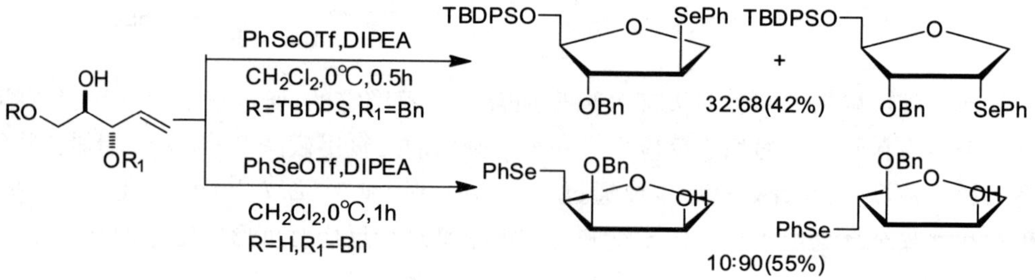

(15)

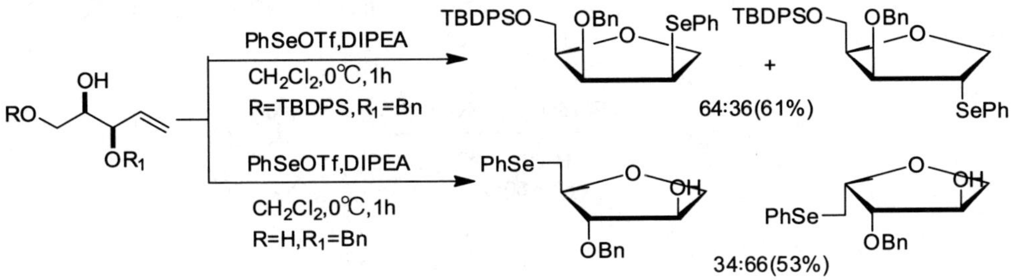

(16)

不饱和异羟肟酸与三氟甲磺酸苯硒酯反应，产生 N-羟基亚氨酸酯或 N-羟基 β-内酰胺，其反应结果取决于双键上的取代基和反应温度(反应式 17)[25]。在 −20℃该反应是动力学控制，通过亲核性更强的氧更快捕集硒正离子生成五元亚氨酸酯；在 50℃下反应是热力学控制，主要生成 N-羟基 β-内酰胺。

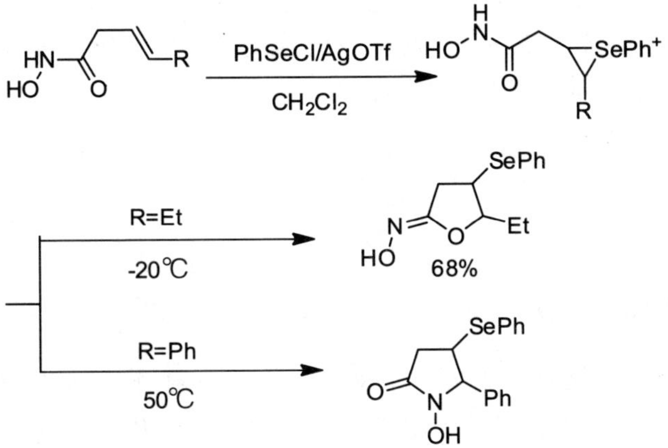

(17)

除了部分研究工作讨论用三氟甲磺酸苯硒酯或其他色硒试剂进行苯硒化反应，各种反应条件，如溶剂、添加剂、温度、烯烃取代基、抗衡离子对反应的影响外[10b,c,22,26-28]，还有一些相关文献系统地研究了三氟甲磺酸苯硒与 2-羟甲基-4-苯基戊-4-烯酸或 2-羟甲基-4-苯基戊-4-烯的反应中，亲核试剂、溶剂、添加剂和抗衡离子对该反应的影响[29]。

对不饱和醇进行苯硒化醚化的反应机理涉及硒阳离子中间体，学者们用半经验分子轨道 MNDO-PM_3方法进行了研究。几个由 $PhSe^+$ 攻击 4-链烯醇的计算结果表明，该反应具有高度区域选择性和立体选择性[30]。通过三氟甲磺酸苯硒促进分子间加成反应也有广泛的用途。叠氮化钠对苯基取代的烯烃进行立体特异性反式加成可区域选择性生成苯硒叠氮化物(反应式 18)[31]。

然而，当该烯烃没有一个显性取代基引导电子加成反应时，该反应区域选择性变化很大。

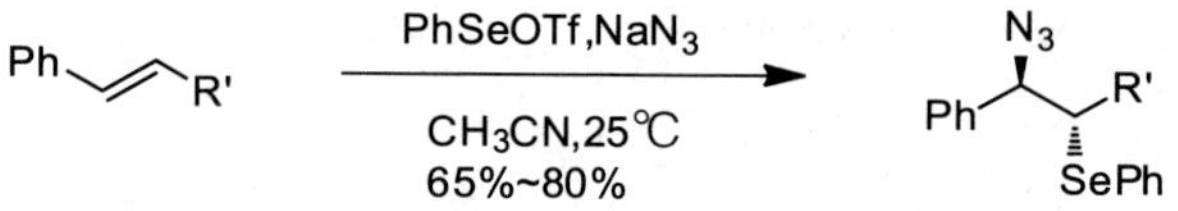

(18)

三氟甲磺酸苯硒酯与炔加成可生成烯硒离子，这已在 $PhSe^+ SbF_6^-$ 与 2 -丁炔反应中用 ^1H NMR 表征[32]。外部亲核试剂的攻击生成反式加成的产物，而不对称的炔烃得到区域异构体的混合物。因为从溴苯硒和三氟甲磺酸银制备的三氟甲磺酸苯硒酯包含一些溴离子，可进行竞争性亲核反应。纯三氟甲磺酸苯硒酯的制备是由苯亚酐和二苯基联硒化物在三氟甲磺酸酐存在下进行缩合反应得到(反应式 19)[33]。

乙炔的氟硒化通过使用三氟甲磺苯硒酸酯和三乙胺合三分子氟化氢进行反应制备[34,35]。$PhSe^+$ 和 F^- 对炔烃的加成也可以通过使用二苯基二硒化物和氟化氙来制备，三氟甲磺酸苯硒酯合三乙胺氟化氢试剂显示当和炔烃进行反应时，比其他氟化试剂有较高的产率和较短的反应时间。

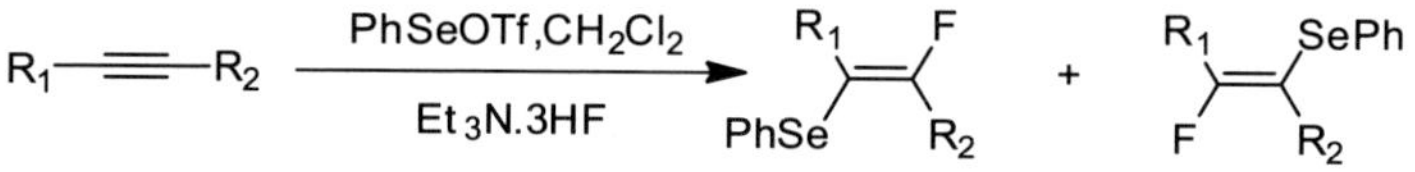

(19)

与重氮化合物的反应

重氮化合物与三氟甲磺酸苯硒酯反应置换一个氮分子，形成苯硒基和双苯硒基衍生物(反应式 20)[36]。其反应的选择性取决于重氮化合物的取代基(参见苯硒溴化物用于替代步骤)。

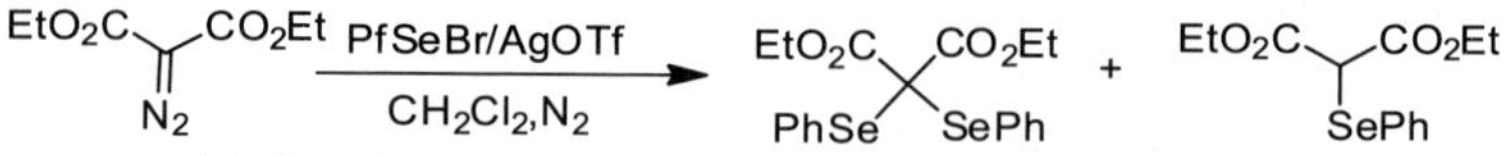

(20)

O -糖苷形成

自从引入三氟甲磺酸苯硒酯作为硫代糖苷在 O -糖苷形成的活化剂，在过去十年中不少文献报道了使用三氟甲磺酸苯硒酯激活各种硫代糖苷(反应式 5)[8,9,37]。

然而，据报道三氟甲磺酸苯硒酯促进的糖基化反应其收率和立体选择性有很大不同，还有一些其他硫苷活化剂表现优于三氟甲磺酸苯硒酯。此外，制备三氟甲磺酸苯硒酯的毒性和复杂性,和制备许多其他亲硫硫代糖苷活化剂比较,在采用该试剂活化硫代糖苷时,也是需要考虑的因素。

尽管不尽理想,三氟甲磺酸苯硒酯介导的活化硫代糖苷方法已经被证明相当成功和有效,特别是在制备一些重要的聚糖,包括 O-唾液酸糖苷化[38]、N-糖蛋白的-甘露糖-壳二糖成分[39]、肌醇聚糖的环状磷酸盐[40]和环寡糖结构的形成,都是基于本试剂在制备环糊精系统早期的成功[9]。

除了硫代糖苷活化,三氟甲磺酸苯硒酯促进的 O-糖基化还被报道应用于许多其他的糖基供体的体系。采用三氟甲磺酸苯硒酯对 2-叠氮基-2-脱氧-1-硒糖苷进行的脱硒化反应,形成 O-糖苷(反应式 21)[23]。使用三氟甲磺酸苯硒酯对糖烯直接进行激活和苷化反应可以立体选择性地形成包含二糖的 3-脱氧-D-甘露-2-辛酮糖酸(KDO)(反应式 22)[41]。

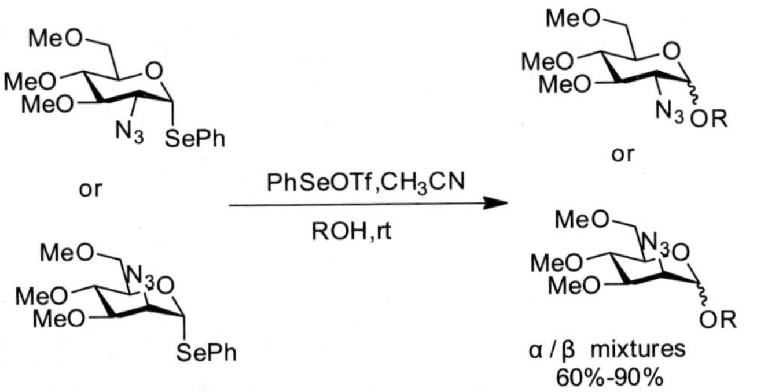

(21)

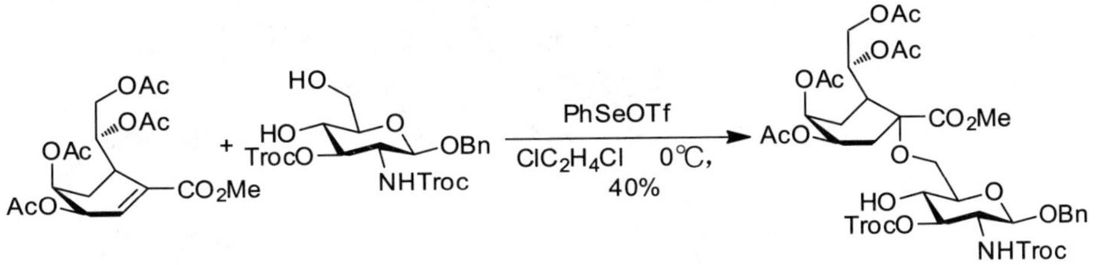

(22)

碳水化合物加成反应:关环形成糖苷化

早期研究工作表明由三氟甲磺酸苯硒酯介导的羟基烯烃的分子内环加成,可生成吡喃和呋喃环系统,许多复杂的多羟基链烯烃已被用于制备基于碳水化合物结构的化合物,包括 O-糖苷和 C-糖苷。3-脱氧-2-己酮糖苷的立体选择性合成是通过三氟甲磺酸苯硒酯活化环化适当保护的 *Z*-烯醇醚前体来实现的(反应式

23)[42]。

在同一反应体系中,对于未保护的 Z-烯醇醚前体则生成 3-脱氧-D-赤-2-己酮糖苷产品,主要是由于动力学优先形成五元环(反应式 23)[42],N-乙酰神经氨酸连接的酮糖苷的形成也同样是通过立体选择性 6-*exo*-trig 亲电环化反应来实现的(反应式 24)[43,44]。

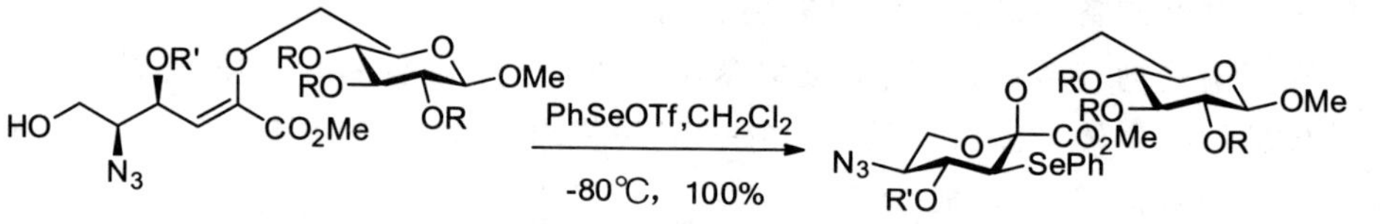

(23)

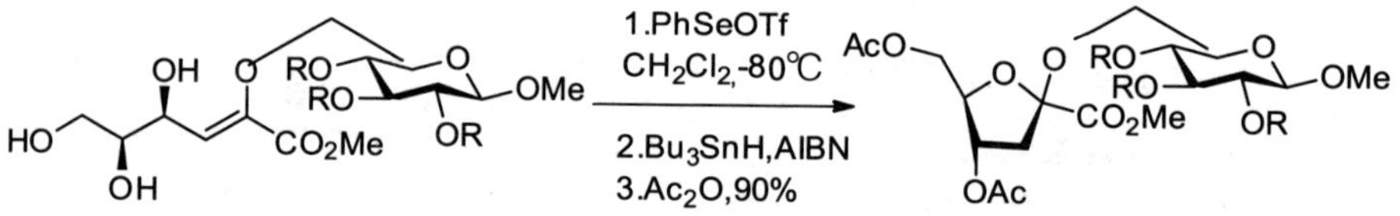

(24)

相关试剂

苯亚磺酰哌啶;二苯基亚砜;三氟甲磺酸苯硒酯;二甲基(甲硫基)锍三氟甲磺酸酯。许多由其他来源生成的亲电苯硒正离子在文献中报道能够显示出促进各种分子内和分子间的加成和消除反应。这些试剂包括苯硒氯化物、苯硒溴化物、N-(苯硒基)邻苯二甲酰亚胺、N-(苯硒基)琥珀酰亚胺、苯基硒代氰酸酯、二苯基二硒化物和其他硒醚、二苯基二硒化过二硫酸铵、叠氮化苯硒。

如前所述,从苯硒氰酸酯和三氟甲磺酸铜制备三氟甲磺酸苯硒酯没有获得成功,甚至在三氟甲酸的存在下也不行[45]。但是,从二苯硒醚和三氟甲磺酸铜生成的新的有机硒试剂是高度亲电性,在一些性能上优于三氟甲磺酸苯硒酯[46]。其反应的区域选择性和立体选择性,和三氟甲磺酸苯硒酯反应几乎相同,但收率比后者高。

其他氰化苯硒-三氟甲磺酸酯的组合也尝试过作为亲电苯硒正离子的生成来源[47]。为了进行非对称硒化反应,手性三氟甲磺酸硒酯试剂也被合成过并进行测试[48-61]。间硝基苯磺酸苯硒酯[62a]、对甲苯磺酸苯硒酯[62b]、苯硒二甲基锍氟硼酸酯[63]和(苯硒)甲基苯基硒氟硼酸酯[64],可以被认为是三氟甲磺酸苯硒酯的类似物。(苯硒)二甲基锍氟硼酸酯和富电子的芳族化合物进行反应,生成亲电取代的产品(反应式 25)[65]。另一方面,(苯硒)甲基苯硒氟硼酸酯可以选择性地与烯丙基硅烷生成相应的烯丙基硒化物,该化合物容易进行 2,3-σ 重排后再氧化生成烯丙醇(反应式 26)[64]。

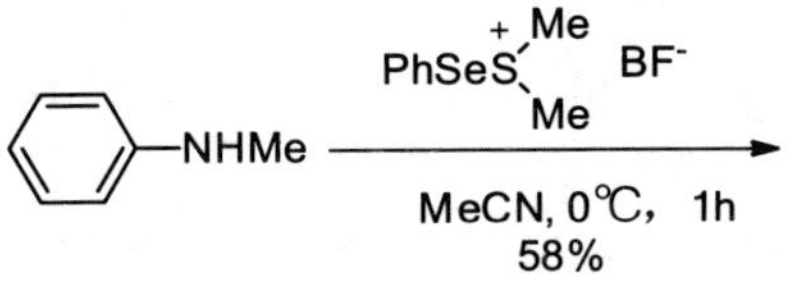

(25)

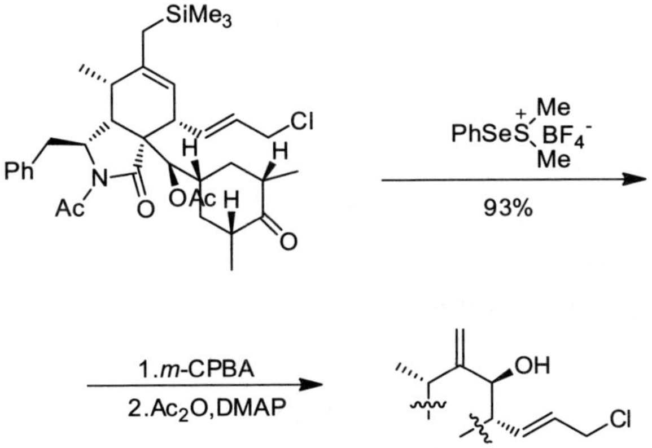

(26)

也可以参考苯硒溴化物、苯硒化物、苯亚磺酰氯化物和 2-吡啶亚磺酰溴化物。

有研究者尝试从苯硒氰酸酯和三氟甲磺酸铜制备三氟甲磺酸苯硒酯,没有获得成功[45,65]。但是,采用该方法生成的新的有机硒试剂具有高度亲电性。因此,其反应的区域选择性和立体选择性与三氟甲磺酸苯硒酯几乎相同,但产率较后者高。其他三氟甲磺酸苯硒氰化酯组合也被尝试过[66]。二元试剂联苯硒-三氟甲磺酸铜也是一个强有力的苯硒化试剂,并在一些反应性能上优于三氟甲磺酸苯硒酯[67]。为了开发非对称硒化试剂,手性三氟甲磺酸硒试剂已被合成并进行了硒化反应[68-81]。

参考文献

1. Reviews and books on organoselenium reagents. (a) Clive, D. L. J., Tetrahedron 1978, 34, 1049. (b) Reich, H. J., Acc. Chem. Res. 1979, 12, 22. (c) Nicolaou, K. C.; Petasis, N. A., Selenium in Natural Products Synthesis; CIS: Philadelphia, 1984. (d) The Chemistry of Organic Selenium and Tellurium Compounds; Patai, S.; Rappoport, Z., Eds.; Wiley: New York, 1986; Vol. 1. p. 331. (e) Paulmier, C., Selenium Reagents and Intermediates in Organic Synthesis; Pergamon: Oxford, 1986. (f) Organoselenium Chemistry; Liotta, D. Ed.; Wiley:

New York,1987.

2. Murata,S. ;Suzuki,T. ,Chem. Lett. 1987,849.

3. Okazaki,R. ;Itoh,Y. ,Chem. Lett. 1987,1575 - 1578.

4. Kutateladze,A. G. ;Kice,J. L. ;Kutateladze,T. G. ;Zefirov,N. S. ;Zyk, N. V. ,Tetrahedron Lett. 1992,33,1949.

5. Murata,S. ;Suzuki,T. ,Tetrahedron Lett. 1987,28,4297.

6. Murata,S. ;Suzuki,T. ,Tetrahedron Lett. 1987,28,4415.

7. Murata,S. ;Suzuki,T. ,Tetrahedron Lett. 1990,31,6535.

8. Ito,Y. ;Ogawa,T. ,Tetrahedron Lett. 1988,29,1061.

9. Mori,M. ;Ito,Y. ;Ogawa,T. ,Tetrahedron Lett. 1990,31,3029.

10. (a)Organoselenium Chemistry:A Practical Approach;Back,T. G. ,Ed. ; OxfordUniversity Press: Oxford, 1999. (b) Petragnani, N. ; Stefani, H. A. ; Valduga,C. J. ,Tetrahedron 2001,57,1411. Links(c)Robin,S. ;Rousseau,G. , Eur. J. Org. Chem. 2002,3099. (d) Wessjohann, L. A. ; Sinks, U. , J. Prakt. Chem. 1998,340,

189. (e) Tiecco, M. ; Testaferri, L. ; Tingoli, M. ; Bagnoli, L. ; Marini, F. ; Santi,C. ;Temperini,A. ,Gazz. Chim. Ital. 1996,126,635.

11. Aprile,C. ;Gruttadauria,M. ;Amato,M. E. ;D' Anna,F. ;Lo Meo,P. ; Riela,S. ;Noto,R. ,Tetrahedron 2003,59,2241.

12. Ramana,C. V. ;Reddy,K. R. ;Nagarajan,M. ,Indian J. Chem. ,Sect. B 1996,35,534.

13. Chung,S. - K. ;Jeong,T. - H. ;Kang,D. - H. ,Tetrahedron:Asymmetry 1997,8,5.

14. Chung, S. K. ; Jeong, T. H. ; Kang, D. H. , J. Chem. Soc. , Perkin Trans. 1,1998,969 - 976.

15. (a)Bravo,F. ;Castillón,S. ,Eur. J. Org. Chem. 2001,507. (b)Lipshutz, B. H. ; Barton, J. C. , J. Am. Chem. Soc. 1992, 114, 1084. (c) Inoue, H. ; Murata,S. ;Suzuki,T. ,Liebigs Ann. Chem. 1994,901. 16. Kim,K. S. ;Park,J. I. ;Moon,H. K. ;Yi,H. ,Chem. Commun. 1998,1945.

17. Kim, K. S. ; Choi, S. O. ; Park, J. M. ; Lee, Y. J. ; Kim, J. H. , Tetrahedron:Asymmetry 2001,12,2649.

18. Freire,R. ;León,E. I. ;Salazar,J. A. ;Suárez,E. ,J. Chem. Soc. ,Chem. Commun. 1989,452 - 492.

19. Giuliano,R. M. ;Bigos,C. ,Synth. Commun. 1995,25,1145.

20. Tiecco, M.; Testaferri, L.; Santi, C.; Tomassini, C.; Marini, F.; Bagnoli, L.; Temperini, A., Eur. J. Org. Chem. 2000, 3451.

21. Tingoli, M.; Testaferri, L.; Temperini, A.; Tiecco, M., J. Org. Chem. 1996, 61, 7085.

22. Paulmier, C., Phosphorus Sulfur Silicon 2001, 172, 25

23. Tingoli, M.; Tiecco, M.; Testaferri, L.; Temperini, A., J. Chem. Soc., Chem. Commun. 1994, 1883.

24. Grigg, R.; Hadjisoteriou, M.; Kennewell, P.; Markandu, J., J. Chem. Soc., Chem. Commun. 1992, 1537.

25. Tiecco, M.; Testaferri, L.; Tingoli, M.; Marini, F., J. Chem. Soc., Chem. Commun. 1994, 221.

26. Ranganathan, S.; Muraleedharan, K. M.; Vaish, N. K.; Jayaraman, N., Tetrahedron 2004, 60, 5273.

27. Robin, S.; Rousseau, G., Tetrahedron 1998, 54, 13681.

28. Frederickson, M.; Grigg, R., Org. Prep. Proc. Int. 1997, 29, 33.

29. Khokhar, S.; Wirth, T., Angew. Chem. Int. Ed. 2004, 43, 631.

30. Markovic, Z.; Konstantinovic, S.; Juranic, I.; Dosen - Micovic, L., Gazz. Chim Ital. 1997, 127, 429.

31. Tiecco, M.; Testaferri, L.; Temperini, A.; Bagnoli, L.; Marini, F.; Santi, C., Synth. Commun. 1998, 28, 2167.

32. Schmid, G. H.; Garratt, D. G., Tetrahedron Lett. 1975, 16, 3991.

33. Poleschner, H.; Seppelt, K., J. Chem. Soc., Perkin Trans. 1 2002, 2668.

34. Poleschner, H.; Heydenreich, M.; Spindler, K.; Haufe, G., Synthesis 1994, 1043.

35. Usuki, Y.; Iwaoka, M.; Tomoda, S., Chem. Lett. 1992, 1507.

36. Curini, M.; Epifano, F.; Marcotullio, M. C.; Rosati, O., Synlett 2000, 1813.

37. Ito, Y.; Ogawa, T.; Numata, M.; Sugimoto, M., Carbohydr. Res. 1990, 202, 165.

38. Boons, G. - J.; Demchenko, A. V., Chem. Rev. 2000, 100, 4539.

39. Günther, W.; Kunz, H., Angew. Chem. Int. Ed. Engl. 1990, 29, 1050.

40. Jaworek, C. H.; Iacobucci, S.; Calias, P.; d'Alarcao, M., Carbohydr. Res. 2001, 331, 375.

41. Ikeda, K.; Akamatsu, S.; Achiwa, K., Carbohydr. Res. 1989, 189, c1

- c4.

42. Vlahov, I. R.; Vlahova, P. I.; Schmidt, R. R., Tetrahedron: Asymmetry. 1993,4,293.

43. Notz, W.; Hartel, C.; Waldscheck, B.; Schmidt, R. R., J. Org. Chem. 2001,66,4250.

44. Khodair, A. I.; Schmidt, R. R., Carbohydr. Res. 2002,337,1967.

45. Inoue, H.; Murata, S., Heterocycles 1997,45,847.

46. Miyachi, N.; Satoh, H.; Shibasaki, M., J. Chem. Soc., Perkin Trans. 1 1991,2049.

47. Murata, S.; Suzuki, C.; Inoue, H.; Andoh, Y.; Hayashi, Y.; Suzuki, T., Heterocycles 2000,52,621.

48. Tiecco, M.; Testaferri, L.; Santi, C.; Tomassini, C.; Marini, F.; Bagnoli, L.; Temperini, A., Angew. Chem. Int. Ed. 2003,42,3131.

49. Tiecco, M.; Testaferri, L.; Santi, C.; Tomassini, C.; Marini, F.; Bagnoli, L.; Temperini, A., Chem. Eur. J. 2002,8,1118.

50. Back, T. G.; Moussa, Z.; Parvez, M., J. Org. Chem. 2002,67,499.

51. Uehlin, L.; Fragale, G.; Wirth, T., Chem. Eur. J. 2002,8,1125.

52. Wirth, T., Angew. Chem. Int. Ed. 2000,39,3740.

53. Back, T. G.; Moussa, Z., Org. Lett. 2000,2,3007.

54. Tiecco, M.; Testaferri, L.; Santi, C.; Tomassini, C.; Marini, F.; Bagnoli, L.; Temperini, A., Tetrahedron: Asymmetry 2000,11,4645.

55. Back, T. G.; Dyck, B. P.; Nan, S., Tetrahedron 1999,55,3191.

56. Back, T. G.; Nan, S., J. Chem. Soc., Perkin Trans. 1 1998,3123.

57. Fragale, G.; Wirth, T., Eur. J. Org. Chem. 1998,1361.

58. Déziel, R.; Malenfant, E.; Thibault, C., Tetrahedron Lett. 1998,39,5493.

59. Wirth, T., Phosphorus Sulfur Silicon 1998,136,235.

60. Wirth, T.; Fragale, G., Chem. Eur. J. 1997,3,1894.

61. Fujita, K.; Murata, K.; Iwaoka, M.; Tomoda, S., Tetrahedron 1997,53,2029.

62. (a) Yoshida, M.; Satoh, N.; Kamigata, N., Chem. Lett. 1989,1433. (b) Back, T G.; Muralidharan, K. R., J. Org. Chem. 1991,56,2781.

63. Gassman, P. G.; Miura, A.; Miura, T., J. Org. Chem. 1982,47,951.

64. (a) Vedejs, E.; Rodgers, J. D.; Wittenberger, S. J., Tetrahedron Lett.

1988,29,2287. (b)Vedejs,E. ;Ahmad,S. ,Tetrahedron Lett. 1988,29,2291.

65. Inoue,H. ;Murata,S. ,Heterocycles 1997,45,847.

66. Murata,S. ;Suzuki,C. ;Inoue,H. ;Andoh,Y. ;Hayashi,Y. ;Suzuki,T. , Heterocycles 2000,52,621.

67. Miyachi,N. ;Satoh,H. ;Shibasaki,M. ,J. Chem. Soc. ,Perkin Trans. 1 1991,2049.

68. Tiecco,M. ;Testaferri,L. ;Santi,C. ;Tomassini,C. ;Marini,F. ;Bagnoli, L. ;Temperini,A. ,Angew. Chem. Int. Ed. 2003,42,3131.

69. Tiecco,M. ;Testaferri,L. ;Santi,C. ;Tomassini,C. ;Marini,F. ;Bagnoli, L. ;Temperini,A. ,Chem. Eur. J. 2002,8,1118.

70. Back,T. G. ;Moussa,Z. ;Parvez,M. ,J. Org. Chem. 2002,67,499.

71. Uehlin,L. ;Fragale,G. ;Wirth,T. ,Chem. Eur. J. 2002,8,1125.

72. Wirth,T. , Angew. Chem. Int. Ed. 2000, 39, 3740. Back,T. G. ; Moussa,Z. ,Org. Lett. 2000,2,3007.

73. Back,T. G. ;Moussa,Z. ,Org. Lett. 2000,2,3007

74. Tiecco,M. ;Testaferri,L. ;Santi,C. ;Tomassini,C. ;Marini,F. ;Bagnoli, L. ;Temperini,A. ,Tetrahedron:Asymmetry 2000,11,4645.

75. Back,T. G. ;Dyck,B. P. ;Nan,S. ,Tetrahedron 1999,55,3191.

76. Back,T. G. ;Nan,S. ,J. Chem. Soc. ,Perkin Trans. 1 1998,3123.

77. Fragale,G. ;Wirth,T. ,Eur. J. Org. Chem. 1998,1361.

78. Déziel, R. ; Malenfant, E. ; Thibault, C. , Tetrahedron Lett. 1998, 39,5493.

79. Wirth,T. ,Phosphorus Sulfur Silicon 1998,136－138,235.

80. Wirth,T. ;Fragale,G. ,Chem. Eur. J. 1997,3,1894.

81. Fujita, K. ; Murata, K. ; Iwaoka, M. ; Tomoda, S. , Tetrahedron 1997, 53,2029.

4 -苄氧基丁醛(4 - Benzyloxybutanal)

[5470 - 84 - 8]　$C_{11}H_{14}O_2$　(MW 178.23)

含苄氧基的醛类化合物,可以进行醛类各种化学的反应。

该试剂可以用于 1,2 -加成反应、羟醛加成、杂环的狄尔斯-阿尔德环加成反应、腙和亚胺的形成、Knoevenagel 缩合反应,生成内酯,Witting 反应进行烯化等。

物理数据:无色液体,沸点 84 ℃(4 mmHg)。

提纯:Tishchenko 反应制备的 4 -苄氧基丁醛,经过蒸馏含有(24%)酯类化合物。为了避免该情况,最好通过色谱柱分离提纯产物。

制备:文献报道多种制备方法可以用来制备 4 -苄氧基正丁醛。其中最普遍的操作方法是用单保护的 1,4 -丁二醇在氢化钠的存在下与溴苄发生反应。得到的 4 -苄氧基丁醇(产率 95%)可以在各种氧化剂的作用下被氧化成醛。例如硅藻土中的 PDC 氧化(蒸馏出的醛为 56%,值得注意的是用 Tishchenko 反应生成的醛含 24%酯),PDC 直接氧化(经色谱柱后产率为 90%),PCC 氧化(收率 58%,78%)和 Swern 氧化法。另一种制备方法是将丁内酯与氢氧化钾和苄基溴化物一起加热,转化为 4 -苄氧基丁酸(转化率 92%),再用硼氢化物将 4 -苄氧基丁酸完全还原成醇(100%),4 -苄氧基丁醇最后用 TEMPO(四甲基哌啶氧化物)氧化成 4 -苄氧基丁醛。还可以用 4 -苄氧基- 1 -丁炔通过金属钌络合物和水的反马氏催化加成制备 4 -苄氧基丁醛,产率为 94%,以及臭氧分解作用于 5 -苄氧基- 1 -戊烯(产率为 88%)或者用 $PdCl_2(CH_3CN)_2$ 催化从 4 -苄氧基丁醇经串联脱保护/氧化序列(产率为 66%)来制备 4 -苄氧基丁醛,其中 4 -苄氧基丁醇可以从 Aldrich 中购买。

1,2 -加成

各种亲核试剂可对 4 -苄氧基丁醛进行加成反应。根据 Schlosser(施洛瑟)方法,将(*E*)- 2 -丁烯脱质子化后,对 4 -苄氧基丁醛进行加成(反应式 1)。该反应的立体化学是用核磁共振方法来研究。*Z* - Crotyl - B[(−)- IPC]$_2$ 和酒石酸修饰的烯丙基硼酸酯以不对称的方式对 4 -苄氧基正丁醛进行加成,生成高烯丙基醇,收率高,ee 值中等。

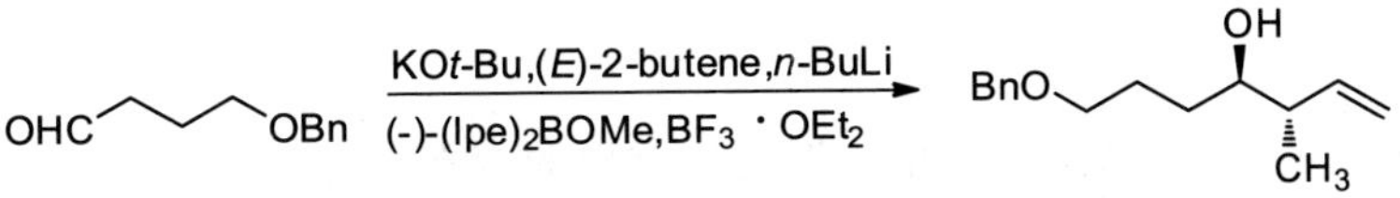

(1)

THP保护的2-三氟甲基丙醇的锂负离子和4-苄氧基正丁醛进行加成反应，产率为59%(反应式2)。

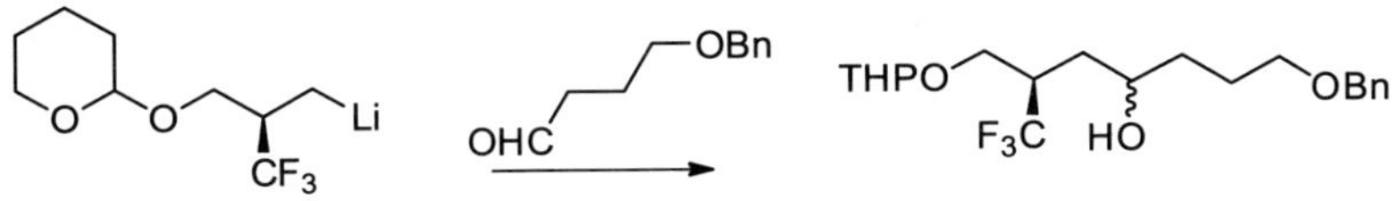

(2)

4-苄氧基正丁醛可以和狄尔斯-阿尔德反应后的加合物进行加成，通过捕获中间体烯丙基硼酸酯，影响三组分-串联Vaultier反应序列(反应式3)。

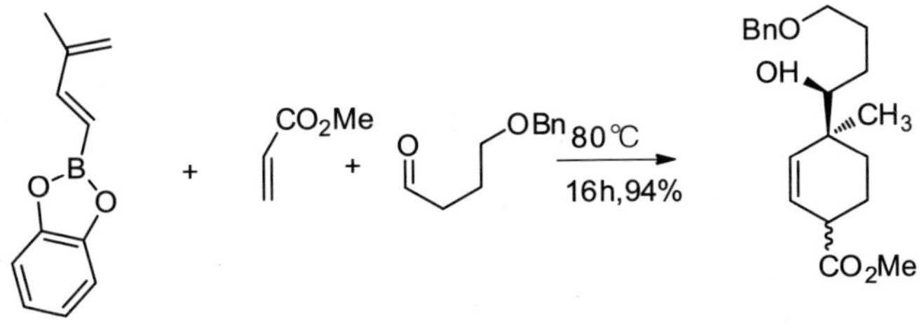

(3)

4-苄氧基正丁醛对酮酯中间体烯醇式产物进行加成生成缩合再裂解产品(收率68%)，主要得到反式异构体(反应式4)。

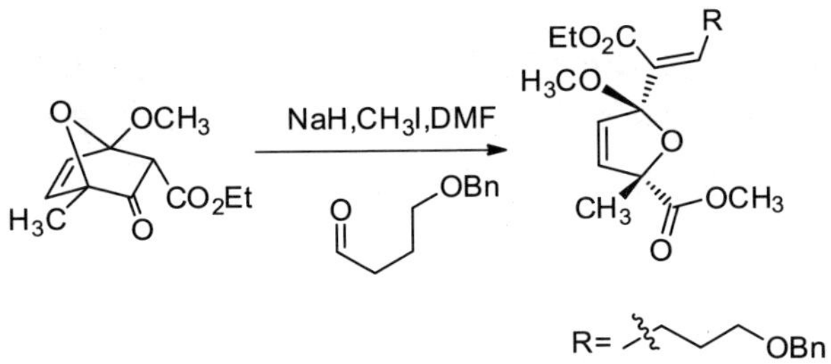

(4)

4-苄氧基正丁醛和乙烯基溴化镁反应生成烯丙醇，生成的烯丙醇经过约翰逊-克莱森重排生成(*E*)-8-苄氧基-辛-4-烯醇酯[17]。同样地(*E*)-8-苄氧基-辛-4-烯醛也采用类似的方法制备，不同的是烯丙醇用丁基乙烯基醚和$Hg(OAc)_2$进行反应[18]。4-苄氧基正丁醛用甲基乙烯基酮和3-苄基-5-(2-羟乙基)-4-甲基-1,3-噻唑氯进行反应，通过Stetter反应生成1,4-二酮[19]。

羟醛缩合

4-苄氧基正丁醛和甘氨酸在苏氨酸醛缩酶的存在下(反应式5)可发生光学选择性的羟醛反应。这里选择苄氧基做取代基,是由于其作为保护集团非常容易除去。此外,该羟醛缩合反应,主要依赖于醛的羰基相邻位置的一个氧原子。采用10当量的三甲基铝和碘化钠的乙腈溶液可以非常容易除去苄基。

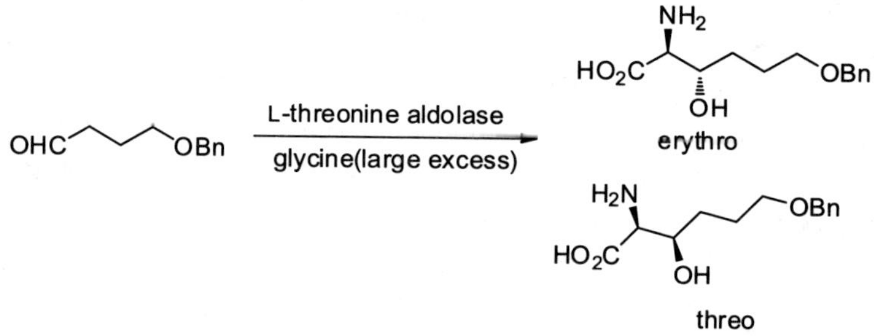

(5)

噁唑烷酮和4-苄氧基正丁醛进行埃文斯不对称羟醛缩合反应,生成顺式的羟醛加合物,收率88%(反应式6)[21]。

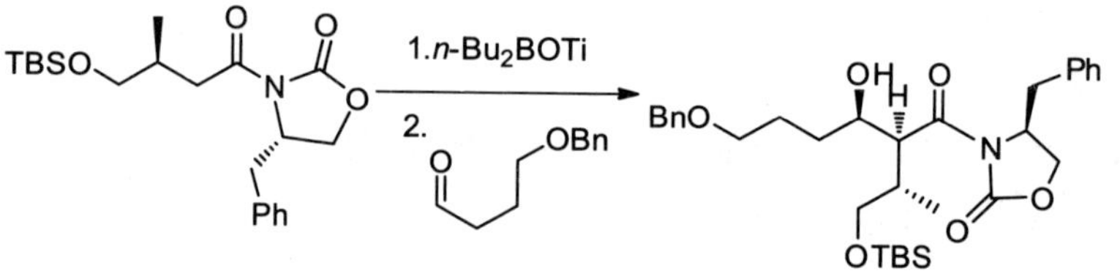

(6)

酯和四氯化钛反应生成磺酰酯的烯醇化钛。各种双齿醛和生成的烯醇化钛进行羟醛缩合,生成具有高度光学选择性的产品。所观察到的选择性和假设的模型,即苄氧基螯合钛是一致的(反应式7)[22]。

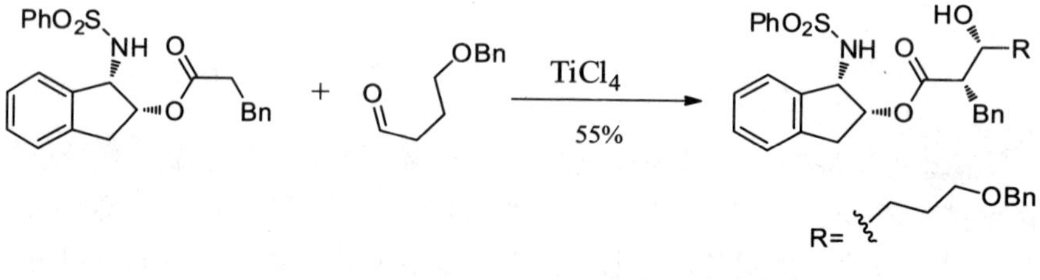

(7)

酮烯醇锂和4-苄氧基正丁醛进行加成反应生成非对映异构体的混合物。对该混合物进行脱水生成一个单一烯酮,该反应先形成甲磺酸酯,再进行DBU脱水[23]。二烯醇硼酸酯可以对4-苄氧基正丁醛发生不对称羟醛缩合反应产生影响

(反应式 8)。二级醇进行随后的环化或脱卤化氢生成二氢吡喃酮[24]。

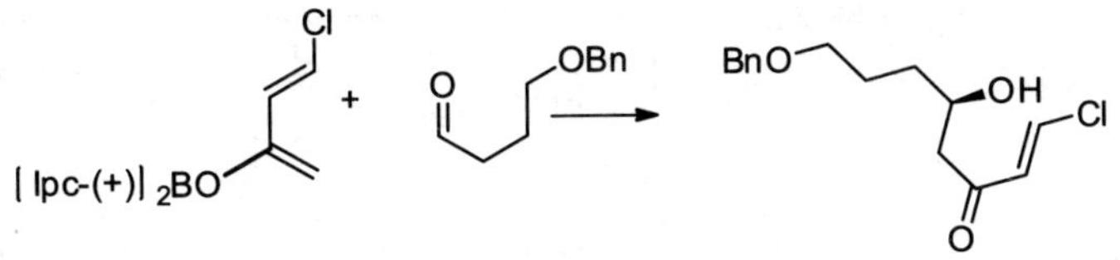

(8)

三聚环合反应

使用丙酮基三苯基膦溴化(ATPB)作为催化剂制备 1,3,5-三嗪。好几种脂肪醛在这种条件下进行三聚,包括 4-苄基正丁醛(反应式 9)[25]。

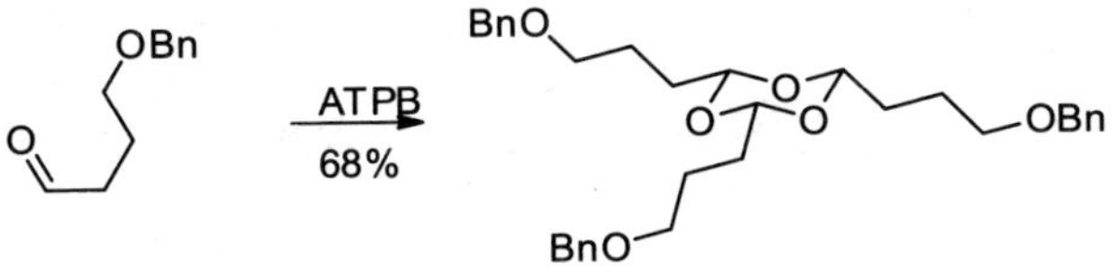

(9)

杂环的狄尔斯-阿尔德环加成反应

光学选择性的钛联萘酚 titanium-BINOL 催化环化 Kitahara-Danishefsky 二烯和 4-苄氧基正丁醛的缩合反应,生成二氢吡喃酮(收率 65%,ee 95%,反应式 10)[26]。同样的反应如用氯化锌做催化剂,可生成外消旋的二氢吡喃酮,收率可达 92%[27]。在杰克布森 Jacobsen's 的三齿铬(Ⅲ)催化作用下 4-苄氧基正丁醛和类二烯进行不对称狄尔斯-阿尔德反应,生成多官能团的二氢吡喃酮,该化合物可和 gambierolABCD 亚单元结合[28]。

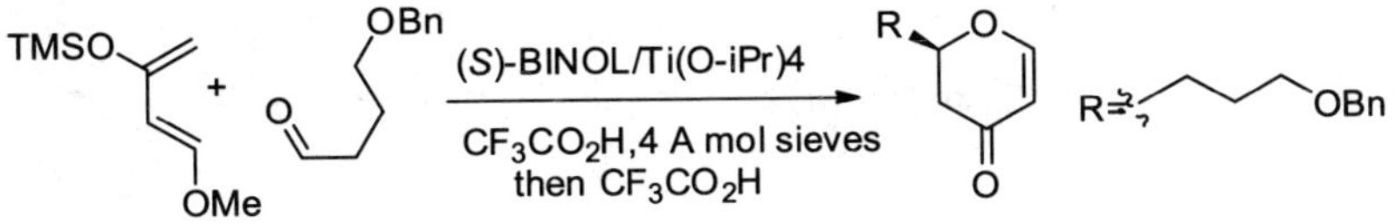

(10)

腙和亚胺的形成

N,O-二苄胺的制备是先 1,4-丁二醇的单苄基化(过量的二元醇,$PhCH_2Br$,KOH,RT,95%),而后用 PPC 对 4-苄氧基丁醇进行氧化生成单苄基正丁醛(收率 70%)。而 Swern(斯文)和 Collins(科林斯)氧化方法没有明显提高收率。随后的生成的亚胺收率为 95%。4-苯基磺酰丁酸二元负离子和亚胺反应生成内酰胺,产率为 75%(反应式 11)[2,29]。

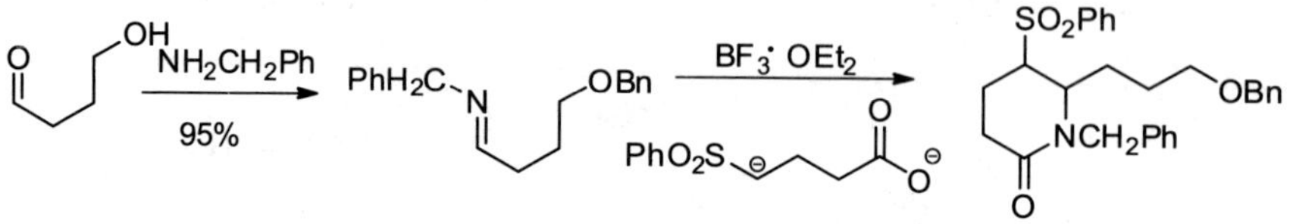

(11)

用2-甲氧基-5-硝基苯肼和4-苄氧基正丁醛缩合定量的生成腙，产物为不可分离的混合物异构体，$E:Z$ 为2∶1[7]。

色胺盐酸盐和4-苄氧基正丁醛反应生成Pictet-Spengler产品，收率70%（反应式12）[30]。

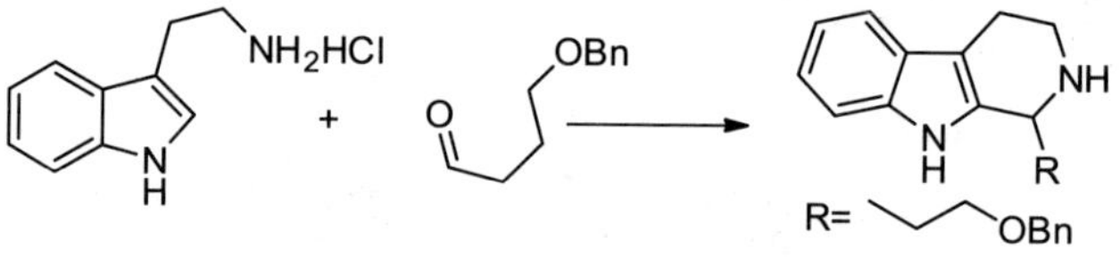

(12)

Knoevenagel 缩合反应

4-苄氧基正丁醛通过一连串Knoevenagel缩合反应，质子转移和烯丙基亚砜-磺酸重排反应可生成 E-羟基-不饱和砜（反应式13）[31]。

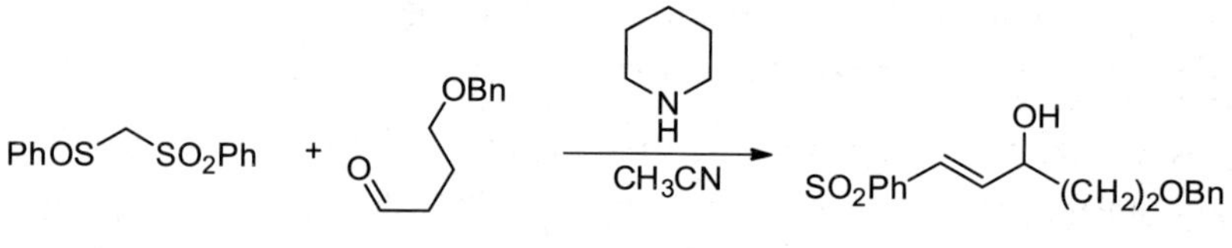

(13)

内酯的形成

硅烷基酮烯用路易斯酸催化，和醛进行[2+2]环加成反应生成内酯。酒石酸的二氯化钛络合物TADDOL进行催化可生成高顺/反式（19∶1）的产品，收率相当不错。但是，ee值较低（43%－45%），证明苄氧基醛的链长度降低，选择性也降低了（反应式14）[32]。去硅基化的氧杂环丁烷与路易斯酸反应，导致分子内开环生成四氢呋喃[33]。

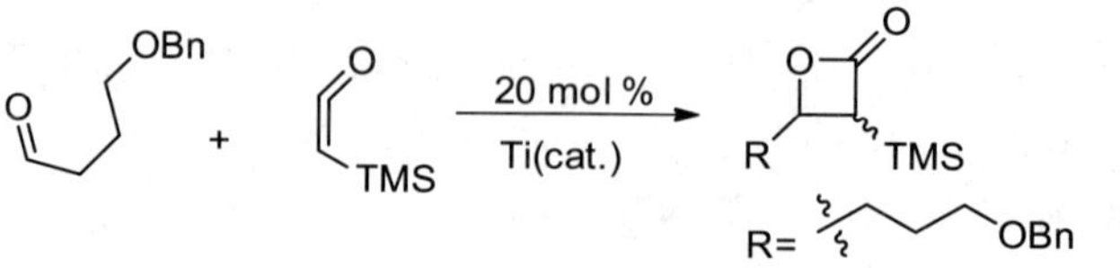

(14)

亚甲基化

4 -苄氧正丁醛、37%福尔马林、二乙胺盐酸盐进行反应生成 2 -亚甲基- 4 -(苯甲氧基)正丁醛,收率 50%(反应式 15)[34]。生成的该不饱和醛被用于以水做溶剂的 Diels - Alder 反应。

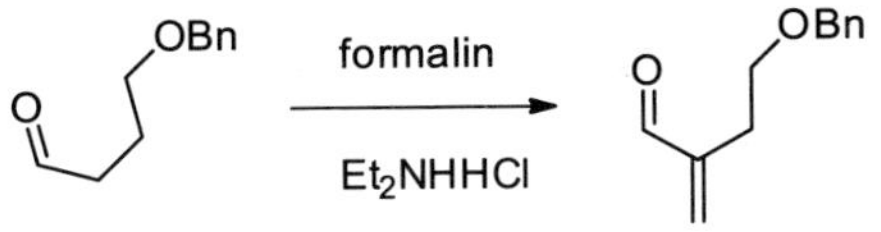

(15)

保护基

3 -羟基壬酸和 4 -苄氧基丁醛反应生成 1,3 -二噁烷- 4 -酮,为一 8∶1 缩醛的差向异构体的混合物,收率为 83%。之后对 4 -苄氧基正丁醛(BOB)保护基团用氢氧化钯/C 的甲醇溶液中用氢气还原脱保护,生成二醇(反应式 16)。假定钯是酸性,足以促进中间化合物伯醇的转缩醛反应,因此提供了一个非常温和的缩醛脱保护方法[35]。

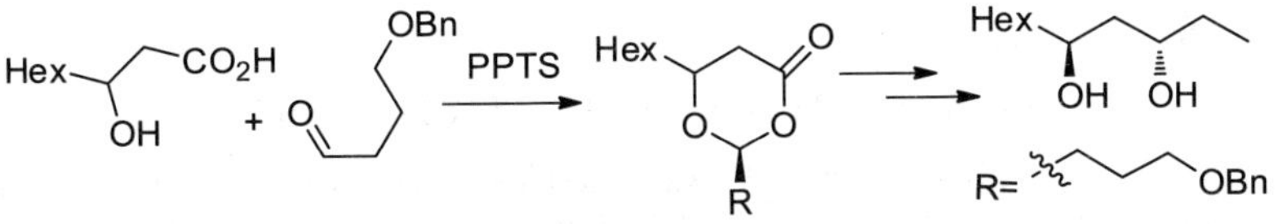

(16)

维蒂希类的烯化反应

酮磷酸酯和 4 -苄氧基丁醛的反应生成相应的烯酮,收率高,而且有较高 E/Z 选择性。锂或钡的氢氧化物是 Horner - Wadsworth - Emmons 反应的理想催化剂,而用 LDA 和 NaH 则不能生成令人满意的结果(反应式 17)[36]。4 -苄氧基丁醛经 Horner - Emmons 烯化作用,用二乙基膦酰基乙酸乙酯和 DBU 生成相应不饱和酯[37]。4 -苄氧基丁醛的延伸链和二乙基膦酰基丙酸乙酯反应成不饱和酯,产率为 89%[38]。

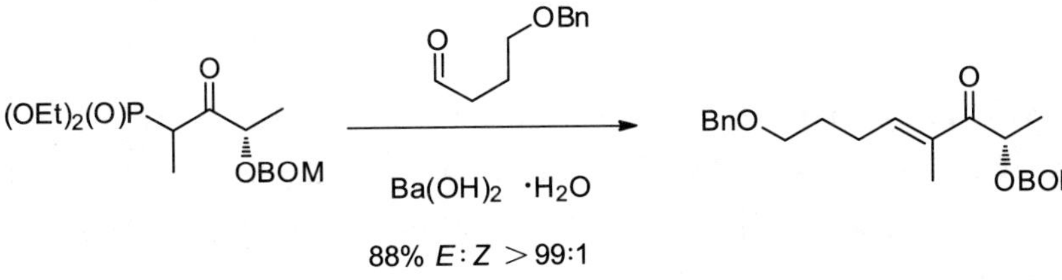

(17)

7-羧基庚基三苯基磷溴化物与钠甲基亚磺酰基甲基化物在 DMSO 中处理生成内鎓盐,该盐当和 4-苄氧基丁醛反应生成烯烃,收率 87%,而且只生成 *Z* 构型的异构体(反应式 18)[3]。

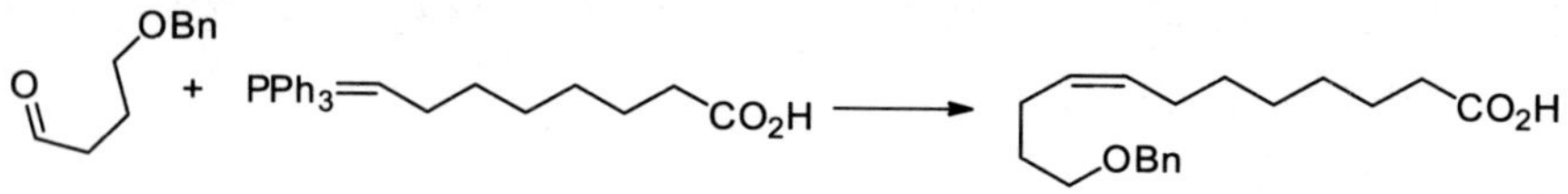
(18)

参考文献

1. Lallemand, J. - Y.; Six, Y.; Ricard, L., Eur. J. Org. Chem. 2002, 503 - 513

2. Kiddle, J. J.; Green, D. L. C.; Thompson, C. M., Tetrahedron 1995, 51, 2851.

3. Dawson, M. I.; Vasser, M., J. Org. Chem. 1977, 42, 2783.

4. Parker, K. A.; Iqbal, T., J. Org. Chem. 1987, 52, 4369.

5. Baudouy, R.; Prince, P., Tetrahedron 1989, 45, 2067.

6. Lee, J. - C.; Kim, G. T.; Shim, Y. K.; Kang, S. H., Tetrahedron Lett. 2001, 42, 4519.

7. Szczepankiewicz, B. G.; Heathcock, C. H., Tetrahedron 1997, 53, 8853.

8. Suzuki, T.; Tokunaga, M.; Wakatsuki, Y., Org. Lett. 2001, 3, 735.

9. Hon, Y. - S.; Lin, S. - W.; Lu, L.; Chen, Y. - J., Tetrahedron 1995, 51, 5019.

10. Wilson, N. S.; Keay, B. A., J. Org. Chem. 1996, 61, 2918.

11. Lee, J.; Kobayashi, Y.; Tezuka, K.; Kishi, Y., Org. Lett. 1999, 1, 2181.

12. Balog, A.; Bertinato, P.; Su, D. - S.; Meng, D.; Sorensen, E.; Danishefsky, S. J.; Zheng, Y. - H.; Chou, T. - C.; He, L.; Horwitz, S. B., Tetrahedron Lett. 1997, 38, 4529.

13. Roush, W. R.; Hoong, L. K.; Palmer, M. A. J.; Straub, J. A.; Palkowitz, A. D., J. Org. Chem. 1990, 55, 4117.

14. Götzö, S. P.; Seebach, D.; Sanglier, J. - J., Eur. J. Org. Chem. 1999, 2533.

15. Six, Y.; Lallemand, J. - Y., Tetrahedron Lett. 1999, 40, 1295.

16. Xu, Q.; Weeresakare, M.; Rainier, J. D., Tetrahedron 2001, 57, 8029.

17. (a) Avedissian, H.; Sinha, S. C.; Yazbak, A.; Sinha, A.; Neogi, P.; Sinha, S.; Keinan, E., J. Org. Chem. 2000, 65, 6035. (b) Marshall, J. A.; Jiang,

H. ,J. Org. Chem. 1999,64,971.

18. Zhang, H. ; Seepersaud, M. ; Seepersaud, S. ; Mootoo, D. R. , J. Org. Chem. 1998,63,2049.

19. Molander,G. A. ;Eastwood,P. R. ,J. Org. Chem. 1996,61,1910.

20. Nishide,K. ;Shibata,K. ;Fujita,T. ;Kajimoto,T. ;Wong,C. - H. ;Node, M. ,Heterocycles 2000,52,1191.

21. Williams,D. R. ;Reddy,J. P. ;Amato,G. S. ,Tetrahedron Lett. 1994, 35,6417.

22. (a)Ghosh,A. K. ;Fidanze,S. ;Onishi,M. ;Hussain,K. A. ,Tetrahedron Lett. 1997,38,7171. (b)Ghosh,A. K. ;Kim,J. - H. ,Tetrahedron Lett. 2001, 42,1227.

23. Wendt,J. A. ;Aube,J. ,Tetrahedron Lett. 1996,37,1531.

24. Gleason,M. M. ;McDonald,F. E. ,J. Org. Chem. 1997,62,6432.

25. Hon,Y. - S. ;Lee,C. - F. ,Tetrahedron 2001,57,6181.

26. McDonald,F. E. ;Vadapally,P. ,Tetrahedron Lett. 1999,40,2235

27. Rainier,J. D. ;Allwein,S. P. ;Cox,J. M. ,Org. Lett. 2000,2,231

28. Cox,J. M. ;Rainier,J. D. ,Org. Lett. 2001,3,2919.

29. Green,D. L. C. ;Thompson,C. M. ,Tetrahedron Lett. 1991,32,5051

30. Tietze,L. F. ;Zhou,Y. ;Töpken,E. ,Eur. J. Org. Chem. 2000,2247.

31. Dominguez,E. ;Carretero,J. C. ,Tetrahedron Lett. 1990,31,2487

32. Romo,D. ;Yang,H. W. ,Tetrahedron Lett. 1998,39,2877.

33. (a) Mead, K. T. ; Yang, H. - L. , J. Org. Chem. 1990, 55, 2991. (b) Mead,K. T. ;Yang,H. - L. ,Tetrahedron Lett. 1989,30,6829.

34. Yoshida,K. ;Grieco,P. A. ,J. Org. Chem. 1984,49,5257.

35. Powell,N. A. ;Rychnovsky,S. D. ,J. Org. Chem. 1999,64,2026.

36. Mulzer,J. ;List,B. ,Tetrahedron Lett. 1994,35,9021.

37. Mead,K. T. ;Park,M. ,Tetrahedron Lett. 1995,36,1205.

38. Parker,K. A. ;Iqbal,T. ,J. Org. Chem. 1987,52,4369.

戊二醛(Glutaraldehyde)

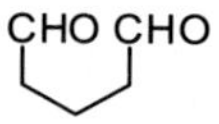

[111-30-8]　$C_5H_8O_2$　(MW 100.13)

作为二醛类化合物,可以利用有用的反应如Mannich反应来构建杂环试剂,也广泛地用于蛋白质的交叉偶合。

替代名称:戊二醛。

物理常数:油状物;沸点71 ℃(10 mmHg);n_D^{25} 1.4338。

溶解性:极易溶于水、醇、醚。

供应的形式:25%~50%的水溶液,商购。

制备方法:多数情况下,直接使用商购得水溶液,如需无水的戊二醛,可用有机溶剂对水溶液进行萃取,而后干燥减压蒸馏来进行制备[1]。或可通过2-乙氧基-3,4-二氢-2H-吡喃进行制备[2]。

处理、储存和注意事项:戊二醛的水溶液比较稳定,但是无水的戊二醛在蒸馏后必须马上使用,因为容易引起聚合反应。无水的戊二醛的醚溶液即使在低温下也迅速聚合[3]。该试剂一般在通风橱里使用。

2,6-二取代的哌啶-双环化合物的合成

经典的Robinson合成pseudopelletierine方法是以戊二醛为原料进行两次的Mannich反应来进行合成(反应式1)。该反应涉及一分子戊二醛、一分子甲胺和一分子的丙酮二酸在弱酸性的条件下进行反应。

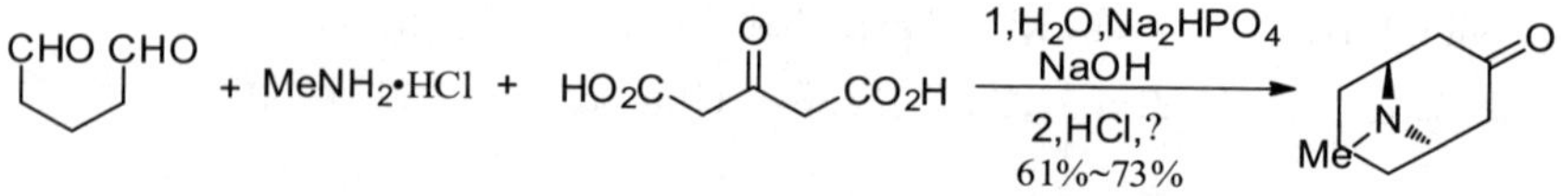

(1)

采用相同的方法可以合成*cis*-2,6-二丙酮基-哌啶(反应式2)[4]。

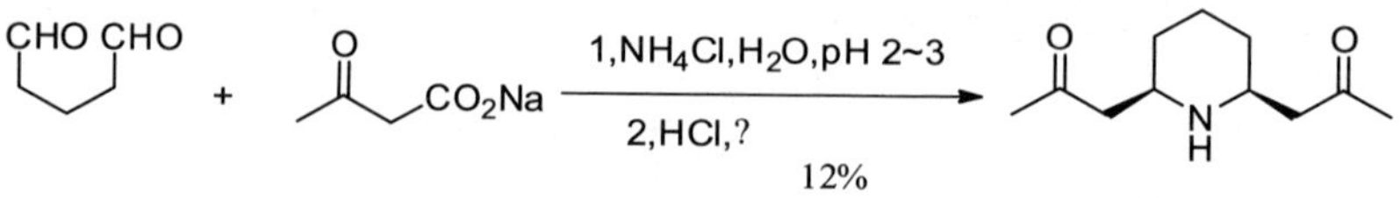

(2)

在没有碱存在的情况下,也可以合成1,4-二氢-吡啶(反应式3)[3]。

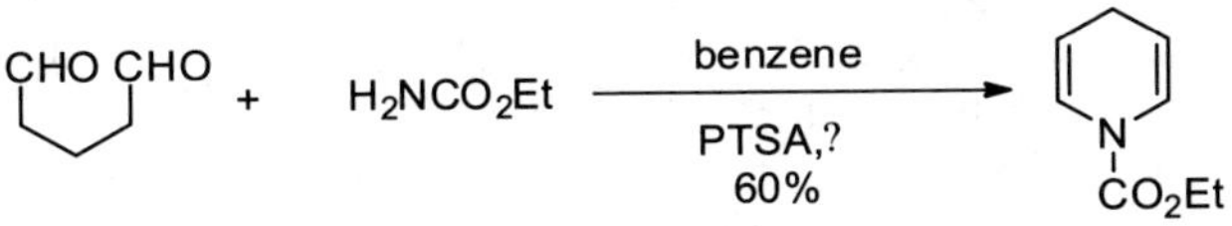

(3)

类似的1,4-二氢-吡啶也可以由杂原子的亲核试剂来进行合成。在氰化物存在下戊二醛和一手性的非消旋的氨基醇进行二次缩合反应后可合成一光学纯的2-氰基-6-噁唑哌啶,收率可达80%(反应式4)[5]。戊二醛已被当作一非常有用的工具来进行不对称合成哌啶衍生物,主要是对生物碱的不对称合成。

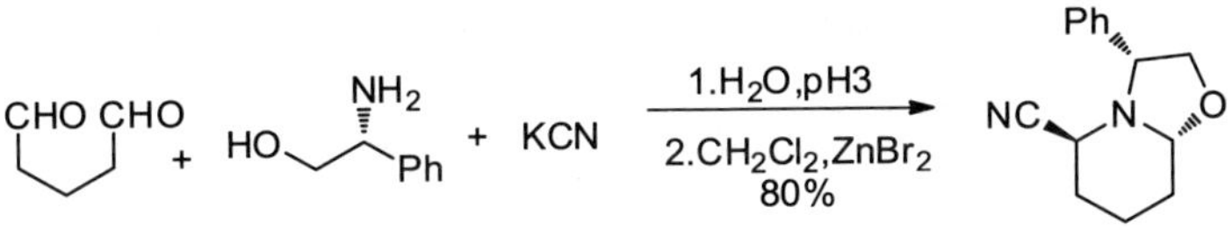

(4)

在还原试剂存在下戊二醛和一伯胺反应生成取代的哌啶类化合物,最常用的还原试剂是氰化硼氢化钠(反应式5)[6a],当然其他的还原试剂也有效[6]。该方法通常用一分子的伯胺和1,5-二卤戊烷反应来进行制备。

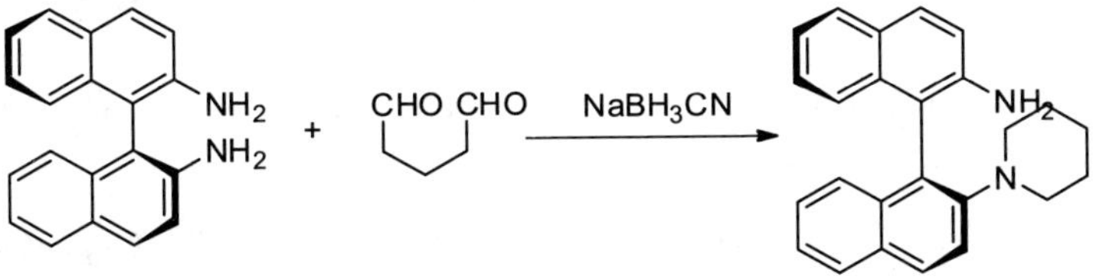

(5)

当一分子的戊二醛和色胺进行的Pictet-Spengler反应时,可捕获到吲哚环上的一分子亚铵盐中间体,在还原剂硼氢化钠的存在下可制备吲哚喹诺里西啶(反应式6)[7]。

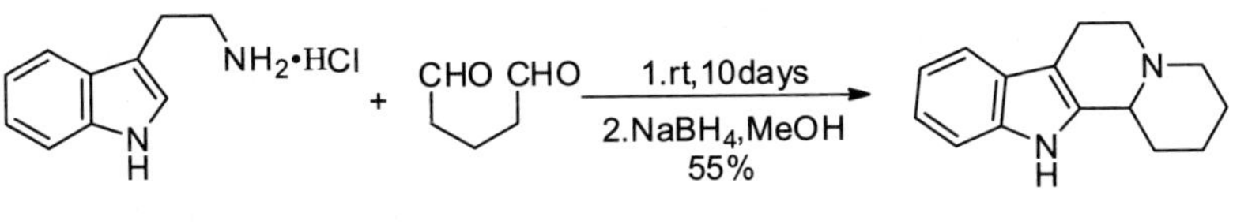

(6)

其他用途

戊二醛和一分子的碳亲核试剂进行单烃基化反应,可生成吡喃衍生物[1,8],如反应式7所描述的。

活性亚甲基化合物也可以对戊二醛进行加成反应生成环己烷的衍生物(反应式8)[9]。

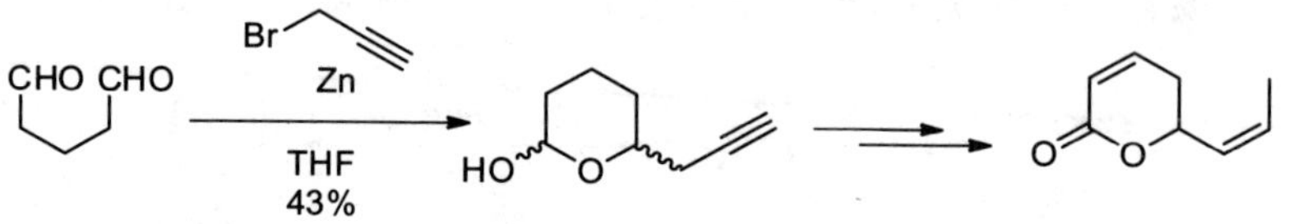

(7)

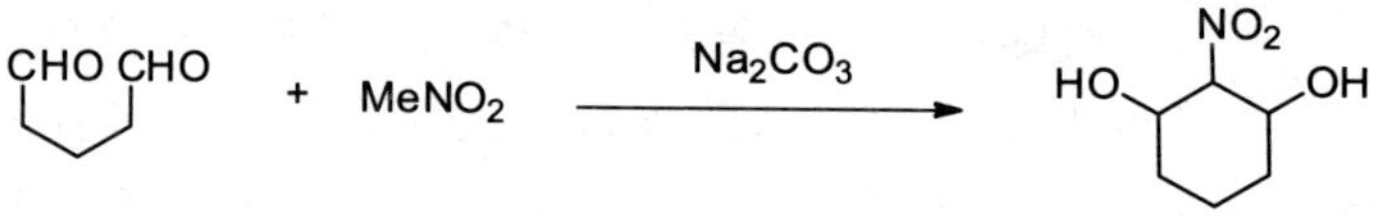

(8)

也有报道戊二醛的单缩醛合成,合成方法包括戊二醛的单醛基进行缩醛,和对2-乙氧基-3,4-二氢-2H-吡喃进行水解来进行制备,这种单缩醛可用在许多有机合成上,并且不少综述报道过[10]。

参考文献

1. (a)Rosenberger,M.;Andrews,D.;DiMaria,F.;Duggan,A. J.;Saucy,G. Helv. Chim. Acta 1972,55,249. (b)Kukla,M. J.;Breslin,H. J. J. Org. Chem. 1987,52,5046.

2. Cope,A. C.;Dryden,H. L.;Howell,C. F. Org. Synth.,Coll. Vol. 1963,4,816.

3. Foos,J. S.;Steel,F.;Rizvi,S. Q. A.;Fraenkel,G. J. Org. Chem. 1979,44,2522.

4. Quick,J.;Mondello,C.;Humora,M.;Brennan,T. J. Org. Chem. 1978,43,2705.

5. (a) Guerrier,L.;Royer,J.;Grierson,D. S.;Husson,H. -P. J. Am. Chem. Soc. 1983,105,7754. (b)Bonin,M.;Grierson,D. S.;Royer,J.;Husson,H. -P. Org. Synth. 1992,70,54.

6. (a) Kawakami,Y.;Hiratake,J.;Yamamoto,Y.;Oda,J. Chem. Commun. /J. Chem. Soc.,Chem. Commun. 1984,779. (b) Verardo,G.;Giumanini,A. G.;Favret,G.;Strazzolini,P. Synthesis 1991,447.

7. Gribble,G. W. J. Org. Chem. 1972,37,1833

8. Fehr,C.;Galindo,J.;Ohloff,G. Helv. Chim. Acta 1981,64,1247.

9. (a)Lichtenthaler,F. W. Angew. Chem.,Int. Ed. Engl. 1964,3,211. (b) González,F. S.;Diaz,R. R.;Garcia Calvo - Flores,F. A.;Berenguel,A. V.;Gimenez Martinez,J. J. Synthesis 1992,631

10. Botteghi,C.;Soccolini,F. Synthesis 1985,592.

烯丙基碘(Allyl Iodide)

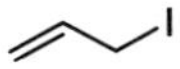

[556-56-9]　C_3H_5I　(MW 167.99)

典型的烯丙基化试剂。该试剂可作为烯丙化试剂，对C,O,N,S,Se,Te亲核试剂进行烯丙化反应；和有机金属衍生物反应生成高烯丙醇；该试剂进行一些预期亲电加成反应。

物理数据：熔点－99.3℃；沸点103.1℃；密度$1.848g/cm^3$。

溶解性：与有机液体混溶。

供应形式：黄色液体，加热、长期静置或暴露于空气都会变色。

纯化：用亚硫酸钠溶液除去碘，干燥(硫酸镁)，并在减压下(约20毫米汞柱)蒸馏[1]，避光保存。

搬运、储存及注意事项：在0℃储存在一个不透光的容器中。易挥发，易燃，有毒，是刺激性烃基化试剂。同时也是一个光敏试剂。

烯丙基碘(RI)试剂通常通过离子交换($NaI-Me_2CO$)从烯丙基氯制备或烯丙醇和二膦四碘反应制备[2]。较弱的C—I键既有利于异裂，有时也发生均裂取代反应(反应式1)。因此制备巴比尔-格氏型的过程也可以使用锑[3]、镓[4]、铟[5]、铋[6,7]或$BiCl_3$和金属的组合试剂来实现[7]。钸粉末与烯丙基碘生成有机钸物种，它和酮反应得到仲醇、频哪醇二聚产物，以及巴尔比耶-格利雅产物的混合物。与醛的主要产品是频哪醇[8]。相反，烯丙基碘与铝和钸/汞的THF溶液，在0℃氮气保护下与一系列酮反应5小时生成叔醇，收率良好[9]。其他还原烯丙基化方法使用三氯化铬和0.5摩尔的四氢铝锂，与RI或RBr的THF溶液反应生成烯丙基铬(Ⅱ)物种。这可能导致二烯丙基化合物的形成或与酮和醛进行巴尔比耶-格利雅反应，但与腈或羧酸盐不反应。

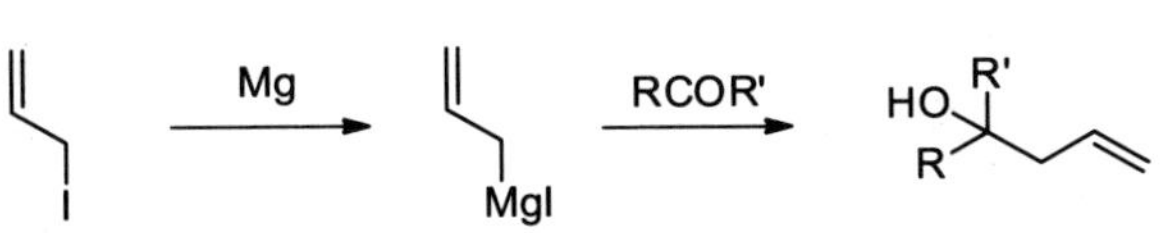

(1)

(2)

烯丙基氯的反应比较类似,但反应一般在 DMF,而不在 THF 溶液中进行[10]。二碘化钐(THF,N_2,室温)可催化醛与 RI 的反应,生成仲醇(反应式 3)[11];锡也可以作为催化剂,两者都可以催化 RI 与羧酸酯[12]、卤化物[12,13],尤其是氟化物反应[13]。在 SmI_2 存在下酰基氯化物也可以与 RI 反应[14]。还原反应,也可以用电化学方法完成;RI(或其他的烯丙基卤化物)与 Me_2CO(0.5mol/L Bu_4NClO_4 in HMPA)[15a]反应生成 $Me_2C(R)OH$,和富马酸二乙酯反应($Et_4N^+C_7H_7SO_3^-$-DMF)生成 2-烯丙基琥珀酸(反应式 4)[15b]。

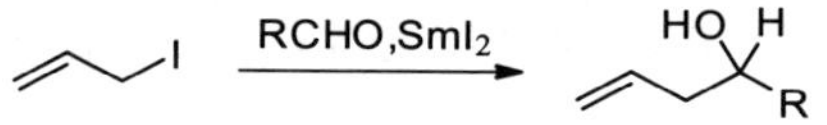

(3)

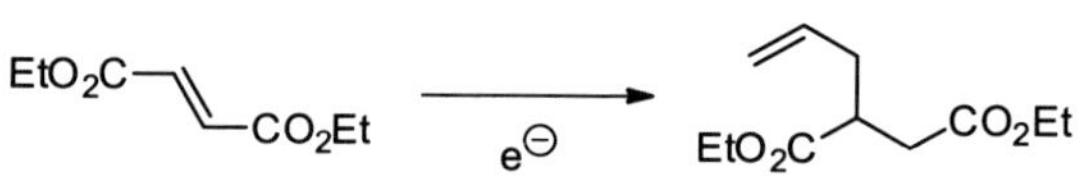

(4)

类似的由 RI 对苯甲醛进行的光化学加成是在镧碘化物做催化剂下进行的[16]。负碳离子(如 1),用 NaH 的 DMF 溶液可被进行烯丙化,一般不会进行重排(反应式 5)[17],而 2,4-戊二酮烯醇钠盐只在 C-3 进行烯丙基化(DMSO,RI)[18],硅化丙烯酸酯的锂衍生物(甲基锂)显示类型的烯丙基化选择性[19]。

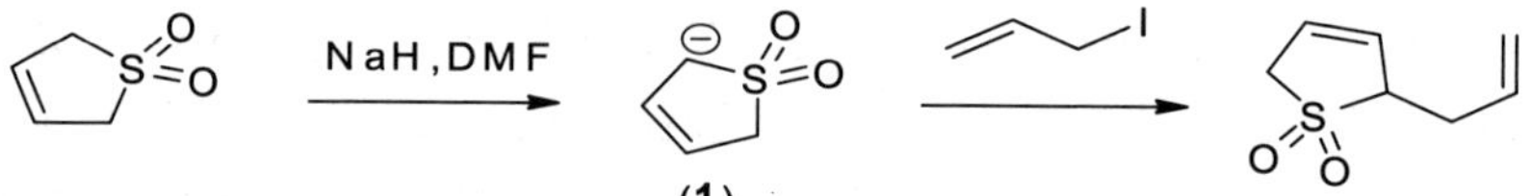

(5)

对手性的丙二酸单酯[20]、酒石酸二甲基锡烷[21]、手性酰亚胺烯醇[22]和手性硝基酮[23]可以进行高度的立体选择性反应,生成高度非对映选择性烷化产物。再通过简单的同位素交换反应可生成有放射性标记的产品;AgF^{18} 和 $AgBr^{83}$ 在气相中与 RI 反应可生成高级别 RF^{18} 和 $R^{83}Br$[24]。与碘代内酰胺也可以进行立体选择性生成 N-烯丙基化反应[25]。在二碘化钐的存在下与二苯二硒反应生成 PhSeR[26]。

相关试剂

烯丙基溴;氯丙烯。

参考文献

1. Sibbert,D. J.;Noyes,R. M. J. Am. Chem. Soc. 1953,75,761.
2. Lasne,M. C.;Cairon,P.;Villemin,D. Synth. Commun. 1990,20,41.
3. Butsugan,Y.;Ito,H.;Araki,S. Tetrahedron 1987,28,3707.

4. Araki, S. ; Ito, H. ; Butsugan, Y. Appl. Organomet. Chem. 1988, 2, 475. (Chem. Abstr. 1989, 110, 172 338x).

5. Araki, S. ; Ito, H. ; Butsugan, Y. J. Org. Chem. 1988, 53, 1831.

6. Wada, M. ; Ohki, H. ; Akiba, S. Tetrahedron 1986, 27, 4771.

7. Wada, M. ; Ohki, H. ; Akiba, S. Bull. Chem. Soc. Jpn. 1990, 63, 1738.

8. Fukuzawa, S. ; Fujinami, T. ; Sakai, S. J. Organomet. Chem. 1986, 299, 179.

9. Imamoto, T. ; Hatanaka, Y. ; Tawarayama, Y. ; Yokoyamo, M. Tetrahedron 1981, 22, 4987.

10. Hiyama, T. ; Okude, Y. ; Kimura, K. ; Nozaki, H. Bull. Chem. Soc. Jpn. 1982, 55, 561

11. Souppe, J. ; Namy, J. L. ; Kagan, H. B. Tetrahedron 1982, 23, 3497.

12. Mitsui Petrochemical Industries, Ltd. , Jpn. Patent 57 102 828, 1982 (Chem. Abstr. 1982, 97, 162 350u).

13. Borch, R. F. ; Canute, G. W. J. Med. Chem. 1991, 34, 3044.

14. Araki, S. ; Hatano, M. ; Ito, H. ; Butsugan, Y. Appl. Organomet. Chem. 1988, 2, 79 - 82(Chem. Abstr. 1988 109, 109 822q)

15. (a) Satoh, S. ; Suginome, H. ; Tokuda, M. Bull. Chem. Soc. Jpn. 1983, 56, 1791. (b) Satoh, S. ; Suginome, H. ; Tokuda, M. Bull. Chem. Soc. Jpn. 1981, 54, 3456.

16. Kondo, T. ; Akazome, M. ; Watanabe, Y. Chem. Commun. /J. Chem. Soc. , Chem. Commun. 1991, 756.

17. Chou, T. - S. ; Tso, H. - H. ; Chang, L. - J. J. Chem. Soc. , Perkin Trans. 1 1985, 515.

18. Fischer, G. W. J. Prakt. Chem. 1985, 327, 983.

19. Piers, E. ; Skerlj, R. T. J. Org. Chem. 1987, 52, 4421.

20. (a) Ihara, M. ; Takahashi, M. ; Niitsuma, H. ; Taniguchi, N. ; Yasui, K; Fukumoto, K. J. Org. Chem. 1989, 54, 5413 (b) Ihara, M. ; Takahashi, M. ; Taniguchi, N. ; Yasui, K. ; Niitsuma, H. ; Fukumoto, K. J. Chem. Soc. , Perkin Trans. 1 1991, 525.

21. Nagashima, N. ; Ohno, M. Chem. Lett. 1987, 141.

22. Evans, D. A. ; Ennis, M. D. ; Mathre, D. J. J. Am. Chem. Soc. 1982, 104, 1737.

23. Denmark, S. E. ; Ares, J. J. J. Am. Chem. Soc. 1988, 110, 4432.

24. (a) Yagi, M.; Murano, Y.; Izawa, G. Int. J. Appl. Radiat. Isot. 1982, 33, 1335. (b) Murano, M.; Izawa, K.; Yagi, M. Kakuriken Kenkyu Hokoku (Tohoku Daigaku) 1982, 15, 114 (Chem. Abstr. 1983, 98, 34 183a).

25. Knapp, S.; Gibson, F. S.; Choe, Y. N. Tetrahedron 1990, 31, 5397.

26. Fukuzawa, S.; Niimoto, Y.; Fujinami, T.; Sakai, S. Heteroatom Chem. 1990, 1, 491.

烯丙基锂(Allyllithium)[1]

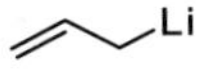

[3052－45－7] C_3H_5Li (MW 48.01)

亲核反应的烯丙基化试剂,用于取代和加成反应的烯丙基试剂,用于连接烯丙基到其他金属和非金属上。

物理数据:无色固体,在空气中易燃[2],和 N,N,N′,N″-五甲基二亚乙基三胺形成的络合物晶体通过 X 射线[3]显示是单体的离子对。其溶液的红外[4]、激光拉曼[4b]、紫外[5]、氢谱[3,6]、碳谱[7]、锂谱[8]的核磁共振光谱已经被报道。

溶解度:溶于乙醚,其溶解度为 1.4/10;微溶于烷烃类[2]。

供应的形式:现制,直接使用。

制备方法:将烯丙基苯基醚和金属锂在四氢呋喃/乙醚溶液中可大量制备,如制备纯品需通过锡-锂的交换[9],即烯丙基锡和苯基锂进行置换,由于发生快速伍兹偶合反应因此采用卤素和金属的交换方法就不太好。烯丙基锂也可以在－78℃下通过正丁基锂和甲基丙烯基(或苯基)硒化物反应[10],或通过金属化的丙烯和丁基锂反应制备[11]。

处理、储存和注意事项:必须在惰性气体中制备,并防止氧气和水分。

碳的亲核取代

共振稳定的锂试剂比如烯丙基锂是很强的亲核试剂,但其碱性比烷基锂试剂弱。在伍兹(Wurtz)类型的偶合反应中烯丙基锂和溴代或碘代环己烷或者环戊烷反应时,生成烯丙化产物(反应式 1)[12]。烯丙基基团可以增加三个碳原子长度的碳链,并且可以从它转换成其他的基团。光学活性的二级卤代烷和甲苯磺酸盐进行烯丙化时发生构型翻转[13]。

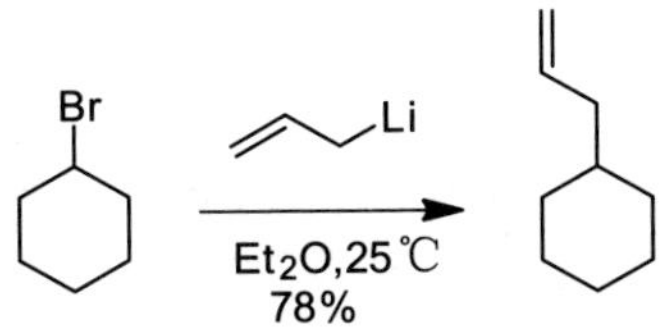

(1)

烯丙基锂和环氧化合物反应时,一般在在位阻较小的碳上发生取代反应,且转化率相当高(反应式 2)[14]。

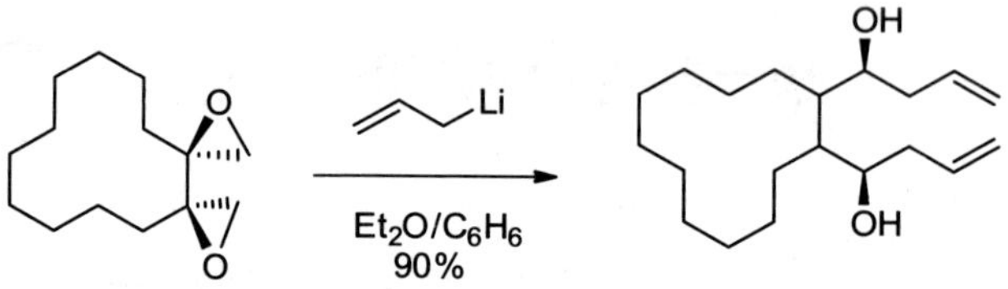

(2)

其他非金属上的亲核取代

烯丙基锂也可以和芳基磺酸酯进行反应，在硫上引入一个烯丙基生成烯丙基芳基砜类(反应式 3)[16]。应用类似的反应可用来制备芳基烯丙基亚砜亚胺[16]。

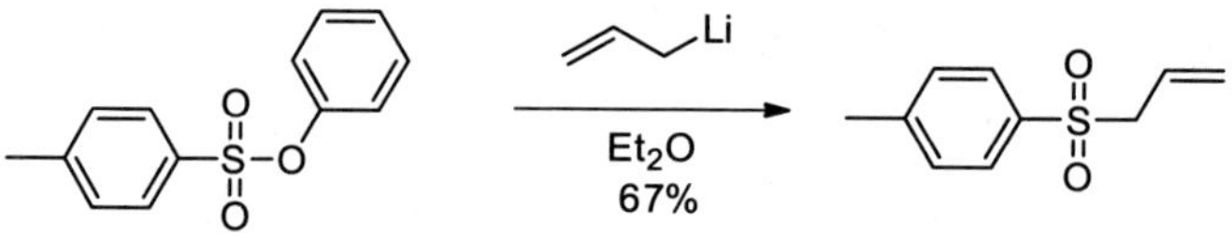

(3)

和双键的加成

烯丙基锂和醛[17]、酮进行加成反应(若是芳香族的，通过电子转移)[18]，也可以和烯丙醇(反应式 4)[19]、亚胺[20]、烯酮亚胺[21]、硫羰基内酯[22]、不饱和硫代酰胺(通过 1,4 -加成)[23]和锂羧酸盐进行加成反应[24]。

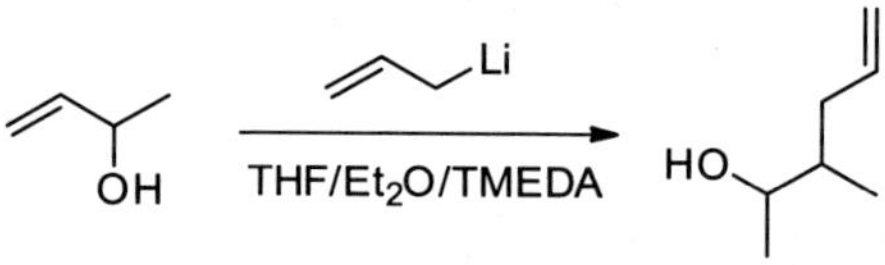

(4)

金属互换

烯丙基锂与铜盐反应生成二烯丙基酮酸锂，该试剂常可以被用来进行共轭加成，把烯丙基基团加成为不饱和羰基化合物[25]。

相关试剂

烯丙基铜，烯丙基溴化镁，2 -丁烯基锂，二烯丙基铜酸锂，甲基烯丙基锂。

参考文献

1. Wakefield, B. J. The Chemistry of Organolithium Compounds; Pergamon: Oxford, 1974.

2. West, P.; Purmort, J. I.; McKinley, S. V. J. Am. Chem. Soc. 1968, 90, 797.

3. Schuemann, U.; Weiss, E.; Dietrich, H.; Mahdi, W. J. Organomet. Chem. 1987, 322, 299.

4. (a) Seyferth, D.; Weiner, M. A. J. Org. Chem. 1961, 26, 4797. (b) Sourisseau, C.; Pasquier, B.; Hervieu, J. Spectrochim. Acta 1975, 31A, 287.

5. Waack, R.; Doran, M. A. J. Phys. Chem. 1964, 68, 1148.

6. (a) Johnson, C. S. Jr.; Weiner, M. A.; Waugh, J. S.; Seyferth, D. J. Am. Chem. Soc. 1961, 83, 1306. (b) Brownstein, S.; Bywater, S.; Worsfold, D. J. J. Organomet. Chem. 1980, 199, 1.

7. (a) van Dongen, J. P. C. M.; van Dijkman, H. W. D.; de Bie, M. J. A. Recl. Trav. Chim. Pays - Bas 1974, 93, 29. (b) Schlosser, M.; Lehmann, R.; Jenny, T. J. Organomet. Chem. 1990, 389, 149.

8. Scherr, P. A.; Hogan, R. J.; Oliver, J. P. J. Am. Chem. Soc. 1974, 96, 6055.

9. (a) Eisch, J. J. Organomet. Synth. 1981, 2, 91. (b) Desponds, O.; Schlosser, M. J. Organomet. Chem. 1991, 409, 93.

10. Clarembeau, M.; Krief, A. Tetrahedron 1984, 25, 3629.

11. Akiyama, S.; Hooz, J. Tetrahedron 1973, 4115.

12. Korte, W. D.; Cripe, K.; Cooke, R. J. Org. Chem. 1974, 39, 1168.

13. (a) Sommer, L. H.; Korte, W. D. J. Org. Chem. 1970, 35, 22. (b) Korte, W. D.; Kinner, L.; Kaska, W. C. Tetrahedron 1970, 603.

14. Marshall, J. A.; Lewellyn, M. J. Am. Chem. Soc. 1977, 99, 3508.

15. Baarschers, W. H. Can. J. Chem. 1976, 54, 3056.

16. (a) Harmata, M.; Claassen, R. J. II Tetrahedron 1991, 32, 6497. (b) Reggelin, M.; Weinberger, H. Tetrahedron 1992, 33, 6959.

17. Yamamoto, Y.; Komatsu, T.; Maruyama, K. J. Organomet. Chem. 1985, 285, 31.

18. Yamataka, H.; Kawafuji, Y.; Nagareda, K.; Miyano, N.; Hanafusa, T. J. Org. Chem. 1989, 54, 4706.

19. Felkin, H.; Swierczewski, G.; Tambute, A. Tetrahedron 1969, 707.

20. Cainelli, G.; Mezzina, E.; Panunzio, M. Tetrahedron 1990, 31, 3481.

21. Cunico, R. F.; Kuan, C. P. J. Org. Chem. 1992, 57, 3331.

22. Nicolaou, K. C.; McGarry, D. G.; Somers, P. K.; Veale, C. A.; Furst,

G. T. J. Am. Chem. Soc. 1987,109,2504.

23. Tamaru, Y.; Harada, T.; Nishi, S.; Yoshida, Z. Tetrahedron 1982, 23,2383.

24. Zadel, G.; Breitmaier, E. Angew. Chem. Int. Ed. Engl. 1992, 104,1035.

25. (a)Daviaud,G.;Miginiac,P. Tetrahedron 1973,3345. (b)Hutchinson,D. K.;Fuchs,P. L. Tetrahedron 1986,27,1429.

烯丙基胺(Allylamine)

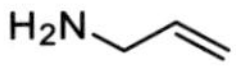

[107－11－9]　C_3H_7N　(MW 57.11)

含有氨基和双键的双官能团化合物,用于合成仲丙烯胺或叔丙烯胺、酰胺类和杂环化合物[1]。

别名:2－丙烯－1－胺。

物理性质:沸点 56.5℃(756 mmHg);密度 0.762 g/cm^3;熔点 －88℃;闪点 28℃。折光率:n_D^{20} 1.4205;偶极矩 1.31D(苯;25℃);pK_a 9.49(H_2O;25℃)。

溶解性:能于水、醇、醚和氯仿。

外观与性状:无色液体,市售可购。

处理、储存及注意事项:腐蚀性、剧毒、具有刺激性气味、极易燃,应在通风橱中使用。使用时须佩戴化学防护手套和护目镜,不要吸入蒸气,避免接触眼睛皮肤和衣服,使用后清洗干净,及时盖上瓶塞,储存于阴凉干燥处。

丙烯胺作为典型的胺,易被酰化和烃基化,与醛和酮反应生成亚胺。其中的双键化学性质不明显。

N－酰化

氨基的酰化通常用酸酐[2]、酰氯[3]、烯醇酯[4]、内酯[5]和羧酸来进行酰化,一般在分子筛[6]或其他活化剂[7]存在的条件下(反应式 1)。

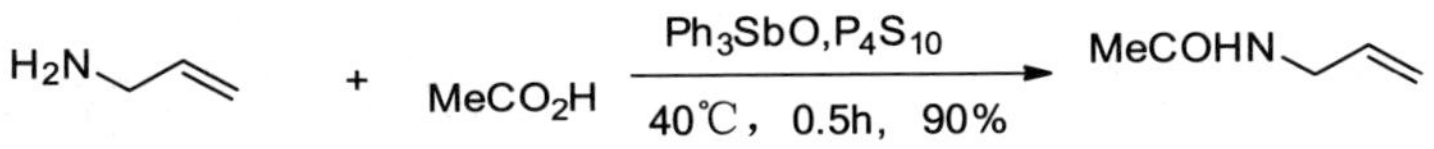

(1)

N－烷基氨基甲酸酯可以通过丙烯胺与氯甲酸卞酯或二叔丁基二碳酸酯在碱性条件下制备[8]。另一合成氨基甲酸酯的路线是由饱和丙烯胺溶液和二氧化碳反应后得到氨基甲酸盐再与氯化苄或者碳酸二甲酯反应制得(反应式 2)[9]。

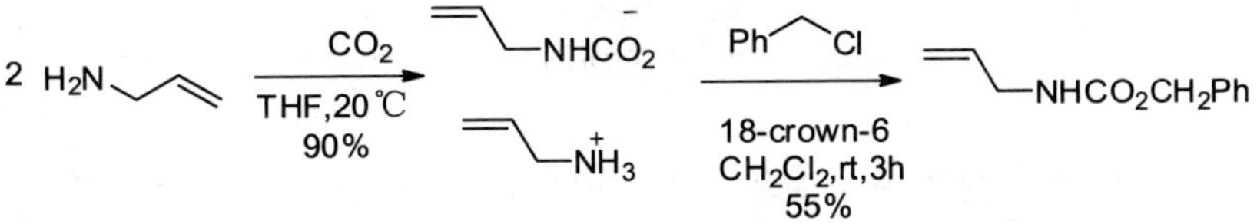

(2)

氨基甲酸盐发生碘内酯化反应生成恶唑烷酮(反应式 3)[10]。

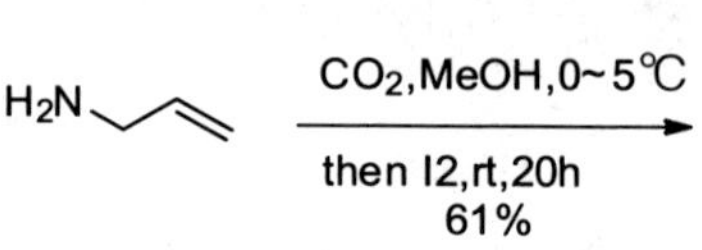

(3)

丙烯胺通过两次酰化得到烯丙基酰亚胺。一个有趣的应用是通过这个方法制备的亚氨基二乙酸衍生物与丙烯胺反应制备 1,4-二取代的哌嗪-2,4-二酮(反应式 4)[11]。

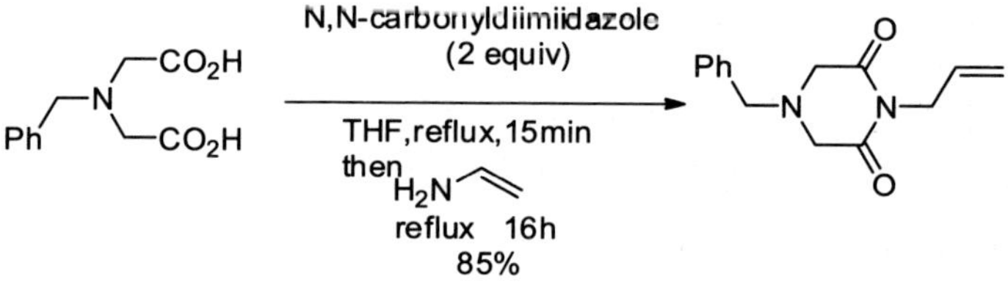

(4)

N-烷基化

丙烯胺可以在温和的条件下和官能化的烷基氯、烷基溴、对甲基苯磺酸酯反应转化为仲胺[12]。通过氨基对不饱和腈[13]、不饱和酮[14]的共轭加成进行烷基化,如(反应式 5)。

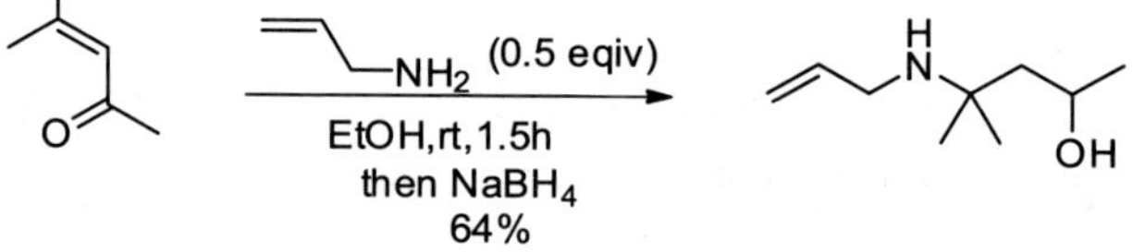

(5)

在寻找有效路线合成β-内酰胺类抗生素的过程中,发现 N-烯丙基氮杂环丁烷可以通过烯丙基胺的二次烃基化合成。例如由 2,4-二溴丁酸叔丁酯合成氮杂环丁烷衍生物具有不错的产率(反应式 6)[15]。

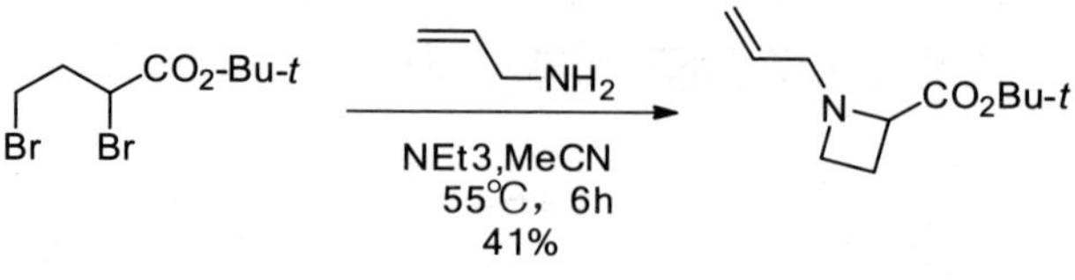

(6)

丙烯胺进攻容易制备的溴苄环氧乙烷中取代基较少的碳后再和苄基上的溴反应,得到具有不错产率的反式氮杂环衍生物(反应式 7)[16]。

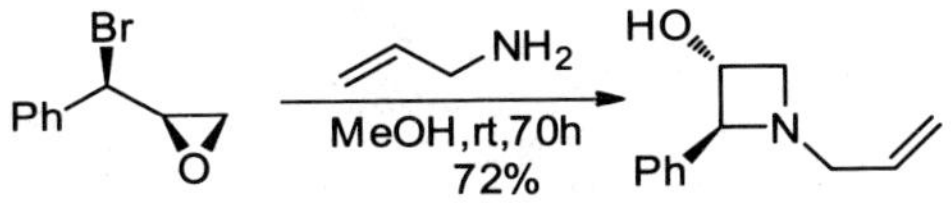

(7)

亚胺的合成

烯丙胺与醛[17]或酮[18]反应易生成亚胺(反应式 8)。有时该类反应中必须加入路易斯酸或分子筛做催化剂(反应式 9)。酮和丙烯胺的还原性胺化可以在少量像锌改性氰基硼氢试剂存在的条件下进行(反应式 10)[19]。

(8)

(9)

X=H,Me,F,Cl

R_1=Me,R_2=H ; R_1=R_2=Me ; R_1,R_2=$(CH_2)_{2\sim4}$

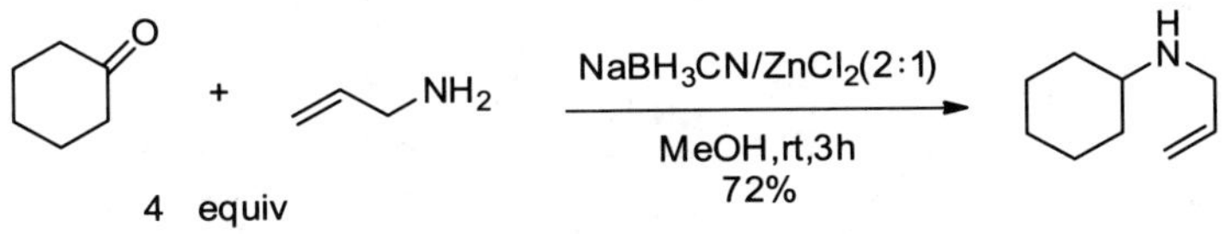

(10)

一条合成β-内酰胺类抗生素的途径是通过亚胺和烯醇酯缩合形成β-内酰胺环得到的。该方法一般使用烯丙基亚胺用于缩合反应,因为生成的β-内酰胺的N-烯丙基保护基团可以通过常规方法容易地除去,因此提供了一条从一系列不同N-取代基胺制备β-内酰胺类化合物的实用合成途径。在一个应用该缩合反应的非常有趣的例子中,手性(*S*,*S*)- diazaborolidine 用于由非手性酯和烯丙基亚胺反应进行不对称合成β-内酰胺中。从三乙胺和*S*-叔丁基硫代丙酸酯反应制备的(*Z*)-硼烯醇,和在−78℃下由醛制备的N-丙烯基亚胺反应生成具有高非对映选择性和对映选择性的α-氨基酸酯。这些酯和叔丁基氯化镁进行关环反应得到反式取代的β-内酰胺衍生物(反应式 11)[20]。另一种得到β-内酰胺的方法是丙烯基亚胺和DBU反应得到2-氮杂-1,3-二烯,后者再与酰氯反应得到顺式取代的β-内酰胺类化合物(反应式 12)[21]。

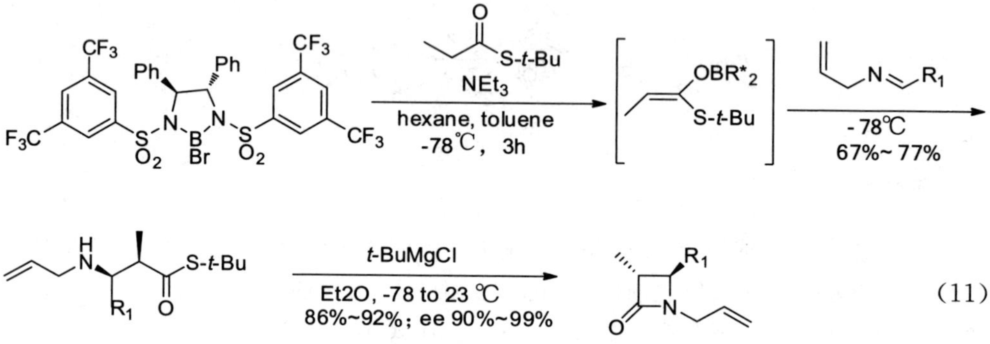

(11)

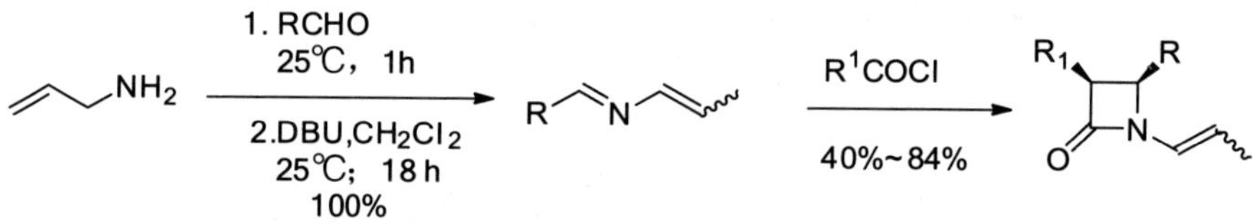

(12)

C=C 双键的反应

丙烯胺中的双键表现常规反应，如和溴[22]或卤化氢[23]的加成反应、Friedel - Crafts 反应(反应式 13)[24]、Diels - Alder 反应(反应式 14)[25]，以及 Pd 催化与重氮甲烷的环丙烷化反应(反应式 15)[26]。

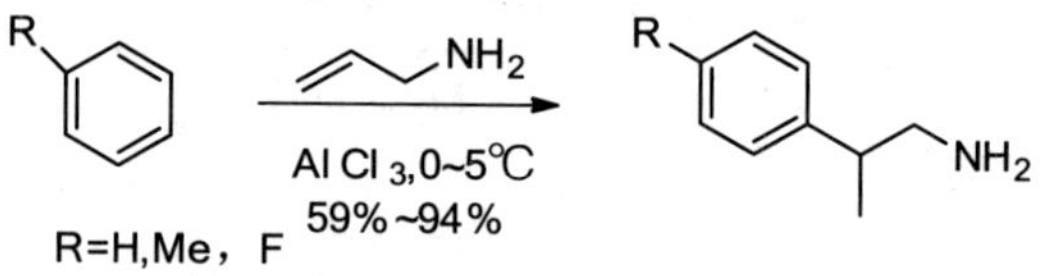

(13)

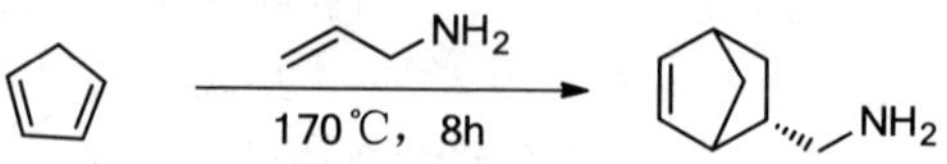

(14)

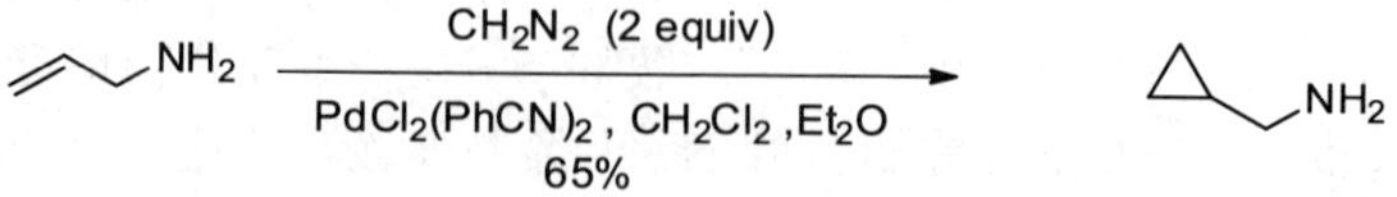

(15)

参考文献

1. (a) Gladych, J. M. Z.; Hartley, D. Comprehensive Organic Chemistry; Barton, D. H. R., Ed.; Pergamon Press: Oxford, 1979; Vol. 2, pp 71 - 73. (b)

Ullmann's Encyclopedia of Industrial Chemistry,5th ed. ;VCH:Weinheim,1985; Vol. A1,pp 439,441.

2. (a)Stille,J. K. ;Becker,Y. J. Org. Chem. 1980,45,2139. (b)Hubert,A. J. ;Moniotte, P. ; Goebbels, G. ; Warin, R. ; Teyssié, P. J. Chem. Soc. , Perkin Trans. 2 1973,1954.

3. (a)Newcomb,M. ;Marquardt,D. J. ;Deeb,T. M. Tetrahedron 1990,46, 2329. (b)Fisher,L. E. ;Muchowski,J. M. ;Clark,R. D. J. Org. Chem. 1992, 57,2700.

4. Kabouche,Z. ;Bruneau,C. ;Dixneuf,P. H. Tetrahedron 1991,32,5359.

5. (a)Späth,E. ;Lintner,J. Ber. Dtsch. Chem. Ges. /Chem. Ber. 1936,69, 2727. (b) Walters,M. A. ;McDonough,C. S. ;Brown,P. S. ,Jr. ;Hoem,A. B. Tetrahedron 1991,32,179.

6. Cossy,J. ;Pale - Grosdemange,C. Tetrahedron 1989,30,2771.

7. Nomura,R. ;Nakano,T. ;Yamada,Y. ;Matsuda,H. J. Org. Chem. 1991, 56,4076.

8. Bischofberger, N. ; Waldmann, H. ; Saito, T. ; Simon, E. S. ; Lees, W. ; Bednarski,M. D. ;Whitesides,G. M. J. Org. Chem. 1988,53,3457.

9. Aresta,M. ;Quaranta,E. Tetrahedron 1991,47,9489;1992,48,1515

10. Toda,T. ;Kitagawa,Y. Angew. Chem. Int. Ed. Engl. 1987,26,334.

11. Kruse,C. G. ;Troost,J. J. ;Cohen - Fernandes,P. ;Linden,H. ;van der Loon,J. D. Recl. Trav. Chim. Pays - Bas 1988,107,303.

12. (a) de Costa,B. R. ;Radesca,L. ;Di Paolo,L. ;Bowen,W. D. J. Med. Chem. 1992,35,38. (b)Garst,M. E. ;Bonfiglio,J. N. ;Marks,J. J. Org. Chem. 1982,47,1494. (c) Martin,S. F. ;Williamson,S. A. ;Gist,R. P. ;Smith,K. M. J. Org. Chem. 1983,48,5170. (d)Brown,S. W. ;Pauson,P. L. J. Chem. Soc. , Perkin Trans. 1,1990,1205.

13. Becking,L. ;Schäfer,H. J. Tetrahedron 1988,29,2797

14. Ireland,R. E. ;Willard,A. K. J. Org. Chem. 1974,39,421

15. Wasserman,H. H. ;Lipshutz,B. H. ;Tremper,A. W. ;Wu,J. S. J. Org. Chem. 1981,46,2991.

16. Toda,T. ;Karikomi,M. ;Ohshima,M. ;Yoshida,M. Heterocycles 1992, 33,511.

17. (a)Bergmann,M. ;Miekeley,A. Ber. Dtsch. Chem. Ges. /Chem. Ber. 1924,57,662. (b)Cook,G. R. ;Barta,N. S. ;Stille,J. R. J. Org. Chem. 1992,

57,461.

18. (a) Govindan, C. K.; Taylor, G. J. Org. Chem. 1983, 48, 5348. (b) Welch, J. T.; De Corte, B.; De Kimpe, N. J. Org. Chem. 1990, 55, 4981.

19. Kim, S.; Oh, C. H.; Ko, J. S.; Ahn, K. H.; Kim, Y. J. J. Org. Chem. 1985, 50, 1927.

20. Corey, E. J.; Decicco, C. P.; Newbold, R. C. Tetrahedron 1991, 32, 5287.

21. Georg, G. I.; Kant, J.; He, P.; Ly, A. M.; Lampe, L. Tetrahedron 1988, 29, 2409.

22. Paal, C.; Hermann, C. Ber. Dtsch. Chem. Ges./Chem. Ber. 1889, 22, 3076.

23. (a) Abderhalden, E.; Eichwald, E. Ber. Dtsch. Chem. Ges./Chem. Ber. 1918, 51, 1312. (b) Gabriel, S.; Weiner, J. Ber. Dtsch. Chem. Ges./Chem. Ber. 1888, 21, 2669.

24. Weston, A. W.; Ruddy, A. W.; Suter, C. M. J. Am. Chem. Soc. 1943, 65, 674.

25. Alder, K.; Windemuth, E. Ber. Dtsch. Chem. Ges./Chem. Ber. 1938, 71, 1939.

26. Tomilov, Yu. V.; Kostitsyn, A. B.; Shulishov, E. V.; Nefedov, O. M. Synthesis 1990, 246.

烯丙基三苯基溴化磷(Allyltriphenylphosphonium bromide)[1]

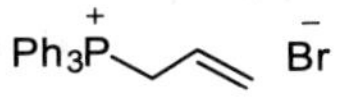

[1560-54-9]　$C_{21}H_{20}BrP$　(MW 383.27)

缔合二烯合成试剂和成环试剂[1]。作为烯丙基 Wittig 试剂,既可以进行 Wittig 反应用于合成多烯烃类化合物,也可以通过烯丙基负离子的游离进行 Michael 加成后进行 Wittig 反应。

别名:2-丙烯基三苯基磷溴化物。

物理数据:熔点 225～227℃;pKa[3a];^{1}H[4a],^{13}C[4b],^{31}P NMR 光谱[4b];MS[5];X-ray PES spectra[6]谱。

溶解度:溶于乙腈;分配于水和有机溶剂中[3b]。

提供的形式:白色粉末。

处理、存储和注意事项:吸湿性,刺激性;在通风柜中使用。

烯丙基三苯基溴化膦的制备(a)[1]是由烯丙基溴与三苯基膦苯在苯溶液中反应完成[2]。几滴三甲基苄基羟铵的甲醇溶液[2c]或三乙胺[2d]在回流的乙腈转换为 1-烯丙基三苯基磷溴化物(b)(反应式 1)[2c,d]。

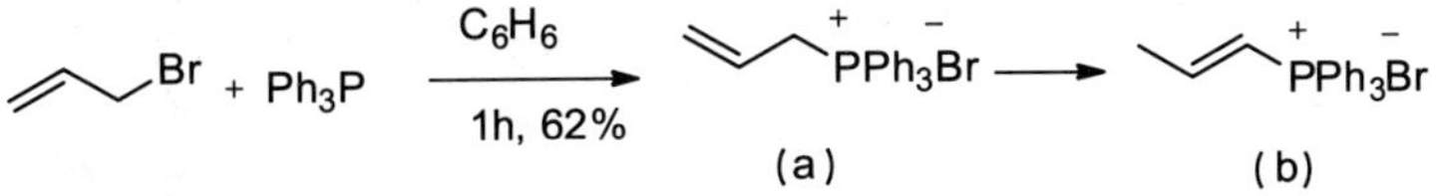

(1)

用苯基锂作为碱使化合物进行烯化反应使(a)转换为膦(c)[2a],生成的烯化膦和苯甲醛反应生成 50∶50(E∶Z)的化合物(4)(反应式 2)[2a]。

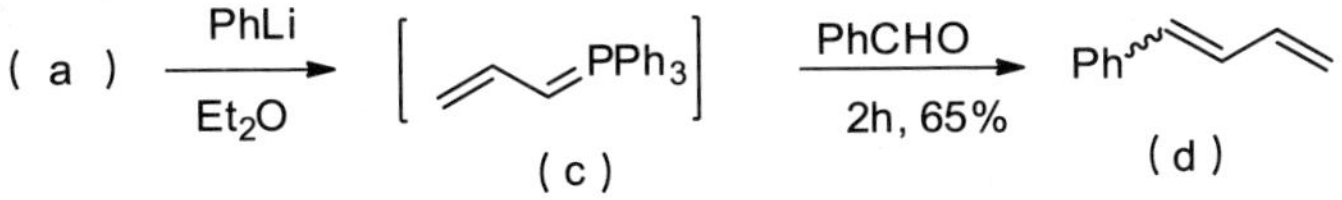

(2)

用于烯化反应的膦烷(c)的制备是使用大量的碱/溶剂来完成的,如苯基锂/乙醚[2],正丁基锂/正己烷[7],正丁基锂/乙醚[8a,b],正丁基锂/THF[8c],甲基锂/乙醚[8d],乙氧基锂/乙醇[9],碳酸钾/甲苯[10],十一碳-7-烯 1,8-二氮杂/THF[11](后者已被使用氟硼酸盐,而不是溴化盐)。气态状态下的醛在 150°通过 K_2CO_3 和悬浮在聚乙二醇 6000 表面的镂盐(a)的固体床[12]。在少数情况下,作为碱的化合物有时还含有一个醛官能团,进行 Wittig 烯化反应后然后再进行环化反应[13],如(1)与的吡咯醛钠进行的反应(反应式 3)[13a]。

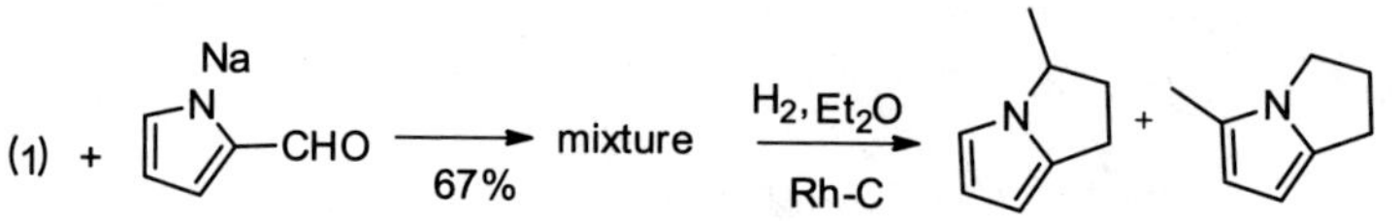

(3)

在化合物(3)的亲核位置上进行加成-消除反应接着进行烯化反应可生成多烯烃的化合物(反应式 4)[14]。

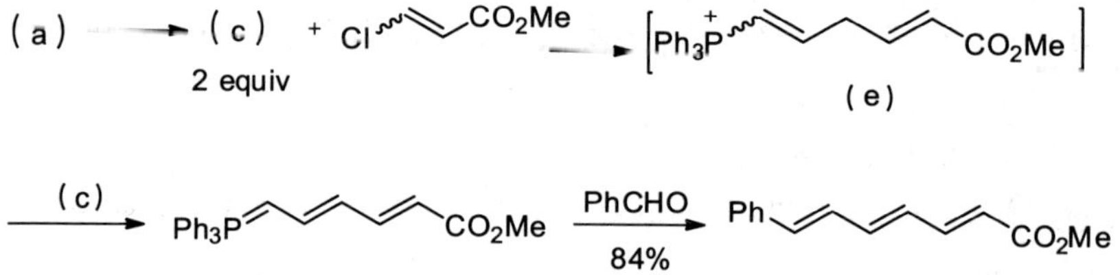

(4)

通过一系列的反应还可以生成环,收率合理。如(c)对反应物的加成,再进行内盐化,和 Wittig 反应(反应式 5)[15],或者通过加成环合、质子转移(反应式 6)[16],还有先烯化再进行电环化(反应式 7)[17]。

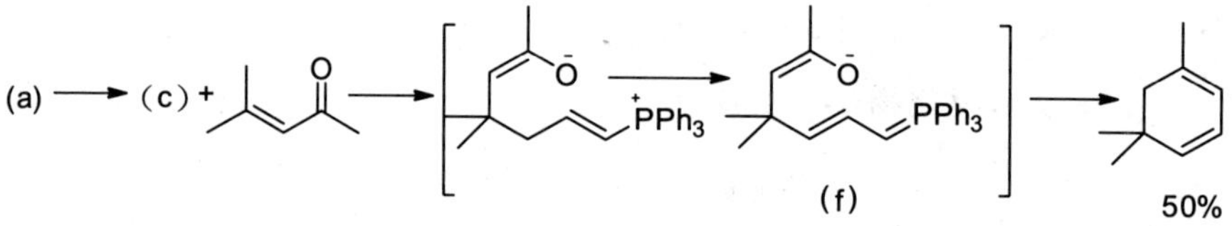

(5)

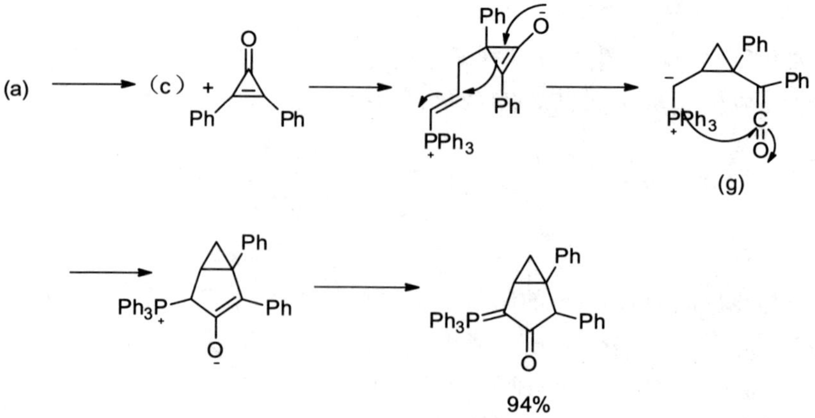

(6)

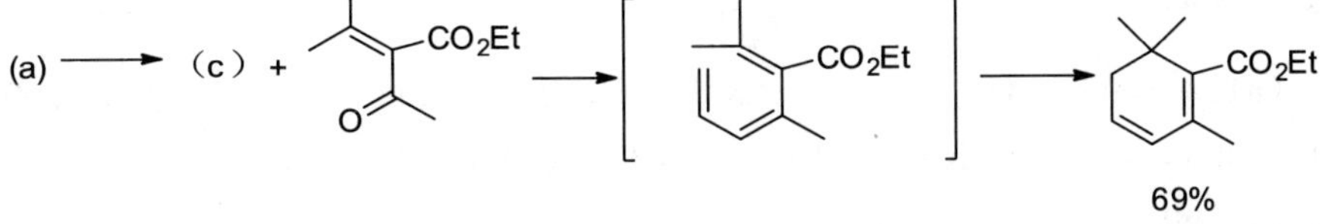

(7)

虽然这最后一个例子是被认为是先进行 Wittig 烯化反应，随后进行电环化反应。但是另外一种解释：像反应式 5 一样[15]也有可能的，先进行加成反应，再进行重内盐化然后进行 Wittig 烯化反应。有一个实例，由(c)对环己酮中的酮进行 Wittig 烯化[8b]；然而，有许多情况下，既含醛和酮的官能团化合物仅产生于对醛进行反应的产物[7c,8d,e]。

叶立德(c)一般是太稳定所以很难和酮反应。当(a)与 2 当量正丁基锂反应时可生成双膦负离子(或叶立德阴离子)(h)。该负离子与羰基反应，然后由酸水溶液淬灭生成了一个加成烯化的产品(反应式 8)[7n]。

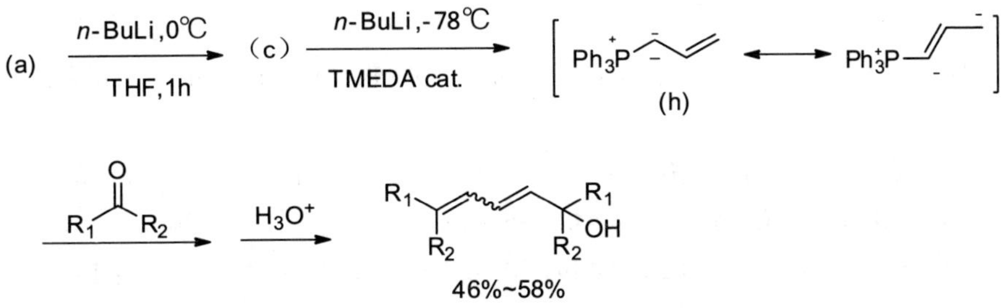

(8)

甲基二氯硅烷对化合物(a)的双键加成的实例已被观察到(反应式 9)[18]。一些高收率合成烯丙基三苯基溴化膦叶立德络合物已报道过[19]。

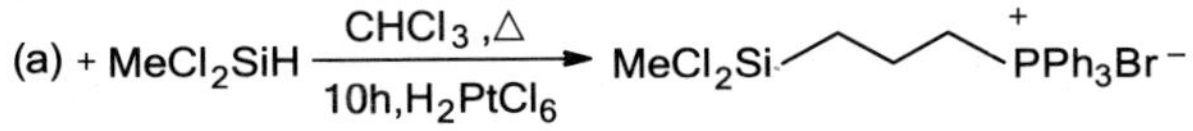

(9)

对于由(c)进行 Wittig 烯化反应形成的烯烃几何异构体，还没有明确的研究过。然而，大部分的产品报道 $Z:E$ 从 60∶40 一直到 100% Z[7a,d,e,h,i,l,8e,13b,d,20]。三篇文章报道 $Z:E$[10]接近 1[2a,21]，还有几篇文献报道 $Z:E$ 在 40∶60[7f,8a,12,22,23]或更小[11]。改变溶剂极性据说可以改变 $Z:E$ 的比值从 20∶80 至 70∶30；然而，没有具体的实例进行阐述[8a]。

相关试剂

烯丙基联苯氧化膦。

参考文献

1. (a)Bestmann, H. J.; Vostrowsky, O. Top. Curr. Chem. 1983, 109, 85. (b)Maercker, A. Org. React. 1965, 14, 270. (c)Schöllkopf, U. Angew. Cheml 1959, 711, 260.

2. (a) Wittig, G.; Schöllkopf, U. Ber. Dtsch. Chem. Ges./Chem. Ber. 1954, 87, 1318. (b)Grayson, M.; Keough, P. T. J. Am. Chem. Soc. 1960, 82, 3919. (c)Keough, P. T.; Grayson, M. J. Org. Chem. 1964, 29, 631. (d)Swan, J. M.; Wright, S. H. B. Aust. J. Chem. 1971, 24, 777.

3. (a)Ling-Chung, S.; Sales, K. D.; Utley, J. H. P. Chem. Commun./J. Chem. Soc., Chem. Commun. 1990, 662. (b)Gibson, N. A.; Weatherburn, D. C. Anal. Chim. Acta 1972, 58, 159.

4. (a) Seyferth, D.; Fogel, J. J. Organomet. Chem. 1966, 6, 205. (b) Albright, T. A.; Freeman, W. J.; Schweizer, E. E. J. Am. Chem. Soc. 1975, 97, 2946.

5. Wood, G. W.; Mc Intosh, J. M.; Lau, P. Y. J. Org. Chem. 1975, 40, 636.

6. Swartz, W. E., Jr.; Hercules, D. M. Anal. Chem. 1971, 43, 1066.

7. (a)Sodeoka, M.; Yamada, H.; Shibasaki, M. J. Am. Chem. Soc. 1990, 112, 4906. (b) Herczegh, P.; Zsély, M.; Szilagyi, L.; Dinya, Z.; Bognar, R. Tetrahedron 1989, 45, 5995. (c) Watanabe, Y.; Iida, H.; Kibayashi, C. J. Org. Chem. 1989, 54, 4088. (d)Herczegh, P.; Zsély, M.; Szilágyi, L.; Batta, G.; Bajza, I.; Bognar, R. Tetrahedron 1989, 45, 2793. (e) Hanessian, S.; Botta, M. Tetrahedron 1987, 28, 1151. (f) Mori, K.; Gupta, A. K. Tetrahedron 1985, 41, 5295. (g) Hoffmann, R. W.; Riemann, A.; Mayer, B. Ber. Dtsch. Chem. Ges./Chem. Ber. 1985, 118, 2493. (h) Takeda, K.; Shibata, Y.; Sagawa, Y.; Urahata, M.; Funaki, K.; Hori, K.; Sasahara, H.; Yoshii, E. J. Org. Chem. 1985, 50, 4673. (i) Iida, H.; Tanaka, M.; Kibayashi, C. J. Org. Chem. 1984, 49, 1909. (j) Jain, S. C.; Dussourd, D. E.; Conner, W. E. Eisner, T. Guerrero, A. Meinwald, J. J. Org. Chem. 1983, 48, 2266. (k)Padwa, A.; Chou, S. C.; Rieker, W. F. J. Org. Chem. 1980, 45, 4555. (l) Rosen, B. I.; Weber, W. P.; J. Org. Chem. 1977, 42, 47. (m)Radcliffe, M. M.; Weber, W. P.; J. Org. Chem. 1977, 42, 297. (n)Shen, Y.; Wang, T.; Tetrahedron 1991, 32, 4353.

8. (a)Nesbitt, B. F.; Beevor, P. S.; Cole, R. A.; Lester, R.; Poppi, R. G.

Tetrahedron 1973, 4669. (b) Inhoffen, H. H.; Quinkert, G.; Schütz, S. Ber. Dtsch. Chem. Ges./Chem. Ber. 1957,90,1283. (c)Smith,M. B.;Kwon,T. W. Synth. Commun. 1992, 22, 2865. (d) Ihara, M.; Kawaguchi, A.; Ueda, H.; Chihiro,M.;Fukumoto,K.;Kametani,T. J. Chem. Soc.,Perkin Trans. 1 1987, 1331. (e)Ando,T.;Casida,J. E. J. Agric. Food Chem. 1983,31,151.

9. Baldry,P. J. J. Chem. Soc.,Perkin Trans. 2. 1980,805.

10. Attra,T. B.;Le Bigot,Y.;El Gharbi,R.;Delmas,M.;Gaset,A. Synth. Commun. 1992,22,1421.

11. Vedejs,E.;Bershas,J. P.;Fuchs,P. L. J. Org. Chem. 1973,38,3625.

12. Angeletti, E.; Tundo, P.; Venturello, P. Chem. Commun./J. Chem. Soc.,Chem. Commun. 1983,269.

13. (a)Schweizer,E. E.;Light,K. K. J. Org. Chem. 1966,31,2912. (b) Schweizer, E. E.; Shaffer, E. T.; Hughes, C. T.; Berninger, C. J. J. Org. Chem. 1966,31,2907. (c)Schweizer,E. E.;Berninger,C. J. Chem. Commun./J. Chem. Soc., Chem. Commun. 1965, 92. (d) Hug, R.; Hansen, H. - J.; Schmid,H. Helv. Chim. Acta 1972,55,1828.

14. (a) Vedejs,E.;Bershas,J. P. Tetrahedron 1975,1359. (b)Carsky,P.; Hünig, S.; Stemmler, I.; Scheutzow, D. Justus Liebigs Ann. Chem./Liebigs Ann. Chem. 1980,291.

15. (a) Dauben, W. G.; Hart, D. J.; Ipaktschi, J.; Kozikowski, A. P. Tetrahedron 1973, 14, 4425. (b) Dauben, W. G.; Ipaktschi, J. J. Am. Chem. Soc. 1973,95,5088.

16. Ipaktschi, J.; Saadatmandi, A. Justus Liebigs Ann. Chem./Liebigs Ann. Chem. 1984,1989.

17. Büchi,G.;Wüest,H. Helv. Chim. Acta 1971,54,1767.

18. Brovko,V. S.; Skvortsov, N. K.; Ivanov, A. Y.; Reikhsfel'd,V. O. Zh. Obshch. Khim. 1983,53,1831.

19. (a)Itoh,K.;Nishiyama,H.;Ohnishi,T.;Ishii,Y. J. Organomet. Chem. 1974,76,401. (b)Greco,A. J. Organomet. Chem. 1972,43,351. (c)Starzewski, K. A. O.; Dieck, H. T.; Franz,K. D.; Hohmann,F. J. Organomet. Chem. 1972,42,C35.

20. Näf,F.; Decorzant,R.; Thommen,W.; Willhalm,B.; Ohloff,G. Helv. Chim. Acta 1975,58,1016.

21. Naruta,Y.; Nagai,N.; Arita,Y.; Maruyama,K. J. Org. Chem. 1987,

52,3956.

22. Iida, H. ; Tanaka, M. ; Kibayashi, C. Chem. Commun. /J. Chem. Soc., Chem. Commun. 1983,1143.

23. Alberola, A. ; Alonso, F. ; Cuadrado, P. ; Sanvdo, M. C. J. Heterocycl. Chem. 1988,25,235.

乙醛 N-叔丁基亚胺(Acetaldehyde N-t-Butylimine)

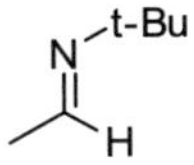

[7020-80-6](E)[62058-77-9]　$C_6H_{13}N$　(MW 99.17)

乙醛的等价体,通过乙醛和胺缩合形成的亚胺类化合物。该试剂既可以用于合成不饱和醛,也用于合成含氮芳香杂环类化合物。

物理性质:无色液体,沸点 25～28 ℃(95 mmHg);$n_D^{19.2}$1.4005。

溶解度:溶解于大多数有机溶剂。

供应形式:无色液体,无法直接购买。

纯度分析:^{1}H NMR 或 GC。

制备方法:刚蒸馏的乙醛和叔丁基胺直接缩合,无须溶剂[1-4]。反应物的滴加方法非常关键:一般是叔丁基胺在－10～0℃滴加到 1 单量的乙醛(反应式 1),然后混合物在室温下继续搅拌 10 分后,加入 KOH(大致 10 克/摩尔),分离水层后制备的亚胺用 Vigreux 柱和 KOH 蒸馏。有报道称形成的水通过加入与水不溶的溶剂可用共沸蒸馏的方法除去,收率很好[5],但是,如采用二氯甲烷做共沸溶剂除水时其最终产品定含有少许溶剂。

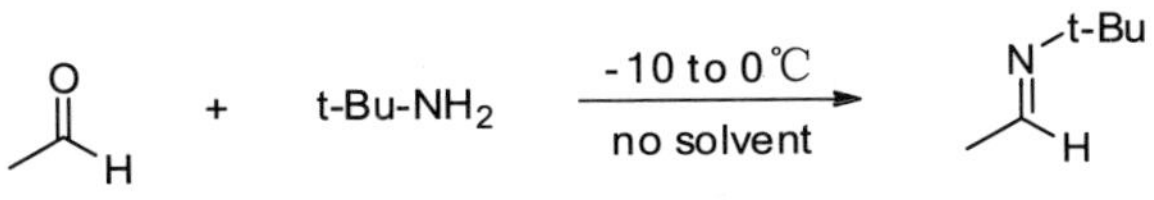

(1)

处理、储存和注意事项:对水非常敏感,容易水解。储存于惰性气体保护的密闭瓶中,放在冰箱里冷藏。使用时最好现蒸,在通风橱中使用。

乙醛和低级的胺如乙胺形成的亚胺在碱性的条件下不稳定[6],只有和高级的胺如环己胺特别是叔丁胺形成的亚胺才比较稳定,可以充当乙醛的等价物。

金属化的乙醛 N-叔丁基亚胺反应

叔丁基亚胺锂化时易引起其构型从 *Z* 型变成 *E* 型[7]。C—C 键的旋转在叠氮烯丙基锂试剂里不同的温度下从^{1}H NMR 谱观察到[8]。叔丁基亚胺的锂化一般通过二异丙基胺锂(LDA)或二乙基胺锂在四氢呋喃或乙醚溶液里进行。锂化的亚胺容易被烃化,但是也容易得二或多烃基产品。乙醛亚胺可被用来制备生物碱 stenusine 和 Stenus comma 类甲壳虫的涂铺剂(反应式 2)[4,9],该合成从乙醛 N-叔丁基亚胺做原料可以顺利合成标的产物,如果从乙醛 N-乙胺亚胺为起始原料就无法合成目标产品。

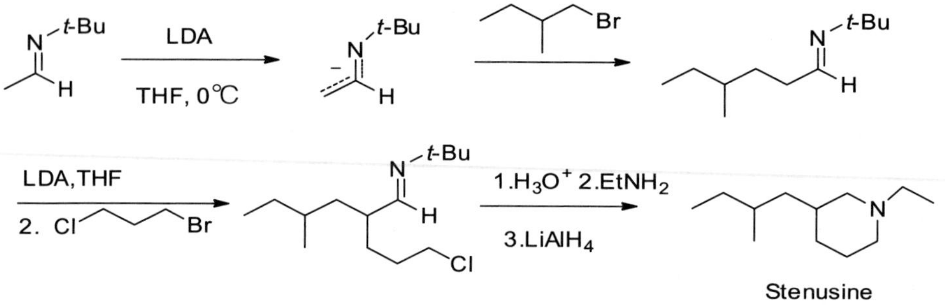

(2)

乙醛的环己亚胺可进行类似的去质子和烃基化反应,钾-石墨片先对环己环进行去质子化,而后用溴代烃进行烃基化[10]。通过该方法用二卤烷烃、2,3-二溴丙烯和 3-氯丙烯氯和去质子化的环己亚胺反应可分别制备卤代醛(反应式 3)[11]、4-溴-4-戊醛[12]、5-氯-4-烯醛[12]。

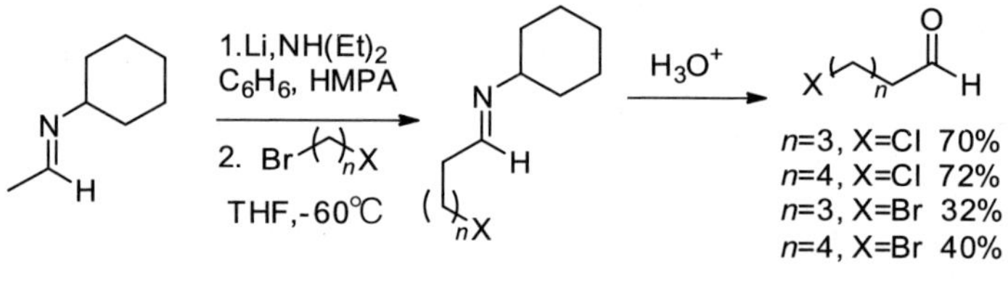

(3)

只用乙醛 N-叔丁基亚胺是一个特别有用的合成子,用它可合成各种不饱和醛,其方法锂化的叔丁基亚胺和二乙基氯磷酸酯反应,再和醛酮反应后进行水解后生成不同类别的醛。应用该方法可用来制备 3-环己基丙烯醛(a)[13]、(*E*,*E*)-4-(苯硫甲基)-2,4-己二烯醛(b)[14]、多氧的环己烷(c)[15]和其他化合物[16,17]。

另外一个用来制备烯醛的方法是乙醛 N-叔丁基亚胺去质子化后和三甲基氯硅烷反应生成三甲基硅烷的亚胺和醛酮反应来制备(反应式 5)[17,18]。

该反应也通常形成二硅烷亚胺,再和醛缩合也可以形成一系列 *E* 式的不饱和醛[19,20]。

需要指出,导向的羟醛缩和也经常有报道,一般是通过对醛亚胺先进行锂化而后和醛酮缩合形成不饱和的醛酮[6,21]。

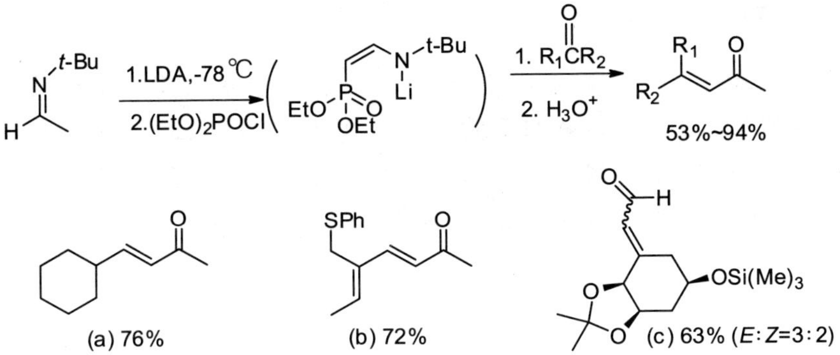

(a) 76%　(b) 72%　(c) 63% (*E*:*Z*=3:2)

(4)

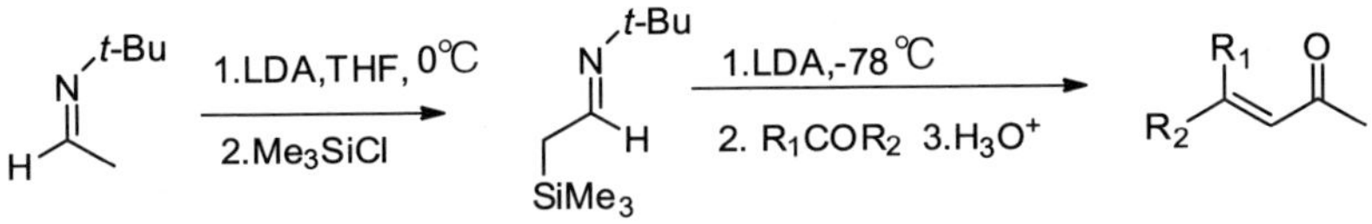

(5)

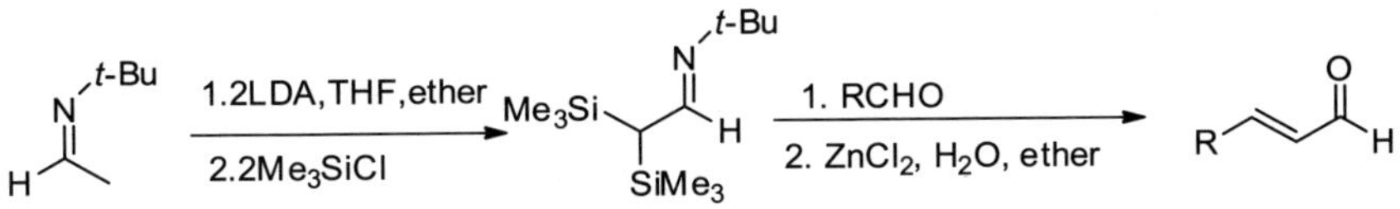

(6)

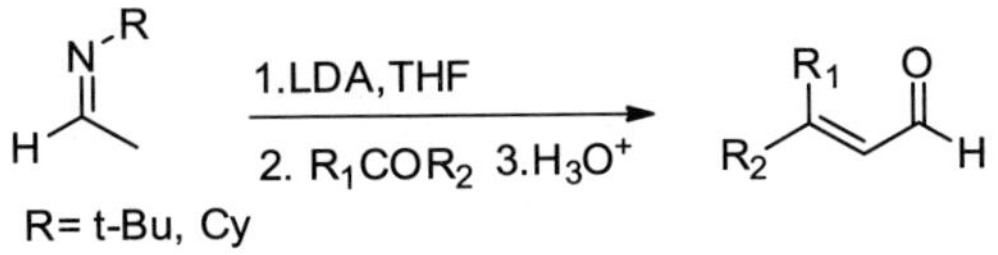

(7)

其他的亲电试剂,如腈基[22,23]、酯基[6]、烯酮[6,24]也会亚胺进行反应生成预期产物。

乙醛 N-叔丁基亚胺去质子化后也可以和硝酸酯进行硝化反应,如下图的用硝酸乙酯进行的硝化反应,但不同的硝酸酯反应的路线稍有差异,如硝酸丙酯进行的硝化反应就和乙酯的反应路线不同。

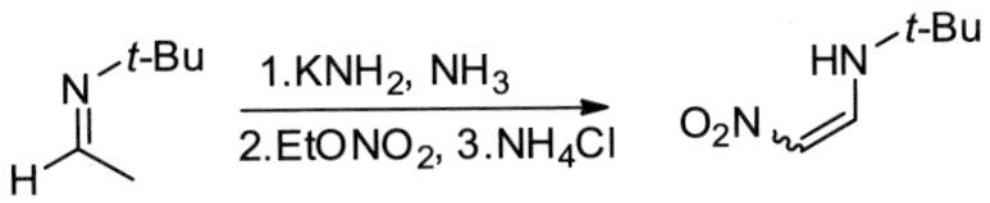

(8)

同样的,用对甲基苯磺酸酯进行反应可以生成烯胺和亚胺磺酸酯[26],乙醛 N-叔丁基亚胺的锂盐和氯代亚磷酸酯生成磷酸酯的亚胺,形成的产品通常和烯胺形成互变体[27,28]。如果没有第一步的去质子化,通常的磷酸酯化发生在氮上[29]。

官能化反应

乙醛 N -叔丁基亚胺在室温下和 NCS 反应可以生成三氯化产品(反应式 9)[30],生成的氯亚胺是一很好的反应中间体,可以转换成二氯乙酰亚胺、二氯烯胺、三亚磺酰化的烯胺和三氯胺[30]。乙醛 N -叔丁基亚胺和芳香亚硝酸酯反应生成 N -羟基- N -芳基胺基醛亚胺或二亚胺[31,32]。

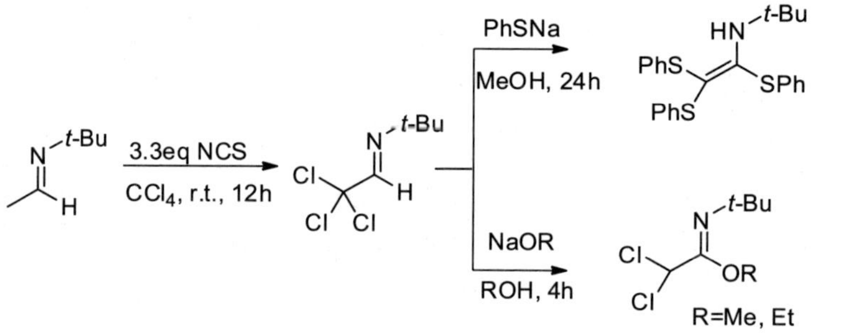

(9)

合成杂环

乙醛 N -叔丁基亚胺和烯胺在 150～220℃进行缩合反应生成重排的 1 -氮丁二烯,其反应历程是首先通过一典型的 2+2 环加成反应生成氮环丁烯,然后对氮环丁烯中间体进行开环生成 1 -氮丁二烯(反应式 10)[33]。该化合物在对甲基苯磺酸的催化下和烯胺进一步反应生成吡啶(反应式 10)[33]。

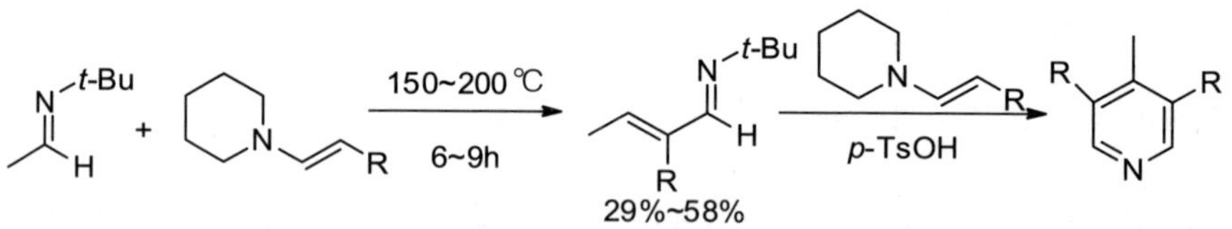

(10)

应用该方法可以简便合成咪唑环,其方法是在叔丁胺的存在下用乙醛 N -叔丁基亚胺和对甲苯磺酰甲基异氰酸酯(TosMIC)反应进行合成(反应式 11)[34]。同样的烯胺可以被过氧酸氧化成噁唑[35-37]。用樟脑单过氧酸可以进行不对称氧化反应[35,36]。

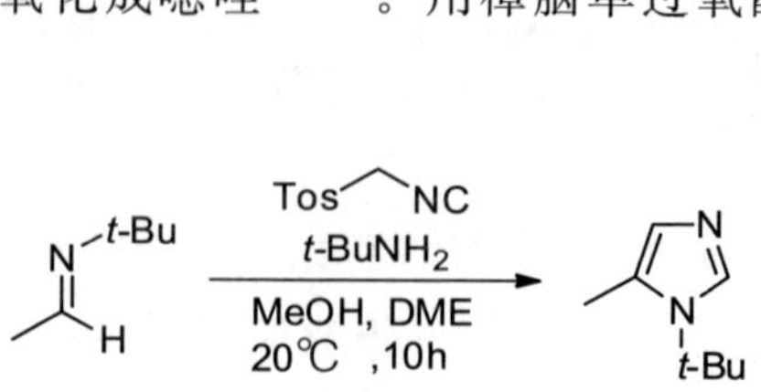

(11)

在亚胺键进行的反应

二甲基亚磷酸酯和乙醛 N-叔丁基亚胺的亚胺双键在没有溶剂的情况下进行亲核加成生成加成产物(反应式 12)[38]。

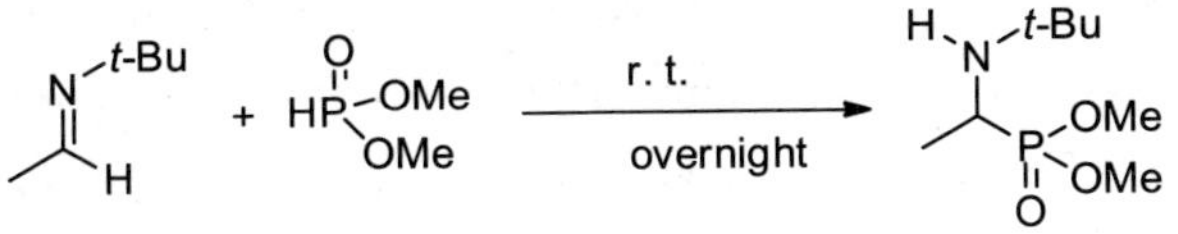

(12)

光气可对亚胺的 N 原子进行官能团化,生成 N-乙烯基氨基甲酰氯(反应式 13)[39,40],该产物在加热的情况下生成不饱和的异氰酸酯和叔丁基氯。

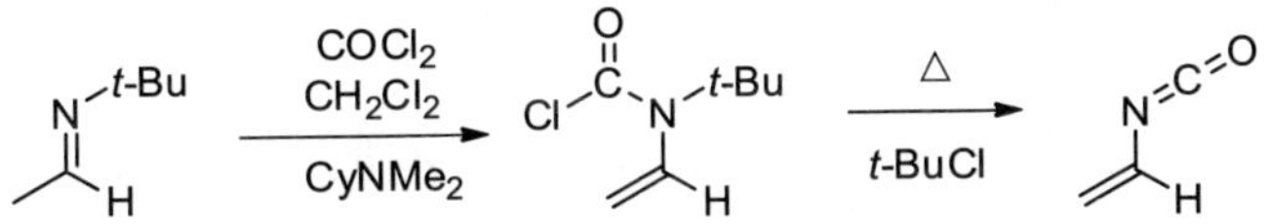

(13)

亚硝酸酰氯也可以对乙醛 N-叔丁基亚胺进行官能化,再用硫代乙醇处理可生成 N-亚硝基二烃基胺(反应式 14)[41]。

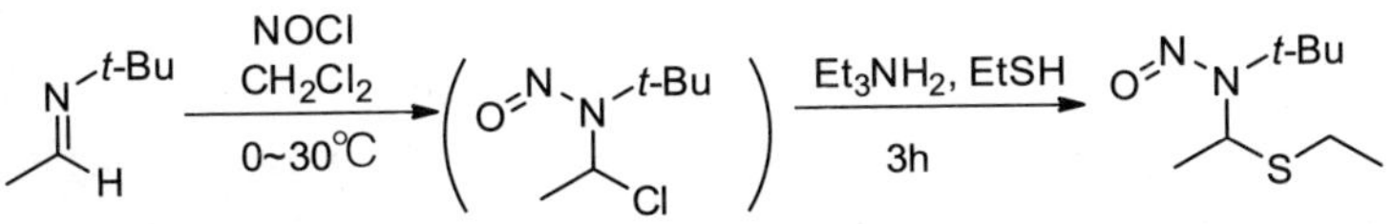

(14)

参考文献

1. Hurwitz, M. D. U. S. Patent 2 582 128 1952(Chem. Abstr. 1952, 46, 8146i.)

2. Campbell, K. N.; Sommers, A. H.; Campbell, B. K. J. Am. Chem. Soc. 1944, 66, 82.

3. Wittig, G.; Hesse, A. Org. Synth., Coll. Vol 1988, 6, 901.

4. Stevens, C.; De Kimpe, N. J. Org. Chem. 1993, 58, 132.

5. Beekhuis, G. E.; Thoma, J. A. Ger. Offen. 2 109 267, 1971(Chem. Abstr. 1971, 75, 140 353r.)

6. Wittig, G.; Reiff, H. Angew. Cheml 1968, 80, 8.

7. (a) Fraser, R. R.; Chuaqui - Offermans, N. Can. J. Chem. 1981, 59, 3007. (b) For reviews on 1 - azaallyl metal reagents (metalloenamines), see: Martin, S. F. Comprehensive Organic Synthesis 1991, 2, Chapter 1.16, p 475;

Gawley,R. E. Rein,K. Comprehensive Organic Synthesis 1991,3,65;Whitesell, J. K. ;Whitesell,M. A. Synthesis 1983,517.

8. Lee,J. Y. ;Lynch,T. J. ;Mao,D. T. ;Bergbreiter,D. E. ;Newcomb,M. J. Am. Chem. Soc. 1981,103,6215.

9. Enders, D. ; Tiebes, J. ; De Kimpe, N. ; Keppens, M. ; Stevens, C. ; Smagghe,G. ;Betz,O. J. Org. Chem. 1993,58,4881.

10. Savoia, D. ; Trombini, C. ; Umani - Ronchi, A. J. Org. Chem. 1978, 43,2907.

11. Leborgne,J. - F. J. Organomet. Chem. 1976,122,123.

12. Leborgne,J. - F. J. Organomet. Chem. 1976,122,129.

13. Meyers, A. I. ; Tomioka, K. ; Fleming, M. P. J. Org. Chem. 1978, 43,3788.

14. Vedejs,E. ;Campbell,J. B. ,Jr. ;Gadwood,R. C. ;Rodgers,J. D. ;Spear, K. L. ;Watanabe,Y. J. Org. Chem. 1982,47,1534.

15. Molin,H. ;Pring,B. G. Tetrahedron 1985,26,677.

16. Cregge,R. J. ;Lentz,N. L. ;Sabol,J. S. J. Org. Chem. 1991,56,1758.

17. Boger,D. L. ;Wysocki,R. J. ,Jr. J. Org. Chem. 1988,53,3408.

18. Corey,E. J. ;Enders,D. ;Bock,M. G. Tetrahedron 1976,7,12.

19. Gaudemar,M. ;Bellassoued,M. Tetrahedron 1990,31,349.

20. Bellassoued,M. ;Majidi,A. J. Org. Chem. 1993,58,2517.

21. Borch,R. F. ; Evans, A. J. ; Wade, J. J. J. Am. Chem. Soc. 1975, 97,6282.

22. Wittig,G. ;Hesse,A. Org. Synth. ,Coll. Vol 1988,6,901.

23. Wittig,G. ;Fischer,S. ;Tanaka,M. Justus Liebigs Ann. Chem. /Liebigs Ann. Chem. 1973,1075.

24. Weyerstahl, P. ; Buchmann, B. ; Marschall - Weyerstahl, H. Justus Liebigs Ann. Chem. /Liebigs Ann. Chem. 1988,507.

25. Fetell,A. I. ;Feuer,H. J. Org. Chem. 1978,43,497.

26. Annunziata, R. ; Cinquini, M. ; Restelli, A. ; Cozzi, F. J. Chem. Soc. , Perkin Trans. 1 1982,1183.

27. Novikova,Z. S. ;Kabachnik,M. M. ;Chadnaya,I. A. ;Lutsenko,I. F. Zh. Obshch. Khim. 1988,58,1663.

28. Chodnaya,I. A. ; Potapova, E. L. ; Kabachnik, M. M. ; Borisenko, A. A. ;Novikova,Z. S. Zh. Obshch. Khim. 1991,61,1698(Chem. Abstr. 1992,

116,129 076).

29. Novikova, Z. S.; Kabachnik, M. M.; Lutsenko, I. F. Zh. Obshch. Khim. 1988,58,2031(Chem. Abstr. 1989,111,78 145).

30. Verhé, R.; De Kimpe, N.; De Buyck, L.; Tilley, M.; Schamp, N. Bull. Soc. Chim. Belg. 1977,86,879.

31. Aurich, H. G.; Heinrich, J. - M.; Wassmuth, G. J. Chem. Res. (S) 1980,222.

32. Aurich, H. G.; Heinrich, J. - M.; Wassmuth, G. J. Chem. Res. (S) 1980,224.

33. Komatsu, M.; Takamatsu, S.; Uesaka, M.; Yamamoto, S.; Ohshiro, Y.; Agawa, T. J. Org. Chem. 1984,49,2691.

34. van Leusen, A. M.; Wildeman, J.; Oldenziel, O. H. J. Org. Chem. 1977,42,1153.

35. Pirkle, W. H.; Rinaldi, P. L. J. Org. Chem. 1977,42,2080.

36. Pirkle, W. H.; Rinaldi, P. L. J. Org. Chem. 1977,42,3217.

37. Black, D. S. C.; Watson, K. G. Aust. J. Chem. 1973,26,2159.

38. Harger, M. J. P.; Williams, A. J. Chem. Soc., Perkin Trans. 1 1989,563.

39. König, K. - H.; Reitel, C.; Mangold, D. Ger. Offen. 2 601 542,1977, (Chem. Abstr. 1977,87,101 973).

40. König, K. - H.; Reitel, C.; Mangold, D.; Feuerherd, K. - H.; Oeser, H. - G. Angew. Cheml 1979,91,334.

41. Rugewitz - Blackholm, B.; Wiessler, M. Justus Liebigs Ann. Chem./ Liebigs Ann. Chem. 1987,583.

乙醛 3 -溴丙基 乙基缩醛
(Acetaldehyde 3 - Bromopropyl Ethyl Acetal)

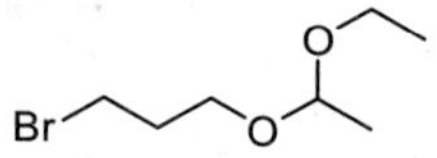

[34399 - 67 - 2]　$C_7H_{15}BrO_2$　(MW 211.1)

乙醛缩醛类化合物，由于保护基为一特殊的卤代烃类，和前者亚胺类化合物相比，该试剂主要作为一亲电或亲核羟丙基化试剂。

物理性质：无色液体，沸点 49～51 ℃(1 mmHg)[1]。

溶解度：溶于普通溶剂，如乙醚，四氢呋喃，1，3 -丙二醇。

试剂的纯度分析：^{1}H NMR 方法。

制备方法：该化合物通过 3 -溴- 1 -丙醇和乙烯乙醚制备，用二氯乙酸作为催化剂。催化剂的选择对化合物的制备至关重要。用该方法可得 92%的收率。

纯化：用减压蒸馏的方法提纯 49～51 ℃(1 mmHg)。

处理、储存注意事项：该化合物对酸敏感，用碳酸钠粉末处理储存于－30℃，由于这是一个烃基化试剂，使用时必须使用必要的保护设备，并且在通风橱里使用。

用途：乙醛 3 -溴丙基乙基缩醛(1)可用作亲电 3 -溴- 1 -丙醇的替代物，可用作亲核的 3 个碳羟丙基的合成子来源。

亲核加成

其相应的锂试剂，1 - Lithio - 3 -(1 - ethoxyethoxy)propane，通过锂和 3 -溴丙基乙基缩乙醛在乙醚里进行反应制备。该试剂可用于对醛[2]、酮(反应式 1)[1,3]、内酯(反应式 2)[4]、内酰胺[5]、氯硅烷[6]进行加成反应，四氢吡喃醚类化合物也可以用于该反应，但是乙氧基乙醚基团在温和的条件下水解[7]。其相应的铜试剂可以对不饱和的酮和卤代烃进行加成反应[8,9]。

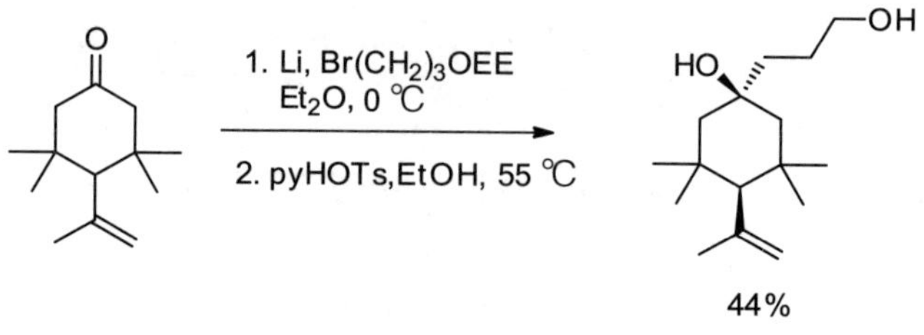

(1)

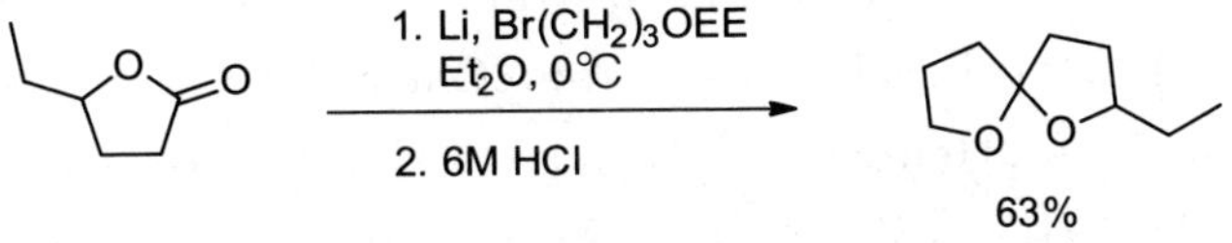

(2)

由(1)制备的格式试剂可以和烃氧基烯酮进行加成反应,也可以和烯丙基溴进行偶合反应[10-12]。

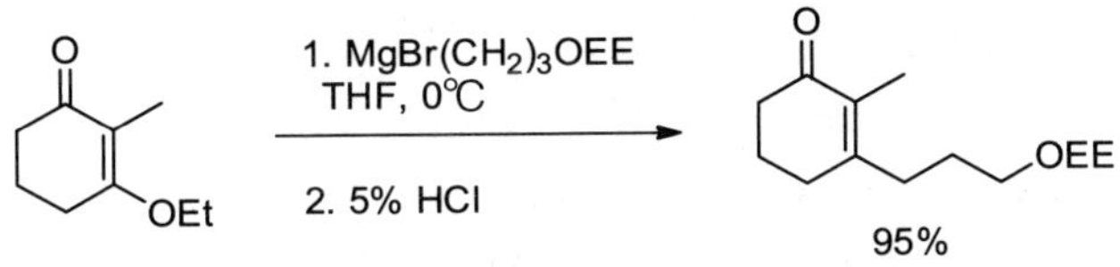

(3)

烃基化

从 N,N-二甲基腙得到的碳负离子可以和(1)进行烃基化反应[13,14]。用来重新生成酮的水解条件对保护的 OEE 基团受影响。该缺陷可以用四氢吡喃醚的方法进行克服[14],乙醛 3-溴丙基乙基缩醛还可以用来制备多功能的醚[15]。

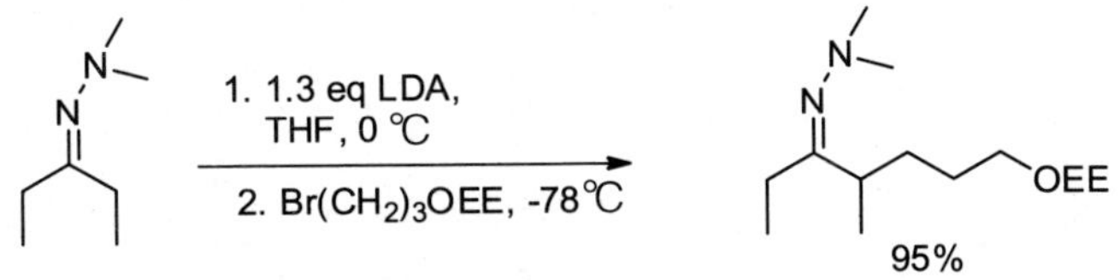

(4)

参考文献

1. Eaton, P. E.; Cooper, G. F.; Johnson, R. C.; Mueller, R. H. J. Org. Chem. 1972, 37, 1947.

2. Sansbury, F. H.; Warren, S. Tetrahedron 1991, 32, 3425.

3. Hasel, W.; Hoffmann, H. M. R. Ber. Dtsch. Chem. Ges./Chem. Ber. 1988, 121, 1461.

4. Jacobson, R.; Taylor, R. J.; Williams, H. J.; Smith, L. R. J. Org. Chem. 1982, 47, 3140.

5. Seeman, J. I.; Chavdarian, C. G.; Secor, H. V.; Osdene, T. S. J. Org. Chem. 1986, 51, 1548.

6. Hudrlik, P. F.; Abdallah, Y. M.; Hudrlik, A. M. Tetrahedron 1992, 33, 6743.

7. Schreiber, S. L.; Liew, W. -F. J. Am. Chem. Soc. 1985, 107, 2980.

8. Eaton, P. E.; Mueller, R. H. J. Am. Chem. Soc. 1972, 94, 1014.

9. Anderson, R. J.; Henrick, C. A. J. Am. Chem. Soc. 1975, 97, 4327.

10. Becker, D.; Harel, Z.; Nagler, M.; Gillon, A. J. Org. Chem. 1982, 47, 3297.

11. Sha, C. K.; Ouyang, S. L.; Hsieh, D. Y.; Chang, R. C.; Chang, S. C. J. Org. Chem. 1986, 51, 1490.

12. Shea, K. J.; Wise, S.; Burke, L. D.; Davis, P. D.; Gilman, J. W.; Greeley, A. C. J. Am. Chem. Soc. 1982, 104, 5708.

13. Schreiber, S. L.; Wang, Z. J. Am. Chem. Soc. 1985, 107, 5303.

14. Hudrlik, P. F.; Hudrlik, A. M.; Yimenu, T.; Waugh, M. A.; Nagendrappa, G. Tetrahedron 1988, 44, 3791.

15. Newman, M. S.; Barbee, T. G., Jr.; Blakesley, C. N.; Zia - ud - Din; Gromelski, S., Jr.; Khanna, V. K.; Lee, L. - F. Radhakrishnan, J.; Robey, R. L.; Sankaran, V.; Sankarappa, S. K.; Springer, J. M. J. Org. Chem. 1975, 40, 2863

乙酸对甲苯磺酸酐(Acetyl p－Toluenesulfonate)

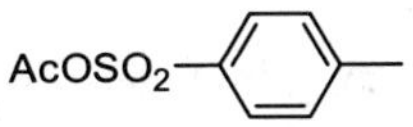

［26908－82－7］　$C_9H_{10}O_4S$　(MW 214.24)

混合酸酐,主要裂解为乙酰基正离子,既可以作为路易斯酸充当选择性醚裂解试剂[1];也可以作为活泼的酰化试剂[2]。

物理常数:熔点 54～56 ℃;密度 1.092 g/cm^3。

溶解度:溶于乙腈、二氯甲烷、甲苯。

供应形式:无色晶体;市售,或很容易由乙酰氯和对甲苯磺酸制备[3]。

试剂纯度分析:核磁共振光谱进行分析;微量的游离酸和磺酸酸酐可能存在于试剂中。

处理、储存和注意事项:固体很容易水解,因此,它必须避免与水分接触,也可能热分解。

醚裂解

反应条件比较温和(25～130℃,2～48 小时,通常在乙腈中),不加路易斯酸催化剂,反应照样有效进行。和其他试剂获相比,醚裂解收益更高,对于不对称醚的裂解,具备较高区域选择性(反应式 1～4)[1,4,5]。

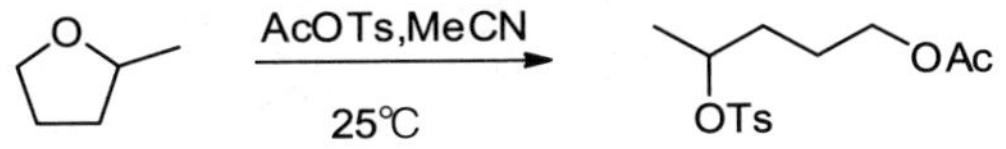

(1)

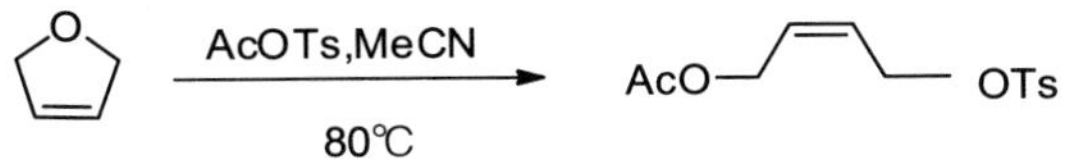

(2)

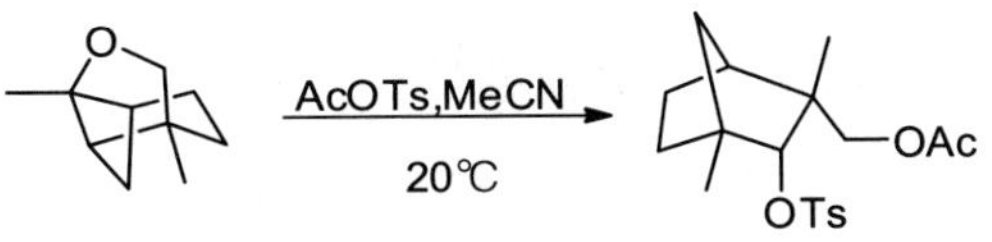

(3)

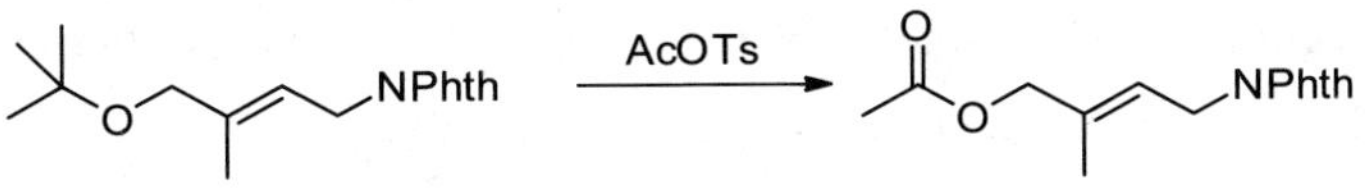

(4)

醚的裂解机制被认为是首先醚氧进行酰化,其次是 SN1 方式裂解成一个酯和一离子对,离子对进一步分解成对甲苯磺酸酯。因此,混合醚裂解倾向于取代基多的碳氧键裂解。此外,由此而产生的碳正离子的存在时间更长,有可能使反应以另外一种途径进行,即生成的碳正离子和离子对进行交换,而不仅仅是离子对单一的分解。

如果和环醚反应,生成乙酸酯磺酸酯的混合物。这些合成有广泛的用途,因对甲苯磺酸酯基团非常容易被其他亲核试剂进行置换。

乙酰化试剂

乙酸对甲苯磺酸酐也可以用作温和的乙酰化试剂[2],对呋喃(反应式 5),噻吩类(反应式 6),和苯甲醚(反应式 7)进行酰化。使用 10%~50%过量试剂在温和的反应条件下(25℃至回流温度,2~24 小时,以乙腈或苯做溶剂)乙酰化收率相当高(75%~96%)。另外,无须加路易斯酸,乙酸对甲苯磺酸酐也是高活性的乙酰化试剂,对苯胺类、醇类和酚类化合物进行乙酰化。

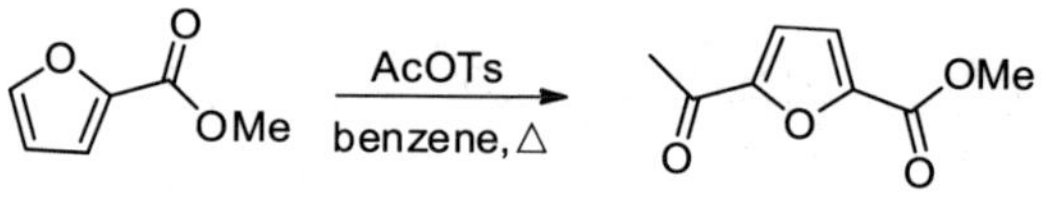

(5)

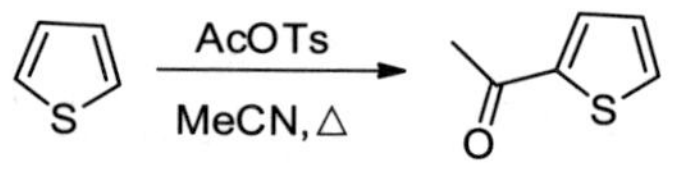

(6)

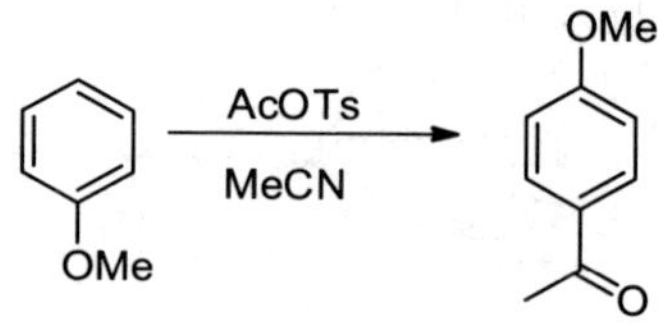

(7)

相关试剂

乙酰甲磺酸酯;三溴化硼;三甲基碘硅烷。

参考文献

1. (a) Karger, M. H.; Mazur, Y. J. Am. Chem. Soc. 1968, 90, 3878. (b) Karger, M. H.; Mazur, Y. J. Org. Chem. 1971, 36, 532.

2. (a) Karger, M. H.; Mazur, Y. J. Org. Chem. 1971, 36, 540. (b)

Pennanen, S. I. Heterocycles 1976, 4, 1021.

3. (a) Karger, M. H.; Mazur, Y. J. Org. Chem. 1971, 36, 528. (b) Lin, J. S.; Sleezer, P. D., U. S. Patent 4 219 495 1980.

4. Bosworth, N.; Magnus, P. D. Chem. Commun. /J. Chem. Soc., Chem. Commun. 1971, 618.

5. Corse, J.; Kuhnle, J. Synthesis 1972, 618.

硝酸乙酸酐(Acetyl Nitrate)[1]

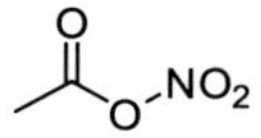

[591-09-3] $C_2H_3NO_4$ (MW 105.05)

混合酸酐，和乙酸对甲苯磺酸酐不同，该试剂裂解为硝基正离子，充当芳烃和部分非芳香化合物的硝化试剂[2-6]；把烯烃转化为硝基乙酸酯[7-10]，可氧化硫醚和二硫化物为亚砜[11]。

物理数据：无色，流动液体；沸点 22℃(70mmHg)[12]，2～3℃(14mmHg)[13]；密度 1.24g/cm^3。

溶解度：能与普通有机溶剂互溶。

试剂纯度分析：物理化学研究表明其纯度依赖于制备方法和起始物料比以及存放时间。在通常使用 Ac_2O/HNO_3 混合物，如果 Ac_2O 和 HNO_3 之比大于 1，则硝酸乙酸酐，HOAc 和过量的 Ac_2O 共存，如果 Ac_2O 和 HNO_3 之比小于 1，则 H_2O 甚至 N_2O_5 存在[14]。

制备方法：一种典型的制备方法是边搅拌边缓慢加入浓硝酸(38 mL)至冷的醋酸酐(150 mL)[15]。在过往的报道中[12]，N_2O_5 能溶入 Ac_2O；虽然实用性不强，但是对于制备无水无机硝酸盐是可推荐的[16]。其他方法如 HNO_3 和烯酮反应[13]，或 AcCl 和 $AgNO_3$ 以及拟被硝化的底物一起存在于乙腈的溶液中[17]。

处理、保存和注意事项：遇热不稳定，易爆炸[12,18]。不建议分离或蒸馏，除非操作过程极度小心。需要时一般使用新制备的溶液。在 60℃控制热分解可生成氮氧化物、四硝基甲烷[12]和一黄色的油状物[16]。该化合物酸性很强，避免皮肤接触，反应需要在通风橱进行。

亲电硝化反应

硝酸乙酰酯溶液离解为 NO_2^+ 和 AcO^-，一般不会进行乙酰化[2]。它在合成的应用常常可以和其他的硝化试剂做比较。例如在室温下和甲苯反应可生成邻位，间位和对位的硝基甲苯的混合物(60∶3∶37)[2]，和联苯反应生成邻位和对位衍生物(58∶42，收率 87%)[3]。和萘和芘反应生成 1-硝基衍生物，和 3-氟蒽和菲在 9-位发生硝化反应。硝化反应的区域选择性和溶剂有很大关联；在大多数溶剂中，和菲反应生成 9-硝基菲[4]，但如在 CH_2Cl_2 或硝基苯中反应则 1-硝基菲占主导地位[5]。和烯醇可以发生类似的反应,如乙酰乙酸酯的反应[6](方应式 1)。

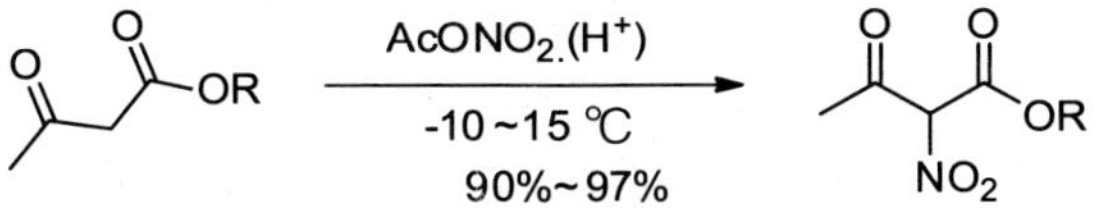

(1)

和烯烃的加成反应

简单的烯烃同硝酸乙酰酯反应得到硝基乙酸酯,但是硝基烯烃和硝基硝酸酯也同时生成[7](反应式 2)。

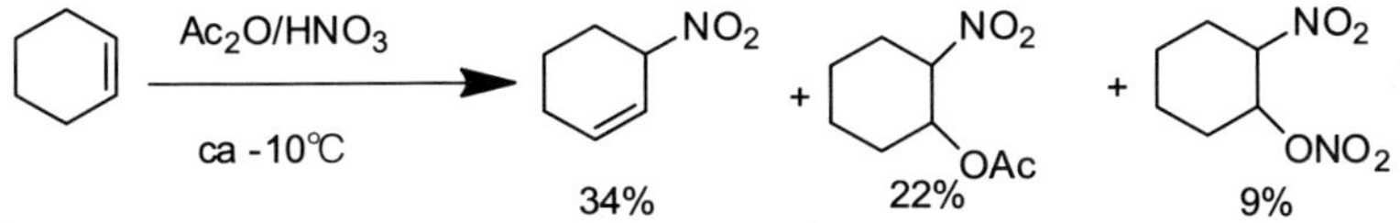

(2)

在某些情况下和其他环烯烃反应时生成更复杂的混合物[8],该制备方法的有效性是值得怀疑的。另一个例子涉及 2 -呋喃甲酸甲酯的制备[9]。$AcONO_2$ 和4 -甲基二苯乙烯反应生成外消旋苏阿糖型衍生物(反应式 3)[10],反应特征符合硝酰醋酸酯的特性。

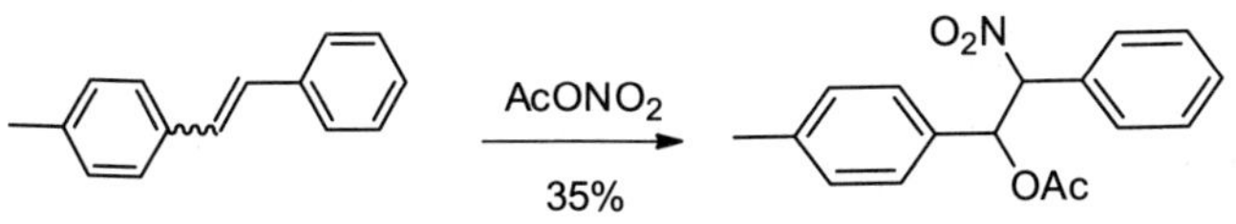

(3)

和环二烯烃[19]反应大多得到混合产物[20](反应式 4)。

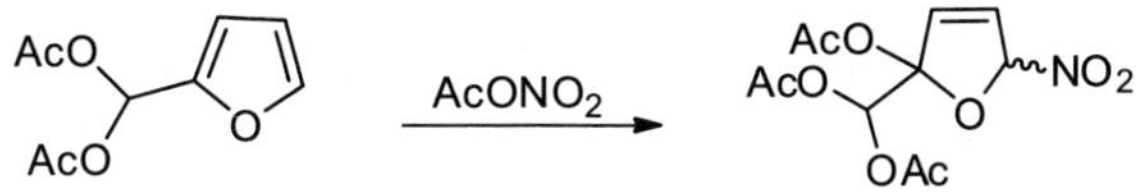

(4)

其他应用

醇类可以和硝酸乙酸酐反应转化为其硝酸酯(反应式 5)[21],叔胺可转变为硝胺,但产率不是很理想(反应式 6)[22]。

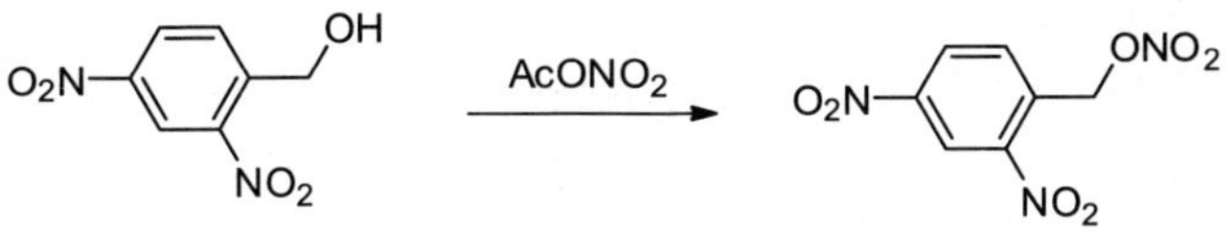

(5)

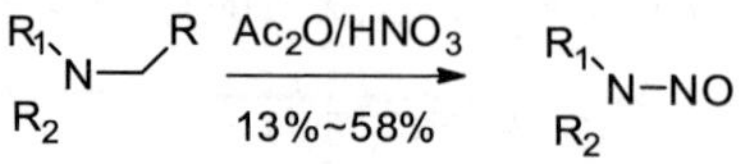

(6)

在温度远低于 0 ℃时,硝酸乙酰酯跟硫醚和二硫化物迅速反应生成亚砜;即使反应物过量,也不会进一步被氧化生成砜,该反应基本上是定量的(方应式 7 和 8)[11]。对于易和 Ac_2O 进行 Pummerer - type 反应的硫化物,一般使用硝酸苯甲酸酯比较好。

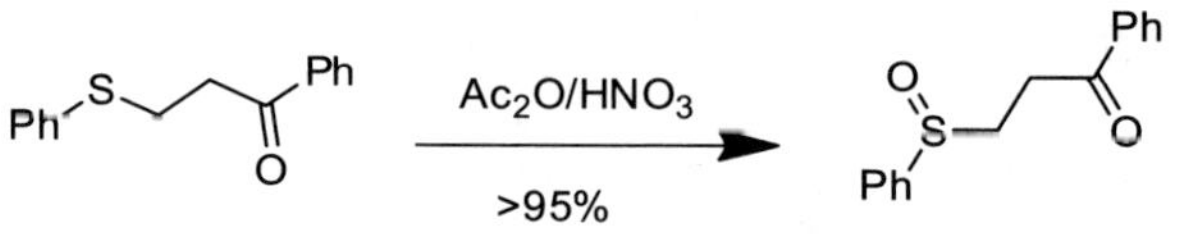

(7)

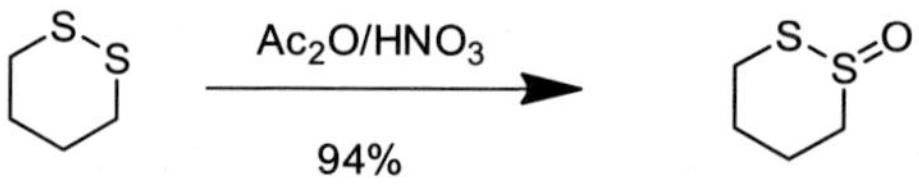

(8)

参考书目

1.(a) Fieser & Fieser 1968,1,13.(b) Hoggett,J. G.;Moodie,R. B.;Penton,J. R.;Schofield,K. Nitration and Aromatic Reactivity;Cambridge:London,1971;p 76.(c) Taylor,R. Electrophilic Aromatic Substitution;Wiley:New York,1990;p 269.

2. Burton,H.;Praill,P. F. G. J. Chem. Soc 1955,729.

3. Hayashi,E.;Inana,K.;Ishikawa,T. Yakugaku Zasshi 1959,79,972.

4. Velichko,L. I.;Kachurin,O. I.;Balabanov,E. Yu. Ukr. Khim. Zh.(Russ. Ed.)1983,49,1293(Chem. Abstr. 1984,100,138 725).

5. Velichko,L. I.;Kachurin,O. I.;Balabanov,E. Yu. Ukr. Khim. Zh.(Russ. Ed.)1988,54,171(Chem. Abstr. 1989,110,38 364).

6. Sifniades,S. J. Org. Chem. 1975,40,3562.

7. Bordwell,F. G.;Garbisch,E. W.,Jr. J. Am. Chem. Soc. 1960,82,3588.

8. Borisenko,A. A.;Nikulin,A. V.;Wolfe,S.;Zefirov,N. S.;Zyk,N. V. J. Am. Chem. Soc. 1984,106,1074.

9. Kolb,V. M.;Darling,S. D.;Koster,D. F.;Meyers,C. Y. J. Org. Chem. 1984,49,1636.

10.(a) Drefahl,G.;Crahmer,H. Ber. Dtsch. Chem. Ges./Chem. Ber.

1958,91,745. (b) Drefahl, G.; Crahmer, H. Ber. Dtsch. Chem. Ges./Chem. Ber. 1958,91,750.

11. Louw, R.; Vermeeren, H. P. W.; van Asten, J. J. A.; Ultée, W. J. Chem. Commun./J. Chem. Soc., Chem. Commun. 1976,49

12. Pictet, A.; Khotinsky, E. Ber. Dtsch. Chem. Ges./Chem. Ber. 1907, 40,1163.

13. Farbw. Hoechst, Ger. Patent 849 405 1952 (Chem. Abstr. 1953, 47, 4899).

14. (a) Chédin, J.; Fénéant, S. C. R. Hebd. Seances Acad. Sci., Ser. C 1949,229,115. (b) Tsvetkov, V. G.; Shmakov, V. A.; Sopin, V. F.; Ivanov, A. V.; Ikonnikov, A. A.; Marchenko, G. N. J. Gen. Chem. USSR (Engl. Transl.) 1989,59,1220.

15. Folsum, H. E.; Castrillón, J. Synth. Commun. 1992,22,1799.

16. Chrétien, A.; Boh, G. C. R. Hebd. Seances Acad. Sci., Ser. C 1945, 220,822.

17. Olah, G. A.; Lin, H. C.; Olah, J. A.; Narang, S. C. Proc. Natl. Acad. Sci. USA 1978,75,1045.

18. (a) König, W. Angew. Cheml 1955,67,157. (b) Brown, T. A.; Watt, J. A. C. Chem. Br. 1967,3,504. (c) Gilbert, E. E. Chem. Eng. News 1980,58 (40),5.

19. Zyk, N. V.; Nikulin, A. V.; Ugrak, B. I.; Borisenko, A. A.; Zefirov, N. S. Zh. Org. Khim. 1985,21,1189 (Chem. Abstr. 1986,104,186 032).

20. Liepins, E.; Zolotoyabko, R. M.; Stradins, J.; Trusule, M.; Venters, K. Khim. Geterotsikl. Soedin. 1980,741 (Chem. Abstr. 1980,93,220 008).

21. Bonner, T. G. J. Chem. Soc 1959,3908

22. Boyer, J. H.; Pillai, T. P.; Ramakrishnan, V. T. Synthesis 1985,677.

苄基异丙烯基醚(Benzyl Isopropenyl Ether)

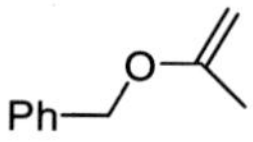

[32783-20-3]　$C_{10}H_{12}O$　(MW148.20)

羟基保护试剂，以缩酮的形式保护羟基。含多羟基化合物的保护基[1]；丙酮烯醇化物的等价试剂[2]。

物理数据：熔点 191～192 ℃[3]。

溶解性：溶于丙酮和苯。

制备方法：第一个报道制备该试剂的方法是由苄氧基丁烯酸受热脱羧而制备得到的。另一个可替代的方法，通过在二甲基亚砜中 2-苄氧基-1-氯丙烷用碱丁醇钾进行脱卤化氢制备得到(收率 82%)。

保护醇

在有 10mol%二氯钯存在下苄基异丙烯基醚和多羟基化合物的自由羟基的苯溶液反应，生成相应的混合苄基缩醛，分离产量在 85%和 98%之间(反应式 1)[1]。保护基也可以在催化剂三氯氧磷或者对甲苯磺酸的作用下引入，收率不错。该保护的混合缩醛在 5%钯碳催化剂存在下，在一个大气压的氢下进行分解，收率为 92%～99%。这个保护基对还原的氢化试剂却很稳，如 LAH、DIBAL、烃基锂和格氏试剂，还在碱性水解条件下也很稳定(1 mol/L NaOH/THF，1/1)。但是在 1 mol/L醋酸的 THF 溶液(1∶1)中该保护基却会分解。

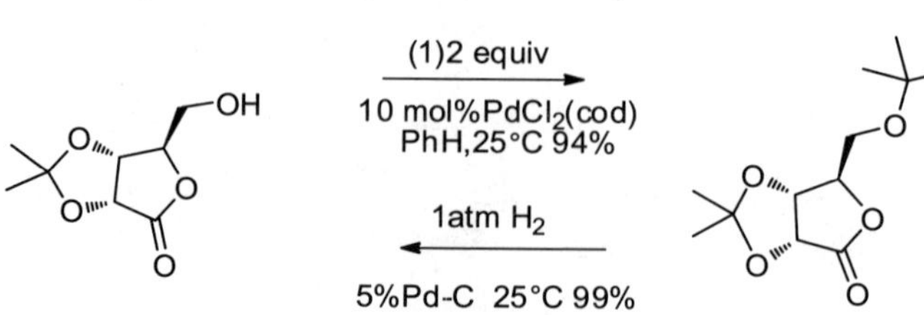

(1)

该试剂作为醇保护基优于其他相似试剂的地方在于它引入保护基和脱除保护基时都是中性条件下进行的。另外一种生成混合的缩醛保护醇的方法是在乙氰溶液中，用氯化钴(Ⅱ)做催化剂。据报道这种方法得到的产量比前者略低(68%～

91%)。然而,钴催化剂低成本,非常易购因而被推荐使用。

醇保护组的另一个关联试剂是 2 -苯氧基丙烯,它可由醋酸苯酯和 Tebbe 试剂反应轻易地制备得到,产量 57%[6]。在催化剂三氯化磷的作用下和醇反应生成相应的苯基混合缩醛。该缩醛在 0.1mol/L HCL 和醚的溶液在 30 秒内完成水解脱保护。

丙酮烯醇化物等价试剂

苄基异丙烯基醚的早期应用是报道作为丙酮烯醇化物等价试剂,在路易斯酸催化下与酮发生缩合反应。例如,在硼三氟化物乙醚化物存在下标题化合物和丙酮发生缩合生成 4 -苄氧基- 4 -甲基- 2 -戊酮,产量 52%。由于烯醇硅醚的使用,这个早期的方法也变得逊色不少。

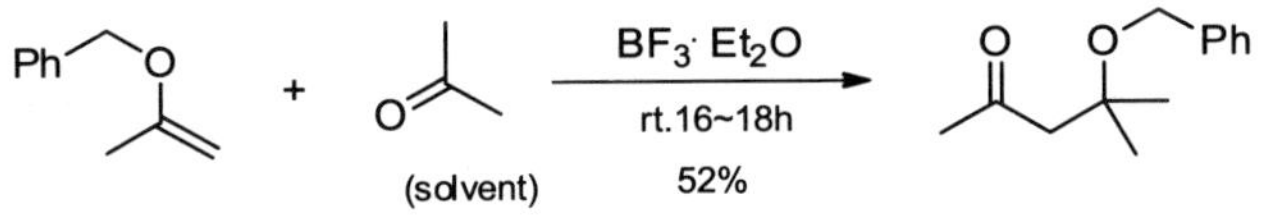

(2)

参考文献

1. Mukaiyama,T.;Ohshima,M.;Murakami,M. Chem. Lett. 1984,265.

2. Albaiges,J.;Camps,F.;Castells,J.;Fernandez,J.;Guerrero,A. Synthesis 1972,378.

3. Autenrieth,W. Ber. Dtsch. Chem. Ges./Chem. Ber. 1896,29,1639.

4. Greene,T. W.;Wuts,P. G. M. Protective Groups in Organic Synthesis, 2nd ed.;Wiley:New York,1991;pp 10 - 68.

5. Iqbal,J.;Srivastava,R. R.;Gupta,K. B.;Khan,M. A. Synth. Commun. 1989,19,901.

6. Zandbergen,P.;Willems,H. M. G.;van der Marel,G. A.;Brussee,J.;van der Gen,A. Synth. Commun. 1992,22,2781.

p-乙酰氧基苄溴化物(p-Acetoxybenzyl Bromide)

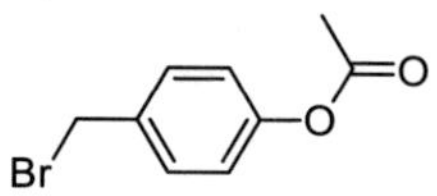

[52727-95-4]　$C_9H_9BrO_2$　(MW 229.07)

羟基的保护试剂,该试剂和前者的区别是以苄基的形式保护羟基。

别名:4-(乙酰氧基)溴化苄,1-乙酰氧基4-溴甲基苯,乙酸 *p*-(溴甲基)苯酯。

物理数据:熔点 48～50℃(正己烷);沸点(100～105 ℃(0.4 毫米汞)。

溶解性:数据特定有限。

供应形式:低熔点固体,没有商业化产品。

试剂纯度分析:^1H NMR($CDCl_3$):7.1～7.6(q),4.53(s),2.33(s)。

制备方法:用 NBS[1] 溴化醋酸 *p*-甲基苯酯的四氯化碳溶液,或者对 4-羟基苄醇进行选择性三苯甲基化,接着对酚羟基进行酰化,而后脱三苯甲基保护,并通过四溴化碳/$PPh_{3[2]}$溶液进行溴化。

提纯:用己烷再结晶或在 100～105℃进行蒸馏(0.4 毫米汞柱)[1]。

保护醇羟基

这个相对较新的羟基保护基是对已有的苄醚保护基的补充。虽然该试剂的应用范围和多样性还没有完全研究清楚,一个通过三氟甲烷磺酸银催化的用 *p*-乙酰氧基苄溴对伯羟基进行对-乙酰氧基苄(帕布)醚的保护方法曾经有过报道(反应式 1)[2]。

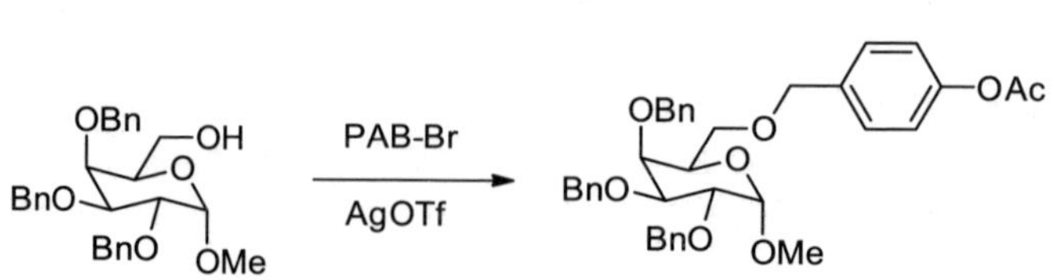

(1)

脱保护通常是先通过甲醇钠对底物进行醇交换反应,生成的醇然后通过热分解或通过温和氧化进行脱保护(反应式 2)。据推测,分解脱保护的机理是在一个温和的温度下(65℃)[2]通过脱去一分子亚甲基醌而得到的。

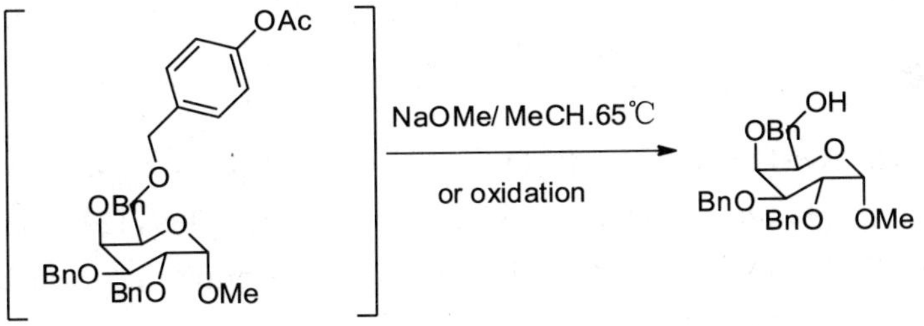

(2)

能够有效进行脱保护的氧化剂，包括 DDQ(1 当量)、三氯化铁、碳酸银/硅藻土、碘苯二醋酸酯的二氯甲烷或乙醚在室温下反应时间 5 分钟到 18 小时，收率达 80%～95%。然而，如果没有通过酚氧的引发，PAB 醚对氧化试剂(DDQ)还是比较稳定。该反应条件只是对(PMB)醚进行裂解，如反应式 3 所示[3]。

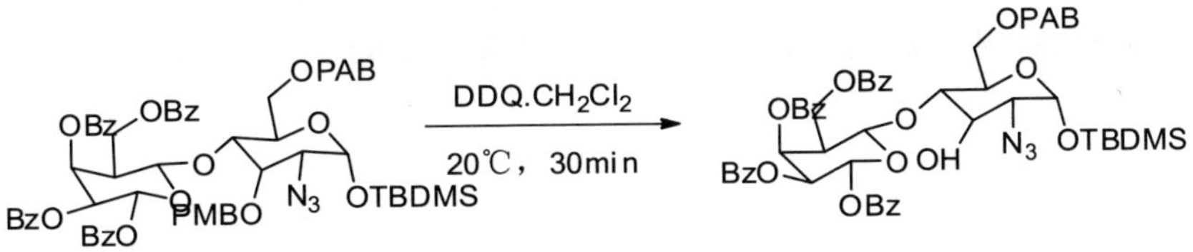

(3)

在苯甲酸酯，苄基和和叔丁基二甲基硅烷的保护醇条件下 PAB 化学选择性脱保护是通过先用甲醇钠处理，再用三氯化铁(5.0 分钟)进行氧化，如反应式 4 示。另外，PAB 也可以用典型的加氢还原脱除[2]。

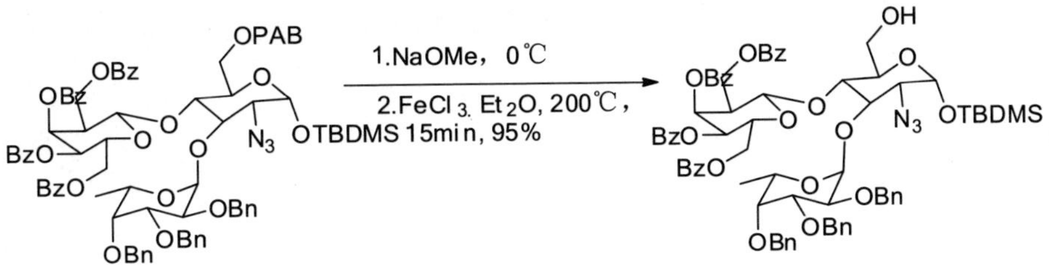

(4)

杂原子官能团的苄基化反应

使用对-乙酰氧基溴化苄对杂原子进行苄基化已经出现诸多文献中[1,4]，包括胺的季铵化反应，在微波辐照[5]下与吡啶 N-氧化物生成相应的醛[6]，与酚氧化合物反应生成二芳基醚；以及包括和苯并噻的反应[7]和取代的咪唑的反应[8]。

相关试剂

苄基溴；对甲氧基苄基溴；对-乙酰氧基苄三氯乙酰胺；4-(2-三甲基硅基)乙

氧基甲氧基苄溴。

参考文献

1. Moss, R. A.; Dix, F. M., J. Org. Chem. 1981, 46, 3029.

2. Jobron, L.; Hindsgaul, O., J. Am. Chem. Soc. 1999, 121, 5835.

3. Green, T. W.; Wuts, P. G. M., Protective Groups in Organic Synthesis, 2nd ed; Wiley: New York, 1991.

4. Nakano, M.; Sato, Y., J. Org. Chem. 1987, 52, 1836.

5. Barbry, D.; Champagne, P., Tetrahedron Lett. 1996, 37, 7725.

6. Barnes, J. H.; Elks, J.; Stephens, F. F.; Waller, G. J., J. Chem. Soc. 1953, 764.

7. Cossey, H. D.; Judd, J.; Stephens, F. F., J. Chem. Soc. 1965, 954.

8. Yashioka, H.; Choshi, T.; Sugino, E.; Hibino, S., Heterocycles 1995, 41, 158.

2,2,2 -三氯乙酰亚氨酸苄酯
(Benzyl 2,2,2 - Trichloroacetimidate)

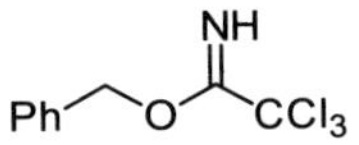

[81927 - 55 - 1]　$C_9H_8Cl_3NO$　(MW 252.53)

羟基保护试剂,同前者一样,也是以苄基的形式保护羟基,但相较于前者,由于该试剂的离去集团易迅速地转化酰胺类化合物,因此反应活性更大。在温和的酸性条件下以苄醚形式对羟基进行保护的试剂[1]。

又名:BTCA。

物理数据:沸点 106～114 ℃/0.5mm Hg;密度 1.359 g/cm^3。

溶解性:反应经常在环已烷/二氯甲烷的混合物中进行[1];在更极性的溶剂中通过重排分解成 N -苄基三氯乙酰胺。

供应形式:无色油状物。

纯化:减压蒸馏。

操作、储存和注意事项:对湿气敏感。

羟基的保护

苄基醚是有机合成中最通用和常用的保护基团之一[2]。引入该基团的最常见方法是使用强碱和苄基溴,如经典的 Williamson 醚合成方法。但是,最近发现该常规强碱催化的方法有时不成功,如由于副反应或由于起始原料分解而导致产率较低,而三氯乙酰亚胺酸苄酯[3]可在弱酸性条件[1,4,5a],以苄基醚的形式广泛用于保护羟基官能团。

酰亚胺酸酯可以根据 Cramer[3]在 20 世纪 50 年代后期的方法来进行制备,即由苄醇的醇钠离子和三氯乙腈进行反应来制备。也可以以这种方式制备带有取代基的苄基醚,例如 4 -甲氧基苄基三氯乙酰亚胺酯[5]、3,4 -二甲氧基苄基三氯乙酰亚胺酯[6]和 2,6 -二氯苄基三氯乙酰亚胺酯[7],该方法也可以用于合成烯丙基[1b]、叔丁基醚以及 2 -苯基异丙基酯进而用于肽的合成[9]。苄基 2,2,2 -三氯乙酰亚胺脂和 4 -甲氧基苄基 2,2,2 -三氯乙酰亚胺酯可商购。

该反应一般在非极性介质中进行,以防止乙酰亚胺酯重排为 N -苄基三氯乙酰胺,该反应另外一个优点是,固体三氯乙酰胺副产物可简单地通过过滤除去。但该反应的缺陷是反应底物只限制于可溶于这种类型的那些溶剂分子。例如,不溶于二氯甲烷的三醇,当在 DMSO 中反应时产生非常少量的苄化产物[10]。还注意到,和糖类化合物(反应式 1)中的伯羟基和仲羟基的反应区别很小[10],6 - OBn 与 4 - OBn 保护产物在最优条件下生成的比例也仅为 2∶1。

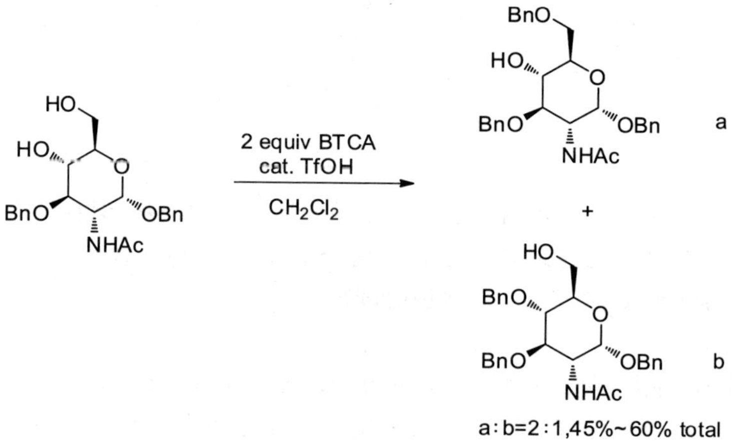

(1)

该试剂已广泛用于糖化学[1,10-14]。发现该方法在碱性条件下是有用的(反应式 2)[11],因为碱性条件 O -苯甲酰基会进行迁移,并且在合成纤维醇衍生物时,也会遇到相同问题[15a]。

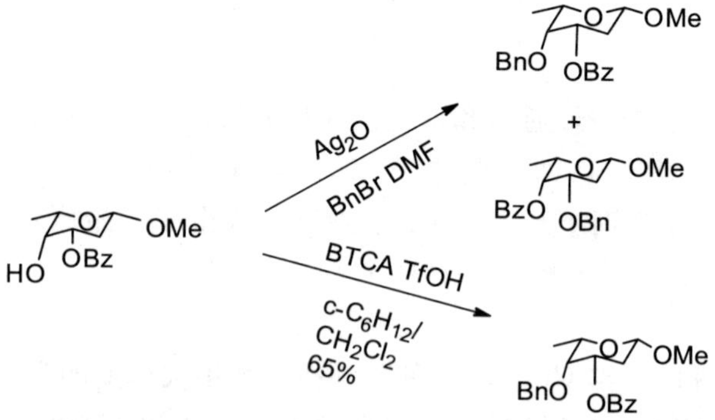

(2)

当研究 N -乙酰胺基糖时[1,12],观察除了正常的 OH 苄基化反应外,还有 N -乙酰基转化为 O -苄基亚胺酯的竞争反应(反应式 3)。为了得到最佳收率,相对于每个 OH 和 NAc 基团至少需要 1 当量的 BTCA 试剂,并且在后处理时会进行胺的水解和再乙酰化,这样可以得到原先需要的产品。与吗啉衍生的内酰胺(反应式 4)反应时,也会遇到类似的问题[16a],得到的也是一混合产物。

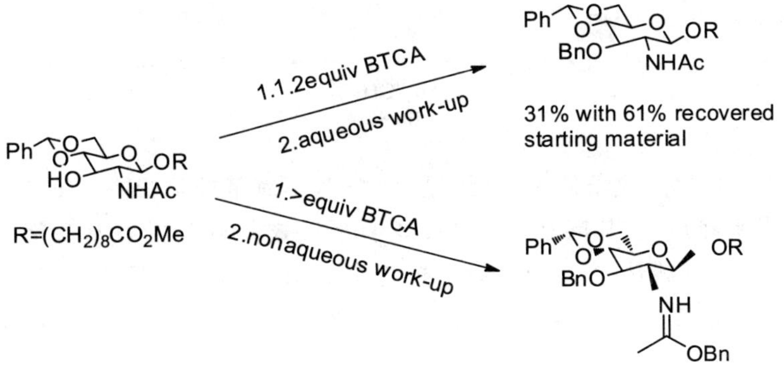

(3)

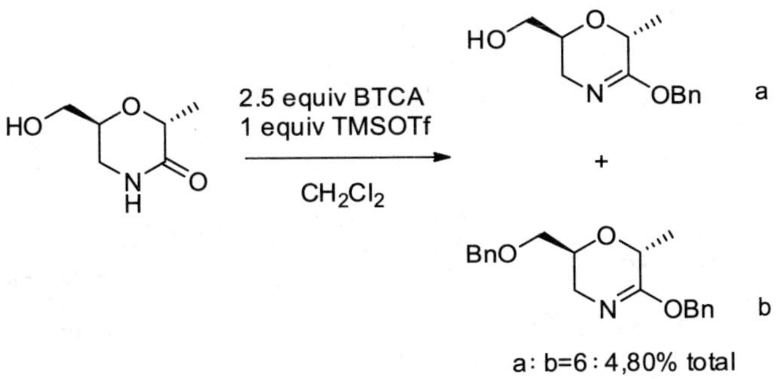

(4)

但是对于具有酰基保护胺的内酰胺[16b](反应式 5),用三氯乙酰亚胺酸苄酯进行 O-苄基化时,反应很顺利。BTCA 最近已被用于将二酮哌嗪转化成它们的亚氨双苄基醚[17]。

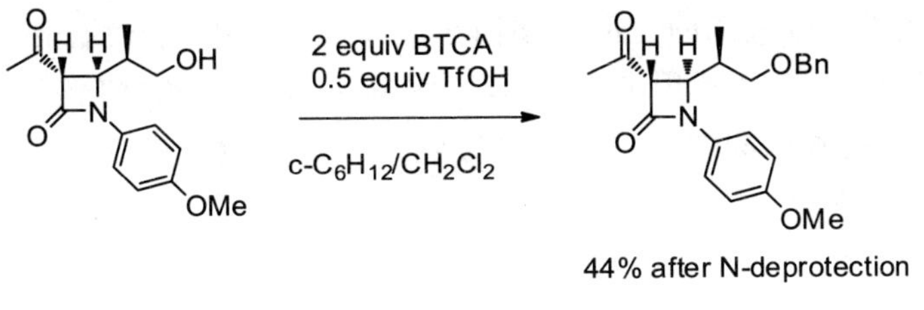

(5)

已经使用该试剂进行苄基化的其他类型分子包括羟基酮[4]、羟基氯代烃和羟基酯[19-23]、例如酒石酸酯[19]、羟基丙酸酯或丁酸酯[20]长烷基链的羟基酯[21],和羟基内酯[4]。在碱性条件下烯醇化,羟醛缩合反应,进行消除和生成环氧化物都会带来一定的麻烦。并且当需要 2-取代的酯如(S)-乳酸乙酯[22],作为同手性起始原料时,则使用该方法的保护可规避相当大的风险,因为在碱性的条件下通常会产生外消旋作用(反应式 6)。

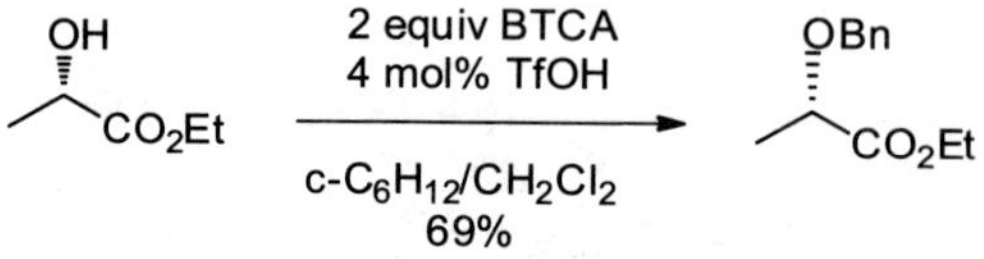

(6)

在这些苄基化反应条件下,已经显示N-叔丁氧基羰基(N-Boc)(反应式7)和N-(2-三甲基硅)乙氧基羰基(N-TEOC)(反应式8)保护的氨基酸衍生物可转化为它们的N-苄氧羰基(N-Z)类似保护物[24]。在大多数情况下产率为中等,但令人惊奇的是叔丁基二甲基硅氧基和叔丁基酯这两官能团相对不受酸性条件的影响。

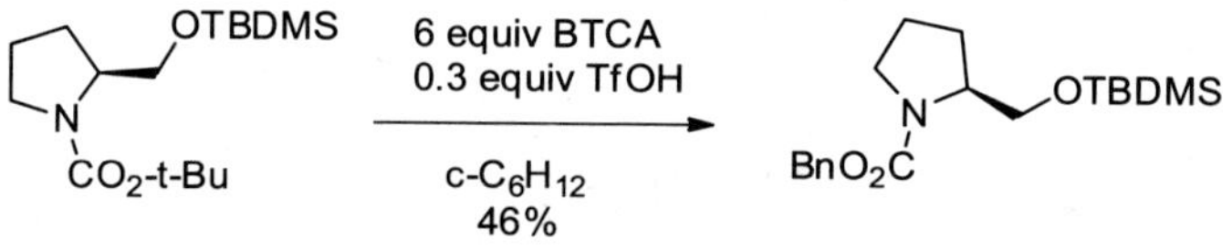

(7)

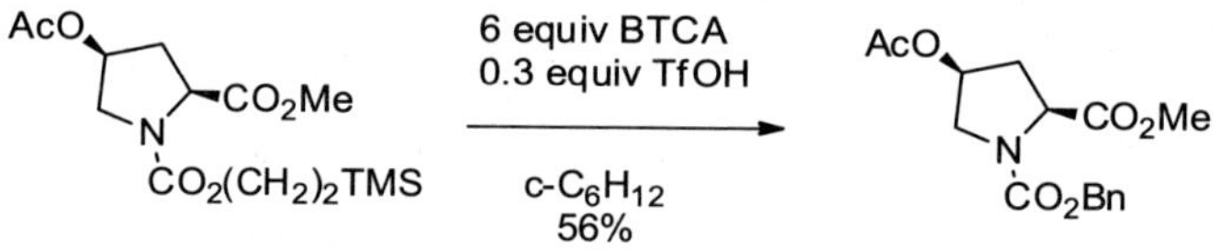

(8)

最常用的酸催化剂是TfOH(三氟甲磺酸或三氟甲磺酸),但是也可以使用其他酸性催化剂包括:$BF_3 \cdot OEt_2$[4,8]、TMSOTf、[4,16] *p*-TsOH[6]、TFA[23,16]。如果是更具活性的三氯乙酰亚胺酸4-甲氧基苄酯做苄化试剂时,樟脑磺酸、对甲苯磺酸吡啶鎓盐和高氯酸三苯甲酯也可以用作催化剂[5a]。

对酸性条件比较敏感的官能团如简单酯[1,19-23]、内酯[4,5d]、缩醛[1,5a,15]、环氧化物[5a,13]、2-甲氧基乙氧基甲基(MEM)[6]、叔丁基二甲基硅醚[14,24-27]和原甲酸酯[15b]通常在催化量的酸的条件下不受影响,同时也注意到一些叔醇[4]和1-三甲基硅炔烃进行苄基化收率较差[4]。

相关试剂

苄基溴;苄基氯;苄基碘;三氟甲磺酸苄酯;3,4-二甲氧基溴苄;4-甲氧基苄基2,2,2-三氯乙酰亚胺酸酯。

参考文献

1. (a) Wessel, H. - P.; Iversen, T.; Bundle, D. R. J. Chem. Soc., Perkin Trans. 1 1985, 2247. (b) Iversen, T.; Bundle, D. R. Chem. Commun./J. Chem.

Soc.,Chem. Commun. 1981,1240.

2. Greene,T. W.;Wuts,P. G. M. Protective Groups in Organic Synthesis, 2nd ed.;Wiley:New York,1991.

3. (a)Cramer,F.;Pawelzik,K.;Baldauf,H. J. Ber. Dtsch. Chem. Ges./Chem. Ber. 1958,91,1049. (b)Cramer,F.;Hennrich,N. Ber. Dtsch. Chem. Ges./Chem. Ber. 1961,94,976.

4. Eckenberg,P.;Groth,U.;Huhn,T.;Richter,N.;Schmeck,C. Tetrahedron 1993,49,1619.

5. (a)Nakajima,N.;Horita,K.;Abe,R.;Yonemitsu,O. Tetrahedron Lett. 1988,29,4139. (b)Takaku,H.;Ueda,S.;Ito,T. Tetrahedron Lett. 1983,24,5363. (c)Romo,D.;Johnson,D. D.;Plamondon,L.;Miwa,T.;Schreiber,S. L. J. Org. Chem. 1992,57,5060. (d)Adams,E.;Hiegemann,M.;Duddeck,H.;Welzel,P. Tetrahedron 1990,46,5975.

6. Takaku,H.;Ito,T.;Imai,K. Chem. Lett. 1986,1005.

7. Amouroux,R.;Gerin,B.;Chastrette,M. Tetrahedron 1985,41,5321.

8. Armstrong,A.;Brackenridge,I.;Jackson,R. F. W.;Kirk,J. M. Tetrahedron Lett. 1988,29,2483.

9. Yue,C.;Thierry,J.;Potier,P. Tetrahedron Lett. 1993,34,323.

10. Bovin,N. V.;Musina,L. Y.;Khorlin,A. Y. Bull. Acad. Sci. USSR, Div. Chem. Sci. 1986,35,614.

11. Yasumori,T.;Sato,K.;Hashimoto,H.;Yoshimura,J. Bull. Chem. Soc. Jpn. 1984,57,2538.

12. (a)Kusumoto,S.;Yamamoto,M.;Shiba,T. Tetrahedron Lett. 1984,25,3727. (b) Imoto,M.;Yoshimura,H.;Yamamoto,M.;Shimamoto,T.;Kusumoto,S.;Shiba,T. Tetrahedron Lett. 1984,25,2667.

13. Schubert,J.;Schwesinger,R.;Knothe,L.;Prinzbach,H. Justus Liebigs Ann. Chem./Liebigs Ann. Chem. 1986,2009.

14. Takahashi,S.;Terayama,H.;Kuzuhara,H. Tetrahedron Lett. 1992,33,7565.

15. (a)Ozaki,S.;Kondo,Y.;Nakahira,H.;Yamaoka,S.;Watanabe,Y. Tetrahedron Lett. 1987,28,4691. (b)Baudin,G.;Glanzer,B. I.;Swaminathan,K. S.;Vasella,A.;Helv. Chim. Acta 1988,71,1367. (c)Estevez,V. A.;Prestwich,G. D. Tetrahedron Lett. 1991,32,1623.

16. (a)Danklmaier,J.;Honig,H. Justus Liebigs Ann. Chem./Liebigs Ann.

Chem. 1989,665. (b) Kawabata, T. ; Kimura, Y. ; Ito, Y. ; Terashima, S. ; Sasaki, A. ; Sunagawa, M. Tetrahedron 1988, 44, 2149.

17. Groth, U. ; Schmeck, C. ; Schöllkopf, U. Justus Liebigs Ann. Chem. / Liebigs Ann. Chem. 1993, 321.

18. Voss, G. ; Gerlach, H. Helv. Chim. Acta 1983, 66, 2294.

19. Hansson, T. G. ; Kihlberg, J. O. J. Org. Chem. 1986, 51, 4490.

20. (a) White, J. D. ; Kawasaki, M. J. Org. Chem. 1992, 57, 5292. (b) Keck, G. E. ; Murry, J. A. J. Org. Chem. 1991, 56, 6606.

21. (a) Imoto, M. ; Yoshimura, H. ; Yamamoto, M. ; Shimamoto, T. ; Kusumoto, S. ; Shiba, T. Bull. Chem. Soc. Jpn. 1987, 60, 2197. (b) Widmer, U. Synthesis 1987, 568.

22. Ito, Y. ; Kobayashi, Y. ; Kawabata, T. ; Takase, M. ; Terashima, S. Tetrahedron 1989, 45, 5767.

23. Keck, G. E. ; Andrus, M. B. ; Romer, D. R. ; J. Org. Chem. 1991, 56, 417.

24. Barrett, A. G. M. ; Pilipauskas, D. J. Org. Chem. 1990, 55, 5170.

25. Hong, C. Y. ; Kishi, Y. ; J. Am. Chem. Soc. 1992, 114, 7001.

26. Lawrence, N. J. ; Fleming, I. Tetrahedron Lett. 1990, 31, 3645.

27. Danishefsky, S. J. ; Deninno, S. ; Lartey, P. J. Am. Chem. Soc. 1987, 109, 2082.

2-乙酰氧基异丁酰氯
(2-Acetoxyisobutyryl Chloride)

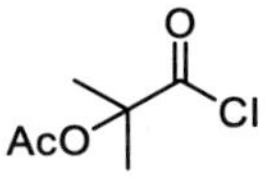

[40635-66-3]　$C_6H_9O_3Cl$　(MW 164.592) Moffatt reagent

物理性质:沸点 55～56 ℃(6 mmHg);密度 2.236 g/cm^3。

用途:主要用于把顺式的邻二醇转化为反式的氯乙酸乙酯化合物[1],接着形成环氧类化合物[2]。

制备方法:用乙酰氯或乙酸对 2-羟基异丁酸进行乙酰化,再用二氯亚砜转化成标的化合物[1,3]。

2-乙酰氧基异丁酰氯主要用作把顺式的二醇体系(Cis-diol)转化为反式的氯乙酸酯(trans-chloroacetate)(反应式 1)[1]。如和反式的邻二醇反应生成多元化产品,主要是形成的乙酰氧鎓中间不稳定。该反应历程是羟基对 2-乙酰氧基异丁酰氯的亲核反应主要发生在乙酰氧基的酰基上,其原因是酰氯的酰基的大位阻基团阻止了和羟基的反应。

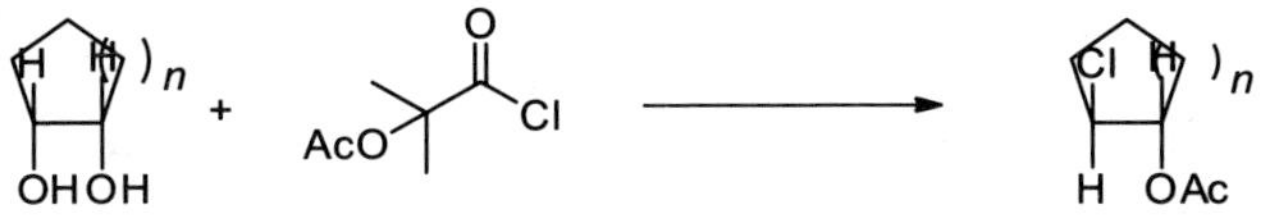

(1)

核苷也可以和 2-乙酰氧基异丁酰氯顺利反应得到氯乙酸乙酯化合,但是其产品的构型保持不变,其主要原因是核苷中碱基尿嘧啶中 2-羰基参与了反应(反应式 2)[1,4]。

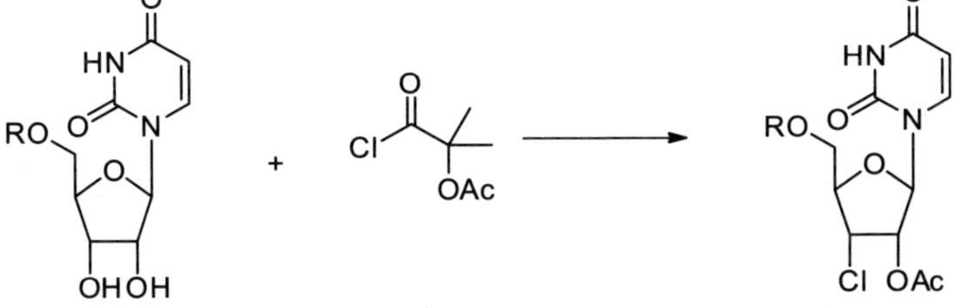

(2)

近来 2-乙酰氧基异丁酰氯用于复杂天然产物合成[5],氯乙酸乙酯化合物可用来大规模的转化合成环氧化合物，收率相当高(反应式 3)[2]。类似地该方法可用于天然产物的合成[6]。

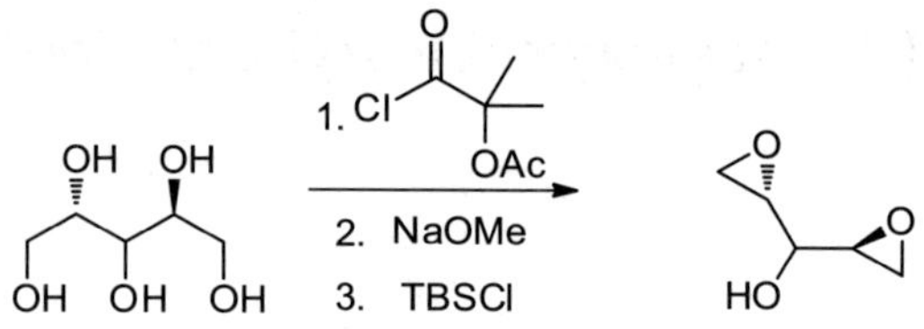

(3)

参考文献

1. Greenberg, S.; Moffatt, J. G. J. Am. Chem. Soc. 1973, 95, 4016.

2. Schreiber, S. L.; Sammakia, T.; Uehling, D. E. J. Org. Chem. 1989, 54, 15.; Nakatsuka, M.; Ragan, J. A.; Sammakia, T.; Smith, D. B.; Uehling, D. E.; Schreiber, S. L. J. Am. Chem. Soc. 1990, 112, 5583.

3. Friary, R. J. Heterocycl. Chem. 1978, 15, 63.

4. Russell, A. F.; Greenberg, S.; Moffatt, J. G. J. Am. Chem. Soc. 1973, 95, 4025. Jain, T. C.; Russell, A. F.; Moffatt, J. G. J. Org. Chem. 1973, 38, 3179. Jain, T. C.; Jenkins, I. D.; Russell, A. F.; Verheyden, J. P. H.; Moffatt, J. G. J. Org. Chem. 1974, 39, 30. Russell, A. F.; Prystasz, M.; Hamamura, E. K.; Verheyden, J. P. H.; Moffatt, J. G. J. Org. Chem. 1974, 39, 2182.

5. Ghosh, A. K.; McKee, S. P.; Thompson, W. J. Tetrahedron 1991, 32, 5729. Jackson, P. F. W.; Raphael, R. A. Tetrahedron 1983, 24, 2117.

6. Kim, G.; Chu - Moyer, M. Y.; Danishefsky, S. J.; Schulte, G. K. J. Am. Chem. Soc. 1993, 115, 3

2-羟甲基苯甲酸苄酯(Benzyl 2-hydroxymethylbenzoate)

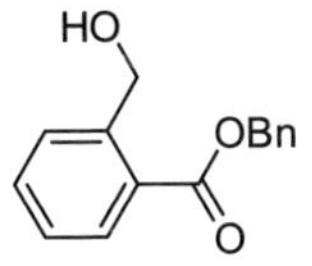

[365534-57-2]　$C_{15}H_{14}O_3$　(MW 242.27)

该试剂是一经过巧妙设计的分子，由于羟甲基的邻位引入一羧基，该试剂成为一活性的用于糖苷化的试剂。2′-羧苄基糖苷的前体，可作为糖基供体进行有效和立体选择性糖苷化反应。

物理数据：熔点 62～64℃。

溶解性：溶于 CH_2Cl_2、EtOAc。

供应形式：白色固体。

试剂纯度分析[1]：IR，^1H NMR，^{13}C NMR。

制备方法：通过苄基溴和 2-羟甲基苯甲酸钠的反应容易地制备，而后者的原料可从廉价的苯并呋喃酮(反应式 1)制备。

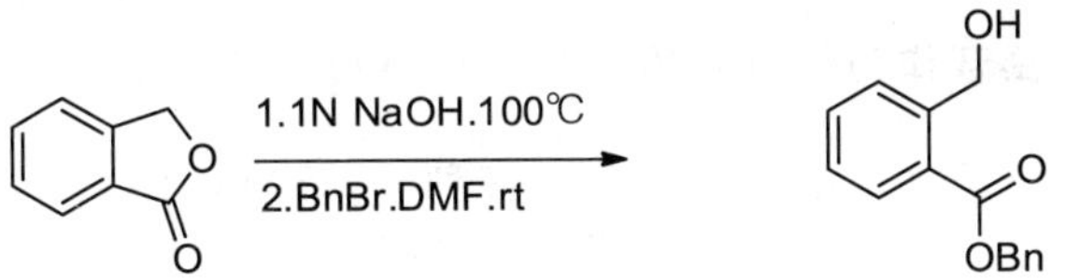

(1)

纯化：从 DMF / H_2O 中重结晶。

操作、储存和注意事项：对空气和水分稳定。固体可以在冰箱中长时间储存。

生物学上重要的复合寡糖的合成需要糖基供体和糖基受体之间的有效的和立体选择性的糖基化反应[2,3]。糖基供体的选择对于进行立体选择性糖基化是至关重要的。2-羟甲基苯甲酸苄酯已经被用于制备 2′-羧苄基(CB)糖苷，这一新型糖基供体进行立体选择性糖基化反应。

作为糖基供体的 2′-羧苄基糖苷的制备

四乙酰甘露糖基溴和 2-羟基甲基苯甲酸苄酯的反应生成 2′-(苄氧羰基)苄基

(BCB)D-吡喃甘露糖苷(反应式 2)[1]。另一方面,BCB 2-脱氧葡萄糖苷可以通过三苄基葡萄糖烯和苄基 2-羟甲基苯甲酸酯进行制备(反应式 3)[4]

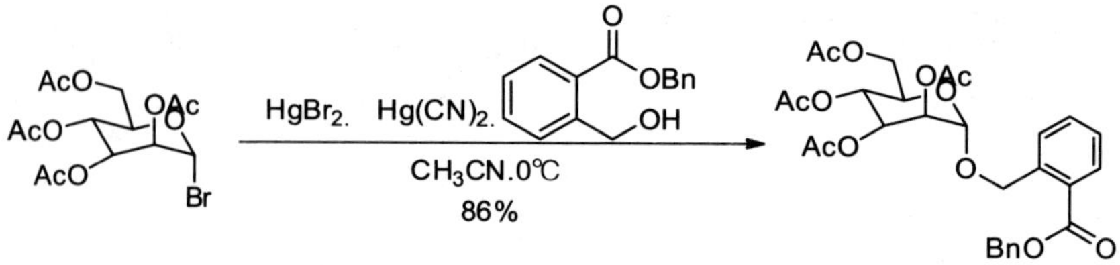

(2)

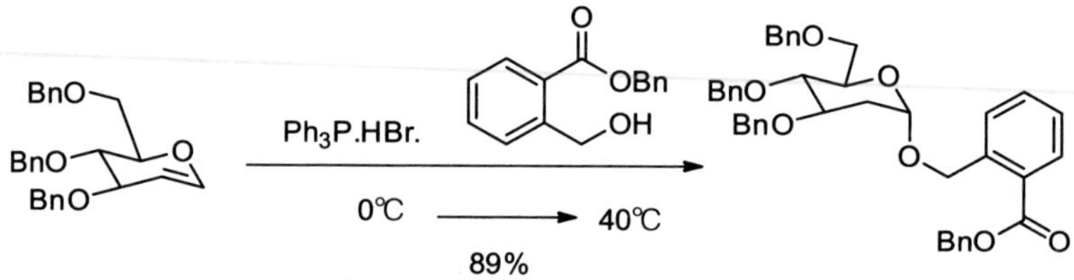

(3)

BCB 糖苷通过苄基酯官能团的选择性氢解而几乎定量地转化成相应的 CB 糖苷,而不影响亚苄基缩醛和苄基醚保护基(反应式 4)[1]。

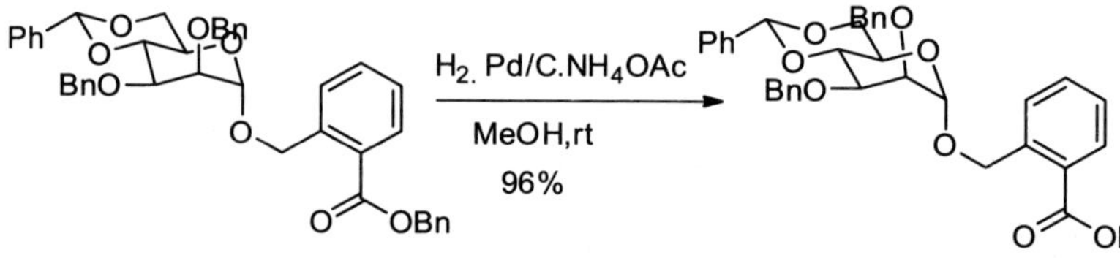

(4)

以 2′-羧苄基糖苷作为糖基供体进行立体选择性糖苷化

CB 4,6-O-亚苄基吡喃甘露糖苷与各种糖基受体(ROH)进行立体选择性糖基化反应生成 β-D-甘露吡喃糖苷(反应式 5)[1]。事实上,1,2-顺式-甘露吡喃糖苷键的构建是相当具有挑战性的[5,6]。另一方面,CB 4,6-O-亚苄基吡喃葡萄糖苷与糖基受体进行糖苷化反应生成 D-吡喃葡萄糖苷(反应式 6)[1,7]。4,6-O-亚苄基的保护对于这种使用糖基三氟甲磺酸酯作为糖基供体进行立体选择性反应来合成 α-吡喃葡萄糖苷和 β-吡喃甘露糖苷是必需的[8]。

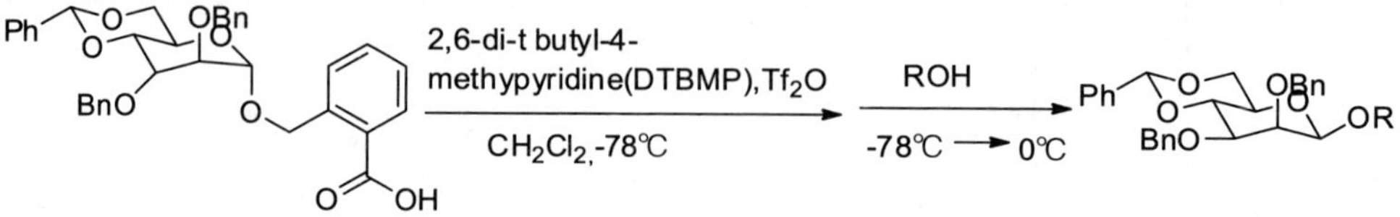

(5)

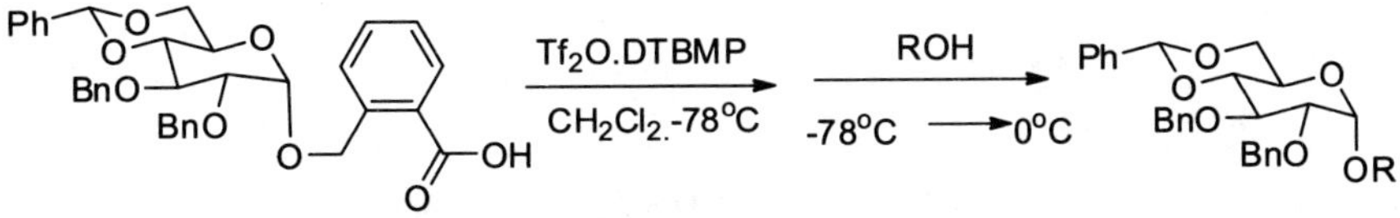

(6)

CB 2-脱氧糖苷作为糖基供体与仲醇糖基受体的反应是高度α-或β-立体选择性的，这取决于糖基供体中的保护基团。2-脱氧糖基键的β构型链接也是糖苷化合成中的难点之一[9]。因此，苄基保护的CB 2-脱氧糖苷与仲醇糖基受体(R′OH)进行糖苷化反应生成α-二糖(反应式7)。另一方面，4,6-O-亚苄基保护的CB 2-脱氧糖苷与仲醇糖基受体(R′OH)的糖苷化反应生成β-二糖(反应式8)[4]。

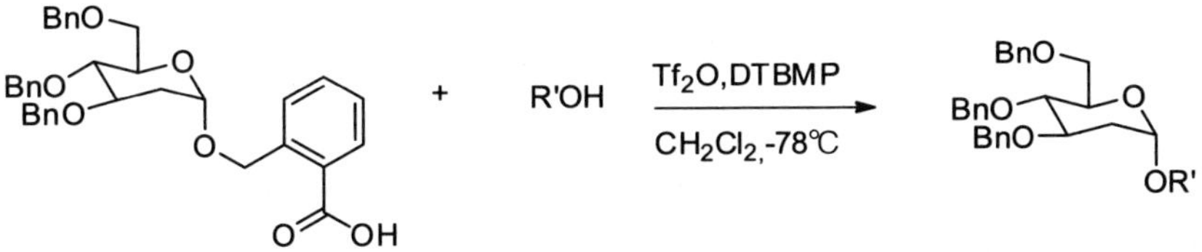

(7)

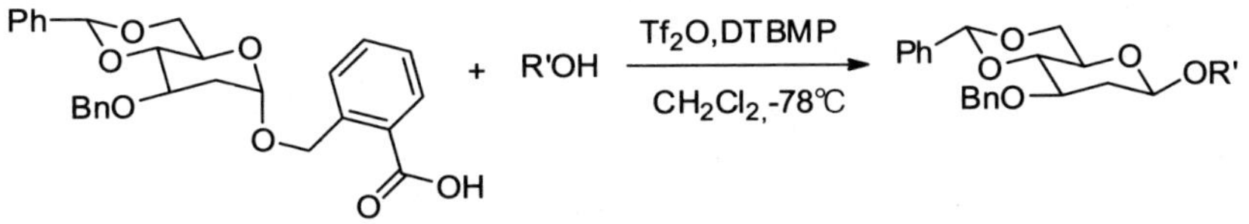

(8)

在C-2位置有参与基团的CB糖苷类化合物进行糖苷化可以很好地产生1,2-反式糖苷[1,7]，并且CB糖苷化方法已经应用于三糖[1]和四糖的合成[7]。

参考文献

1. Kim, K. S.; Kim, J. H.; Lee, Y. J.; Lee, Y. J.; Park, J., J. Am. Chem. Soc. 2001, 123, 8477.

2. Toshima, K.; Tatsuta, K., Chem. Rev. 1993, 93, 1503-1531.

3. Boons, G. J., Tetrahedron 1996, 52, 1095-1121.

4. Kim, K. S.; Park, J.; Lee, Y. J.; Seo, Y. S., Angew. Chem., Int. Ed. Engl. 2003, 42, 459.

5. Barresi, F.; Hindsgaul, O., In Modern Methods in Carbohydrate Synthesis; Khan, S. H.; O′Neil, R. A., Eds.; Harwood Academic Publishers: Amsterdam, 1996, pp 251-276.

6. Gridley, J. J.; Osborn, H. M. I., J. Chem. Soc., Perkin Trans. 1 2000,

1471 - 1491.

7. Kim, K. S.; Kang, S. S.; Seo, Y. S.; Kim, H. J.; Lee, Y. J.; Jeong, K. S., Synlett. 2003, 1311 - 1314.

8. Crich, D., In Glycochemistry: Principles, Synthesis, and Applications; Wang, P. G.; Bertozzi, C. R., Eds.; Marcel Dekker: New York, 2001, pp 53 - 75.

9. Marzabadi, C. H.; Franck, R. W., Tetrahedron 2000, 56, 8385 - 8417.

苄基三甲基三溴化铵(Benzyltrimethylammonium Tribromide)

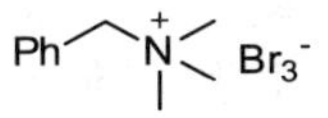

[111865－47－5]　$C_{10}H_{10}Br_3N$　(MW 389.96)

芳香族化合物的溴化剂[1]；也可对芳香族化合物的侧链进行溴化；对不饱和键进行加成反应；也对许多官能团进行温和的氧化。该试剂的巧妙之处是把溴和相转移催化试剂有机的结合的溴化 PTC。

物理数据：熔点为 100～101℃。

溶解性：溶于 CH_2Cl_2(二氯甲烷)、DMSO(二甲基亚砜)、DMF(二甲基甲酰胺)；微溶于 MeOH(甲醇)、AcOH(乙酸)、AcOEt(乙酸乙酯)、$CHCl_3$(三氯甲烷)；不溶于 hexane(正己烷)、benzene(苯)、CCl_4(四氯化碳)、H_2O(水)。

供应形式：橙红色针状。

试剂的纯度分析：核磁共振(CD_3CN)3.14[S，9h，3，4.50(CH_3)，2h，CH_2]、7.52(S，5h，C_6H_5)。

制备方法：将三甲基苄基氯化铵溶液(11 g，0.06 mol)和 $NaBrO_3$ 溴酸钠(4.5 g，0.03 mol)加入 100mL 水配成溶液。在室温下搅拌将溴化氢(47%，0.18 mol)加入上述溶液中；得产品 18.2 g(78%)[2]。另一种制备方法见 Kajigaeshi 等人的描述[3]。

提纯：在 CH_2Cl_2－Et_2O(10∶1)中重结晶。

处理、储存和注意事项：稳定的固体，但如长时间与空气或水接触后稍有轻微的分解；该试剂应在通风柜中处理。

芳香化合物进行溴亲电取代反应

苄基三甲基三溴化铵(1)可以被当作另一种固体形式的溴，其反应的终点可以通过试剂的褪色来检测，因此，对芳香族化合物和(1)的亲电取代溴反应已被广泛研究过(反应式 1)。

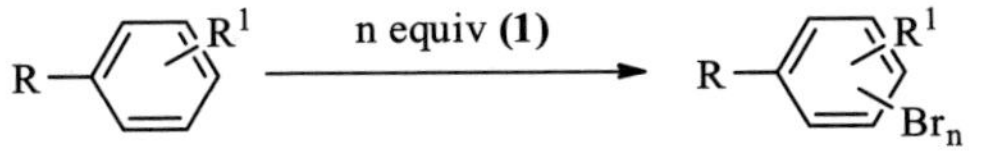

(1)

R=OH，NH_2，OR^2，AcNH，R^2

在室温下酚和计算量(1)的二氯甲烷-甲醇溶液的反应可选择性的成为一、二或三溴取代酚[3]。由于甲醇的存在明显促进溴化进程,可以认为活性中间物是由(1)和甲醇反应产生的次溴酸甲酯(MeOBr)[4]。用聚苯乙烯做载体的(1)试剂也可以作为溴化试剂[5]。

在室温下芳香胺和含碳酸钙粉末的(1)二氯甲烷-甲醇溶液反应生成溴代芳香胺[6]。以聚苯乙烯为载体的(1)也可以用于制备多溴取代的芳香胺[7]。

在温和的条件下,芳香醚和化学计量的(1)二氯甲烷-甲醇或醋酸-氯化锌溶液反应可选择性地合成一、二、三溴取代的芳香醚[8]。试剂(1)在室温下只微溶于乙酸,但加入氯化锌可增加其溶解度,使得芳香醚的溴化反应在温和的条件下顺利进行。因此和(1)等摩尔量的氯化锌是必需的[9]。

乙酰苯胺与(1)的二氯甲烷-甲醇[10]或醋酸锌[11]溶液反应可制备溴代乙酰苯胺。芳烃在(1)的乙酸溶液中通过路易斯酸氯化锌的帮助下可平稳的进行溴化。在温和的条件下噻吩类化合物与(1)的乙酸-氯化锌溶液反应生成溴代噻吩。

芳香族化合物的侧链溴化

在偶氮二异丁腈的存在下芳烃和计算量(1)在回流苯中反应生成 α-溴代芳烃[13]。苯乙酮与 1 当量的(1)反应得到 α-溴代苯乙酮和 2 当量(1)得到二 α-溴代的苯乙酮[2]。

和烯烃的加成反应

烯烃和化合物(1)在非质子性溶剂中的立体反式加成反应可生成 1,2-二溴化合物;在质子性溶剂如甲醇和乙酸中除了得到相应的二溴化合物外,还以一定选择性的方式生成相当比例的溶剂加合物[14]。

和(1)进行的氧化反应

该试剂已被方便地代替液溴成为一种温和的氧化剂。例如,伯醇或醚可被氧化为二聚酯15],二醇或环醚可氧化为内酯[15],仲醇可氧化成酮[15],卞醇可氧化成苯甲醛或苯甲酸[16],1,4-苯二酚可氧化为 2,5-环已二烯-1,4-二酮[17],硫醚可氧化成亚砜[18],而已经报道硫醇类可氧化为硫醚[19]。通过使用(1),也可以对甲基酮进行卤仿反应[20],酰胺进行 N-溴化反应[21],以及酰胺类化合物进行霍夫曼降解反应[22]。

参考文献

1. Kajigaeshi, S.; Kakinami, T. Yuki Gosei Kagaku Kyokai Shi 1993, 51, 366

(Chem. Abstr. 1993,119,94 683a).

2. Kajigaeshi,S. ;Kakinami,T. ;Tokiyama,H. ;Hirakawa,T. ;Okamoto,T. Bull. Chem. Soc. Jpn. 1987,60,2667.

3. Kajigaeshi,S. ;Kakinami,T. ;Okamoto,T. ;Nakamura,H. ;Fujikawa,M. Bull. Chem. Soc. Jpn. 1987,60,4187.

4. Kajigaeshi,S. ;Kakinami,T. ;Tokiyama,H. ;Hirakawa,T. ;Okamoto,T. Chem. Lett. 1987,627.

5. (a)Kakinami,T. ;Suenaga,H. ;Yamaguchi,T. ;Okamoto,T. ;Kajigaeshi, S. Bull. Chem. Soc. Jpn. 1989, 62, 3373. (b) Smith, K. ; James, D. M. ; Matthews,I. ;Bye,M. R. J. Chem. Soc. ,Perkin Trans. 1 1992,1877.

6. Kajigaeshi, S. ; Kakinami, T. ; Inoue, K. ; Kondo, M. ; Nakamura, H. ; Fujikawa,M. ;Okamoto,T. Bull. Chem. Soc. Jpn. 1988,61,597.

7. Okamoto,T. ;Kakinami,T. ;Kusumoto,M. ;Yonemaru,S. ;Kajigaeshi,S. Nippon Kagaku Kaishi 1990,112(Chem. Abstr. 1990,113,23 211k).

8. Kajigaeshi, S. ; Moriwaki, M. ; Tanaka, T. ; Fujisaki, S. ; Kakinami, T. ; Okamoto,T. J. Chem. Soc. ,Perkin Trans. 1 1990,897.

9. Kajigaeshi, S. ; Kakinami, T. ; Moriwaki, M. ; Tanaka, T. ; Fujisaki, S. ; Okamoto,T. Bull. Chem. Soc. Jpn. 1989,62,439.

10. Kajigaeshi,S. ;Kakinami,T. ;Yamasaki,H. ;Fujisaki,S. ;Okamoto,T. Bull. Chem. Soc. Jpn. 1988,61,2681.

11. Kakinami,T. ;Okamoto,T. ;Suenaga,H. ;Utsunomiya,T. ;Kajigaeshi, S. Nippon Kagaku Kaishi 1990,705(Chem. Abstr. 1990,113,131 679c).

12. Okamoto,T. ;Kakinami,T. ;Fujimoto,H. ;Kajigaeshi,S. Bull. Chem. Soc. Jpn. 1991,64,2566.

13. Kajigaeshi,S. ;Kakinami,T. ;Tanaka,T. ;Moriwaki,M. ;Fujisaki,S. Chem. Express 1988,3,347(Chem. Abstr. 1989,110,74 933t).

14. Kajigaeshi,S. ;Kakinami,T. ;Moriwaki,M. ;Fujisaki,S. ;Tashiro,M. Rep. Inst. Adv. Mater. Study,Kyushu Univ. 1988,2,87.

15. Kajigaeshi,S. ;Kawamukai,H. ;Fujisaki,S. Bull. Chem. Soc. Jpn. 1989,62,2585.

16. Okamoto,T. ;Uesugi,T. ;Kakinami,T. ;Utsunomiya,T. ;Kajigaeshi,S. Bull. Chem. Soc. Jpn. 1989,62,3748.

17. Kajigaeshi,S. ;Morikawa,Y. ;Fujisaki,S. ;Kakinami,T. ;Nishihira,K. Bull. Chem. Soc. Jpn. 1991,64,336.

18. Kajigaeshi, S. ; Murakawa, K. ; Fujisaki, S. ; Kakinami, T. Bull. Chem. Soc. Jpn. 1989, 62, 3376.

19. Kajigaeshi, S. ; Murakawa, K. ; Fujisaki, S. ; Kakinami, T. Chem. Express 1991, 6, 129(Chem. Abstr. 1991, 114, 163 472s).

20. Kajigaeshi, S. ; Kakinami, T. ; Yamaguchi, T. ; Uesugi, T. ; Okamoto, T. Chem. Express 1989, 4, 177(Chem. Abstr. 1989, 111, 153 304n).

21. Kajigaeshi, S. ; Murakawa, K. ; Asano, K. ; Fujisaki, S. ; Kakinami, T. J. Chem. Soc. , Perkin Trans. 1 1989, 1702.

22. Kajigaeshi, S. ; Asano, K. ; Fujisaki, S. ; Kakinami, T. ; Okamoto, T. Chem. Lett. 1989, 463.

2-羧乙基 三苯基过溴化膦
(2-Carboxyethyltriphenylphosphonium Perbromide)

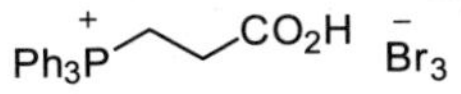

[55985-85-8]　$C_{21}H_{20}Br_3O_2P$　(MW 574.93)

溴转移试剂。类似于前者,和相转移试剂结合的溴化试剂,不同之处,前者是四季铵盐,而该试剂为鳞盐。在双键[1,3]、活化的芳环[2]、酯[1]、游离的烯醇[1,4]存在下选择性的溴化酮[1]和缩酮[2]。

又名:(2-羧乙基)三苯基三溴化磷。

物理性质:熔点 139~141℃。

溶解性:溶于四氢呋喃溶液(25g/100mL)、二氯甲烷溶液、不溶于醇。

供应的形式:橙色固体,不普及,纯度不低于 98%。

试剂纯度分析:在鳞盐混合物通过 TLC/SIMS 进行识别[5]。

制备方法:三苯基膦(26.2g,0.1moL),丙烯酸(7.2g,0.1moL),和 49%的溴化氢(50mL)在室温下搅拌得均一溶液,然后在 95~100℃加热十分钟,等混合物冷却后加入冰醋酸(240mL);在 0℃在加入溴(9.8mL)并缓慢搅拌混合物;0.5h 后,过滤产品,用乙腈再重结晶得到过溴化物(52.5g,91%)[1];另一种合成方法涉及两步的操作,即先制备一溴化物中间体,而后再进行溴化。

处理、存储和注意事项:该产品有刺激性,对水分敏感;应储存在干燥处。该试剂应该在通风柜处理。

饱和酮的溴化

对该饱和酮试剂进行溴化主要生成热力学更稳定的溴酮(反应式 1)[1,4]。在上述条件下和二环酮、莰酮或酯却不会发生反应[1]。

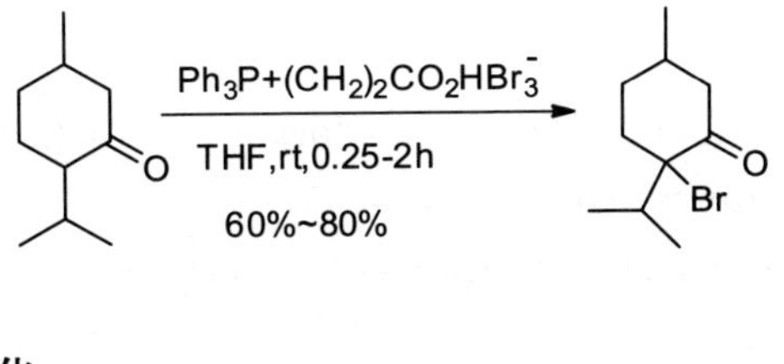

(1)

对不饱和酮的溴化

对不饱和酮溴化生成所需的溴酮,而双键不受影响(反应式 2)[1,3]。

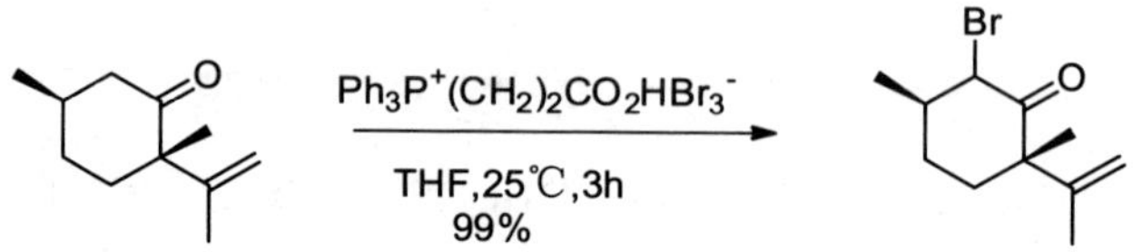

(2)

对芳基烷基酮进行溴化

对于这类化合物的溴化可得到不同的结果,这主要取决于芳香环的活泼程度[1,2]。另外反应溶剂的性质,二氯甲烷、四氢呋喃或含水四氢呋喃(反应式 3)和/或使用一锅法进行缩醛溴化可对溴化产品的不同起着至关重要的作用;这些影响因素尚未进行优化。

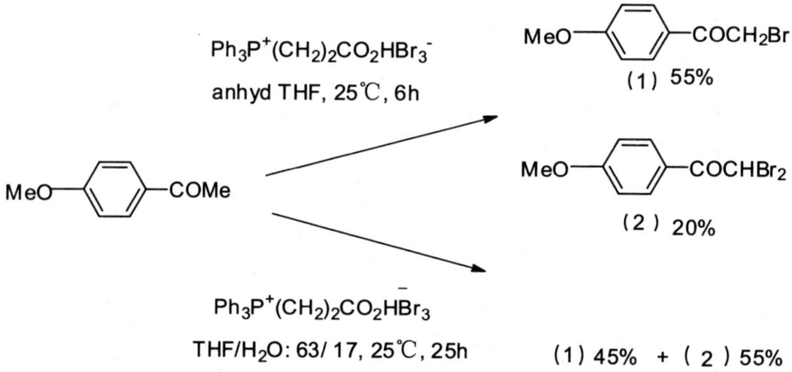

(3)

注意可以对副产品一溴化物进行回收和重新使用(用溴处理之后)。这种对酮进行溴化的溴化试剂通常优于其他的膦铵盐试剂[2]。类似的其他溴化试剂包括过溴吡啶氢溴酸盐[6]、三溴化苯基三甲铵[7,8]、三溴 2 -吡咯烷酮盐[9]以及由 Cristau 等人描述的膦试剂[2]。

参考文献

1. Armstrong, V. W. ; Chishti, N. H. ; Ramage, R. Tetrahedron Lett. 1975,373.

2. Cristau, H. - J. ; Torreilles, E. ; Morand, P. ; Christol, H. Phosphorus Sulfur/Phosphorus Sulfur Silicon 1985,25,357.

3. Jeganathan, A. ; Richardson, S. K. ; Watt, D. S. Synth. Commun. 1989, 19,1091.

4. Ohuchida, S. ; Hamanaka, N. ; Hayashi, M. Tetrahedron 1983,39,4257.

5. Duffin, K. L. ; Busch, K. L. J. Planar Chromatogr. 1988,1,249(Chem.

Abstr. 1989,111,89 533g.

6. Djerassi,C.;Scholz,C. R. J. Am. Chem. Soc. 1948,70,417.

7. Marquet,A.;Jacques,J. Bull. Soc. Claim. Fr.,Part 2 1962,90.

8. Johnson,W. S.;Bass,J. D.;Williamson,K. L. Tetrahedron 1963,19,861.

9. Awang,D. V. C.;Wolfe,S. Synlett 1969,47,706.

图书在版编目(CIP)数据

新型有机化学试剂制备与应用．二/楼鑫编著．—合肥：合肥工业大学出版社，2017.7

ISBN 978－7－5650－3477－0

Ⅰ.①新…　Ⅱ.①楼…　Ⅲ.①有机化学—化学试剂—制备　Ⅳ.①TQ421

中国版本图书馆 CIP 数据核字(2017)第 176327 号

新型有机化学试剂制备与应用(二)

楼　鑫　编著

责任编辑	张择瑞
出版发行	合肥工业大学出版社
地　　址	(230009)合肥市屯溪路 193 号
网　　址	www.hfutpress.com.cn
电　　话	理工编辑部：0551－62903204 市场营销部：0551－62903198
开　　本	710 毫米×1010 毫米　1/16
印　　张	15
字　　数	277 千字
版　　次	2017 年 7 月第 1 版
印　　次	2017 年 7 月第 1 次印刷
印　　刷	合肥现代印务有限公司
书　　号	ISBN 978－7－5650－3477－0
定　　价	35.00 元